住房和城乡建设部"十四五"规划教材
全国住房和城乡建设职业教育
教学指导委员会建筑与规划类
专业指导委员会规划推荐教材
高等职业教育建筑与规划类
"十四五"数字化新形态教材

建筑装饰工程项目管理

主　编　张春霞　　王　松
主　审　　　　　刘海波

中国建筑工业出版社

出版说明

　　党和国家高度重视教材建设。2016 年，中办国办印发了《关于加强和改进新形势下大中小学教材建设的意见》，提出要健全国家教材制度。2019 年 12 月，教育部牵头制定了《普通高等学校教材管理办法》和《职业院校教材管理办法》，旨在全面加强党的领导，切实提高教材建设的科学化水平，打造精品教材。住房和城乡建设部历来重视土建类学科专业教材建设，从"九五"开始组织部级规划教材立项工作，经过近 30 年的不断建设，规划教材提升了住房和城乡建设行业教材质量和认可度，出版了一系列精品教材，有效促进了行业部门引导专业教育，推动了行业高质量发展。

　　为进一步加强高等教育、职业教育住房和城乡建设领域学科专业教材建设工作，提高住房和城乡建设行业人才培养质量，2020 年 12 月，住房和城乡建设部办公厅印发《关于申报高等教育职业教育住房和城乡建设领域学科专业"十四五"规划教材的通知》（建办人函〔2020〕656 号），开展了住房和城乡建设部"十四五"规划教材选题的申报工作。经过专家评审和部人事司审核，512 项选题列入住房和城乡建设领域学科专业"十四五"规划教材（简称规划教材）。2021 年 9 月，住房和城乡建设部印发了《高等教育职业教育住房和城乡建设领域学科专业"十四五"规划教材选题的通知》（建人函〔2021〕36 号）。为做好"十四五"规划教材的编写、审核、出版等工作，《通知》要求：(1) 规划教材的编著者应依据《住房和城乡建设领域学科专业"十四五"规划教材申请书》（简称《申请书》）中的立项目标、申报依据、工作安排及进度，按时编写出高质量的教材；(2) 规划教材编著者所在单位应履行《申请书》中的学校保证计划实施的主要条件，支持编著者按计划完成书稿编写工作；(3) 高等学校土建类专业课程教材与教学资源专家委员会、全国住房和城乡建设职业教育教学指导委员会、住房和城乡建设部中等职业教育专业指导委员会应做好规划教材的指导、协调和审稿等工作，保证编写质量；(4) 规划教材出版单位应积极配合，做好编辑、出版、发行等工作；(5) 规划教材封面和书脊应标注"住房和城乡建设部'十四五'规划教材"字样和统一标识；(6) 规划教材应在"十四五"期间完成出版，逾期不能完成的，不再作为《住房和城乡建设领域学科专业"十四五"规划教材》。

住房和城乡建设领域学科专业"十四五"规划教材的特点，一是重点以修订教育部、住房和城乡建设部"十二五""十三五"规划教材为主；二是严格按照专业标准规范要求编写，体现新发展理念；三是系列教材具有明显特点，满足不同层次和类型的学校专业教学要求；四是配备了数字资源，适应现代化教学的要求。规划教材的出版凝聚了作者、主审及编辑的心血，得到了有关院校、出版单位的大力支持，教材建设管理过程有严格保障。希望广大院校及各专业师生在选用、使用过程中，对规划教材的编写、出版质量进行反馈，以促进规划教材建设质量不断提高。

住房和城乡建设部"十四五"规划教材办公室

2021 年 11 月

前　言

　　为适应 21 世纪职业技术教育发展需要，培养建筑装饰行业具备装饰项目管理的专业综合管理应用型人才，我们结合当前最新的项目管理规范和信息技术编写了本教材。

　　教材主要围绕装饰工程项目管理中具体完成的几大目标管理，根据高职学生的特点，以理论够用、实际技能分模块具体阐述为特点，确定教材的内容和目录章节。

　　本教材分为 11 个章节，共计 56 学时，具体分为概述、建筑装饰工程进度管理、建筑装饰工程招标投标管理、建筑装饰工程质量管理、建筑装饰工程成本管理、建筑装饰工程采购与合同管理、建筑装饰工程安全管理、建筑装饰工程 BIM 管理、建筑装饰工程资源与信息管理、建筑装饰工程风险与沟通管理、建筑装饰工程收尾管理。第 1 章 4 学时，第 2 章 8 学时，第 3 章 4 学时，第 4 章 4 学时，第 5 章 8 学时，第 6 章 6 学时，第 7 章 4 学时，第 8 章 6 学时，第 9 章 4 学时，第 10 章 4 学时，第 11 章 4 学时。教师可根据不同的使用专业灵活安排学时，课堂重点讲解每章主要知识点，章节中的知识链接、应用案例和习题等模块可安排学生课后阅读和练习。为了更好地衔接目前的装饰管理前沿动态和项目管理的新型案例，使学生能够更加近距离的接触项目管理的真实案例，教材由在一线教学岗位的老师和国家装饰甲级资质企业（中建东方装饰有限公司）的一线管理技术骨干及其决策层相关人员进行编写。

　　本书由湖北城市建设职业技术学院张春霞、黑龙江建筑职业技术学院王松担任主编，湖北城市建设职业技术学院范菊雨、中建东方装饰有限公司余有、江苏建筑职业技术学院仝炳炎担任副主编，全书由湖北城市建设职业技术学院张春霞负责统稿。具体章节编写分工为：湖北城市建设职业技术学院张春霞编写第 1 章和第 5 章，黑龙江建筑职业学院王松编写第 6 章，湖北城市建设职业技术学院范菊雨编写第 2 章和第 9 章，江苏建筑职业技术学院仝炳炎编写第 3 章和第 8 章，中建东方装饰工程有限公司余有编写第 7 章，黑龙江建筑职业学院王华欣编写第 10 章，湖北城市建设职业技术学院吴美齐编写第 11 章、彭竞业编写第 4 章，湖北城市建设职业技术学院郭婷婷也参与了本书的编写和资源库编制工作。书中配有大量资源库，在编写过程中，参考和引用了国内外大量文献资料，在此谨向原书作者表示衷心感谢。由于编者水平有限，本书难免存在不足和疏漏之处，敬请各位读者批评指正。

教材最终的定位为适应建筑装饰工程技术专业"十四五"期间教学的要求，兼顾为建筑室内设计等相关专业教学服务。学生通过本教材的学习，能熟练掌握装饰施工现场各目标管理的知识和技能，进而能通过案例分析来达到解决现场目标管理问题的能力。

本书突破了已有相关教材的知识框架，注重理论与实践相结合，采用全新体例编写，内容丰富，案例详实，并附有多种类型的习题供读者选用。

本书既可作为高职高专院校建筑与规划类相关专业的教材和指导用书，也可以作为土建施工类及工程管理类等专业执业资格考试的培训教材。

编者

2021.01

目 录

第4章 建筑装饰工程质量管理

第5章 建筑装饰工程成本管理

第6章 建筑装饰工程采购与合同管理

第 1 章

概

述

教学目标

要求学生理解项目管理的定义、基本特性、分类，工程项目及组成，工程项目管理的程序，建筑装饰工程施工管理程序，施工项目管理规划，建筑装饰工程项目管理内容，建筑装饰工程项目管理特点。

教学要求

能力目标	知识要点	权重	自测分数
了解项目管理的定义、基本特性、分类	业主方的项目管理、设计方的项目管理、施工方的项目管理等	15%	
理解建设项目及其组成、建设项目的建设程序	建设项目的建设程序、八个环节、三大阶段，工程决策阶段、准备阶段和实施阶段	35%	
掌握建筑装饰工程施工管理程序	必须遵循的先后次序和客观规律、五个步骤	10%	
了解施工项目管理规划	建设工程项目管理规划的概念、建设工程项目管理规划的分类	15%	
掌握建筑装饰工程项目管理内容、建筑装饰工程项目管理特点	建筑装饰工程项目管理内容、四大特点	25%	

1.1 项目管理概述

项目是指一系列独特的、复杂的并相互关联的活动，这些活动有一个明确的目标或目的，必须在特定的时间、预算、资源限定内，依据规范完成。项目参数包括项目范围、质量、成本、时间、资源。

施工项目管理是施工企业运用系统的观点、理论和科学技术对施工项目进行计划、组织、监督、控制、协调等全过程、全方位的管理，实现按期、优质、安全、低耗的项目管理目标。它是整个建设工程项目管理的一个重要组成部分，其管理的对象是施工项目。

1.1.1 项目管理的定义

建筑装饰装修工程项目管理是从项目开始至项目完成，通过项目策划和项目控制，以使项目的费用目标、进度目标和质量目标得以实现。"从项目开始至项目完成"指的是项目的实施期；"项目策划"是目标控制前的一系列筹划和准备工作；"费用目标"对业主而言是投资目标，对施工方而言是成本目标。

1.1.2 项目管理的基本特性

一般来说，项目具有如下基本特征：

（1）施工项目可能是建设项目，也可能是其中的一个单项工程或单位工程的施工活动过程。

（2）施工项目是以建筑施工企业为管理主体。

（3）施工项目的任务范围受限于项目业主和承包施工的建筑施工企业所签订的施工合同。

（4）施工项目产品具有多样性、固定性和体积庞大的特点。

因此项目管理依据其特征在其全寿命周期内有针对性的进行。一所学校、一个企业、一项科研项目、一个建设项目都可以看作为一个系统，但由于他们的目标不同，从而形成的组织观念、组织方法、组织手段、系统的运行方式也不同，建筑装饰装修工程项目作为一个系统，与一般的系统相比，有其明显的特征：

1）建筑装饰装修工程项目都是一次性的，没有两个完全相同的项目。

2）建筑装饰装修工程项目全寿命周期持续时间较长，各阶段的工作任务和工作目标不同，其参与或涉及的单位也不相同。

3）建筑装饰装修工程项目的任务通常由多个单位共同完成，他们的合作关系多数是不固定的，并且各单位的利益不尽相同。

1.1.3 项目管理的分类

按照建筑装饰装修工程项目不同参与方的工作性质和组织特征划分，项目管理有以下类型：

（1）业主方的项目管理。

（2）设计方的项目管理。

（3）施工方的项目管理。

（4）供货方的项目管理。

（5）建筑装饰装修项目工程总承包方的项目管理。

1.2 建筑装饰工程项目管理

1.2.1 建设项目及其组成

基本建设项目，简称建设项目，一般指在一个总体设计或初步设计范

1- 建设项目的建设程序

围内组织施工，建成后具有完整的系统，可以独立形成生产能力或使用价值的建设工程。

在工业建设中，如一座电站、一个棉纺厂等；在民用建设中，如一所学校、一所医院等。进行基本建设的企业或事业单位称为建设单位。建设单位在行政上独立组织、统一管理，在经济上进行统一的经济核算，可以直接与其他单位建立经济往来关系。

建设项目可以从不同的角度进行划分。例如，按建设项目的规模大小可分为大型、中型、小型建设项目；按建设项目的性质可分为新建、扩建、改建等扩大生产能力的项目；按建设项目的不同专业可分为工业与民用建筑工程项目、交通工程建设项目、水利工程建设项目等；按建设项目的用途可分为生产性建设项目（包括工业、农田水利、交通运输及邮电、商业和物资供应、地质资源勘探等建设项目）和非生产性建设项目（包括住宅、文教、卫生、公用生活服务事业等建设项目）。按照功能细分有如下几种：

（1）单项工程（也称工程项目）

单项工程是指具有独立的设计文件，可以独立施工，竣工后可以独立发挥生产能力或效益的工程。一个建设项目可由一个单项工程组成，也可由若干个单项工程组成。民用建设项目中如医院的门诊楼、住院楼，学校的教学楼、宿舍楼等都可以称为一个单项工程，其内容包括建筑工程、设备安装工程及水、电、暖工程等。

（2）单位工程

单位工程是指具有单独设计，可以独立施工，但完工后不能独立发挥生产能力或效益的工程。一个单项工程可以由若干个单位工程组成。例如，一个生产车间一般由土建工程、工业管道工程、设备安装工程、给水排水工程和电气照明工程等单位工程组成；一个门诊楼同样由土建工程、设备安装工程、水暖工程和电气照明工程等单位工程组成。

（3）分部工程

分部工程是单位工程的组成部分，一般是按工程部位、结构形式、专业性质、使用材料的不同来划分的。例如，门诊楼的土建单位工程，按其结构或工程部位可以划分为基础、主体、屋面、装修等分部工程；按其质量检验评定要求可划分为地基与基础、主体、地面与楼面、门窗、装饰、屋面工程等。

（4）分项工程（也称施工过程）

分项工程是分部工程的组成部分，其通过较为简单的施工过程就能完成，以适量的计量单位就可以计算工程量及其单价，一般按照施工方法、主要工种、材料、结构构件的规格等因素划分。例如，砖混结构的基础可以划分为挖土、混凝土垫层、砌砖基础、回填土等分项工程；主体混凝土结构可以划分为安装模板、绑扎钢筋、浇筑混凝土等分项工程。

1.2.2　建设项目的建设程序

基本建设程序是指建设项目从决策、设计、施工和竣工验收到投产交付使用的全过程中，各项工作必须遵循的先后顺序，是拟建建设项目在整个建设过程中必须遵循的客观规律。这个先后顺序既不是人为任意安排的，更不能随着建设地点的改变而改变，而是由基本建设进程决定的。从基本建设的客观规律、工程特点、工作内容来看，在多层次、多交叉的平面和空间里，在有限的时间里，组织好基本建设，必须使工程项目建设中各阶段和各环节的工作相互衔接。

我国的基本建设程序可划分为项目建议书、可行性研究、设计文件、施工准备（包括招标投标、签订合同）、建设实施、生产准备、竣工验收和后评价八个环节。这八个环节还可以进一步概括为三大阶段，即项目决策阶段、准备阶段和实施阶段。

1. 项目决策阶段

项目决策阶段包括项目建议书、可行性研究等内容。

（1）项目建议书

项目建议书是对拟建项目的一个总体轮廓设想，是根据国家国民经济和社会发展长期规划、行业规划和地区规划，以及国家产业政策，经过调查研究、市场预测及技术分析，着重从宏观上对项目建设的必要性进行分析，并初步分析项目建设的可能性。

项目建议书是建设单位向主管部门提出的要求建设某一项目的建议性文件，对于大中型项目和工艺技术复杂、涉及面广、协调量大的项目，还要编制可行性研究报告，作为项目建议书的主要附件之一。项目建议书是项目发展周期的初始阶段，是国家选择项目的依据，也是可行性研究的依据。涉及利用外资的项目，在项目建议书批准后，方可开展对外工作。

项目建议书的内容视项目的不同情况有繁有简，一般应包括以下几个方面：

1）项目提出的必要性及依据，主要写明建设单位的现状、拟建项目的名称、性质、地点及建设的必要性和依据。

2）项目的初步建设方案、建设规模、主要内容和功能分布等。

3）建设条件及项目建设各项内容的进度和建设周期。

4）项目投资总额及主要建设的资金安排情况，筹措资金的办法和计划。

5）项目建设后经济效益和社会效益的初步估计，包括初步的财务评价和国民经济评价。

项目建议书按要求编制完成后，按照建设总规模和限额的划分审批权限，报批项目建议书。

（2）可行性研究

项目建议书经批准后，即可进行可行性研究工作。可行性研究是建设项目在投资决策前，对与拟建项目有关的社会、经济、技术等各方面进行深入细致的调查研究，对各种可能拟定的技术方案和建设方案进行认真的技术经济分析和比较论证，对项目建成后的经济效益进行科学的预测和评价。在此基础上，对拟建项目的技术先进性和适用性、经济合理性和有效性，以及建设必要性和可行性进行全面分析、系统论证、多方案比较和综合评价，由此得出该项目是否应该投资和如何投资等结论性意见，为项目投资决策提供可靠的科学依据。

建设项目可行性研究报告的内容可概括为三大部分。第一是市场研究，包括拟建项目的市场调查和预测研究，这是项目可行性研究的前提和基础，其主要任务是解决项目的"必要性"问题；第二是技术研究，即技术方案和建设条件研究，这是项目可行性研究的技术基础，它要解决项目在技术上的"可行性"问题；第三是效益研究，即经济效益的分析和评价，这是项目可行性研究的核心部分，主要解决项目在经济上的"合理性"问题。市场研究、技术研究和效益研究共同构成项目可行性研究。

在可行性研究的基础上，编制可行性研究报告，并且要按规定将编制好的可行性研究报告送交有关部门审批。经批准的可行性研究报告是初步设计的依据，不得随意修改和变更。

2. 项目准备阶段

项目准备阶段主要包括设计文件的准备、施工准备等内容。这个阶段主要是根据批准的可行性研究报告，成立项目法人，进行初步设计和施工图设计，编制设计概算，安排年度建设计划及投资计划，进行工程招标投标，签订施工合同，准备设备、材料、施工现场等工作。

（1）设计文件

设计文件是安排建设项目和进行建筑施工的主要依据。设计文件一般由项目法人委托或通过招标有相应资质的设计单位进行设计。编制设计文件时，应根据批准的可行性研究报告，将建设项目的要求具体化成指导施工的工程图纸及其说明书。

设计是分阶段进行的。对于中小型建设项目，一般进行两阶段设计，即初步设计和施工图设计。对于大型项目或技术上比较复杂的项目，可采用三阶段设计，即初步设计、技术设计和施工图设计。

1）初步设计

初步设计是根据批准的可行性研究报告或设计任务书而编制的初步设计文件。初步设计文件由设计说明书（包括设计总说明和各专业的设计说明书）、设计图纸、主要设备及材料表和工程概算书四部分内容组成。

在初步设计阶段，各专业设计人员应对本专业内容的设计方案或重大技术问题的解决方案进行综合技术经济分析，论证技术上的适用性、可靠性和经济上的合理性，并将其主要内容写进本专业初步设计说明书中。设计总负责人对工程项目的总体设计在设计总说明中予以论述。初步设计由建设单位组织审批，初步设计经批准后，不得随意改变建设规模、建设地址、主要工艺过程、主要设备和总投资等控制指标。

2）技术设计

技术设计是在初步设计的基础上，进一步解决建筑、结构、工艺、设备等各种技术问题。要明确平、立、剖面的主要尺寸，做出主要的建筑构造，选定主要构配件和设备，并解决好各专业之间的矛盾。技术设计是进行施工图设计的基础，也是设备订货和施工准备的依据。

3）施工图设计

施工图设计是建筑设计的最后阶段。它的主要任务是满足施工要求，即在初步设计或技术设计的基础上，综合建筑、结构、水、电、气等专业，相互交底，核实校对，深入了解材料供应、施工技术、设备等条件，把满足工程施工的各项具体要求反映在图纸上，做到整套图纸齐全、准确无误。施工图设计的内容主要包括：确定全部工程尺寸和用料，绘制建筑结构、设备等全部施工图纸、工程说明书、结构计算书以及施工图预算书等。

（2）施工准备

施工准备工作在可行性研究报告批准后就可进行。在建设项目实施之前需做好以下准备工作：征地拆迁、三通一平；工程地质勘察；收集设计基础资料，组织设计文件的编审；组织设备、材料订货；准备必要的施工图纸；组织施工招标投标，择优选定施工单位，签订施工合同，办理开工报建手续等。

做好建设项目的准备工作，对于提高工程质量、降低工程成本、加快施工进度，有着重要的保证作用。

3. 项目实施阶段

项目实施阶段是基本建设程序中时间最长、工作量最大、资源消耗最多的阶段。这个阶段的工作中心是根据设计图纸进行建筑安装施工，还包括做好生产或使用准备、进行竣工验收和后评价等内容。

（1）建筑施工

建筑施工是指具有一定生产经验和劳动技能的劳动者，通过必要的施工机具，对各种建筑材料（包括成品或半成品）按一定要求有目的地进行搬运、加工、成型和安装，生产出质量合格的建筑产品的整个活动过程也是将计划和施工图变为实物的过程。

施工之前要认真做好图纸会审工作，施工中要严格按照施工图和图纸会审记录施工，如需变动应取得建设单位和设计单位的同意；施工前应编制施工图预算和施工组织设计，明确投资、进度、质量的控制要求并被批准认可；施工中应严格执行有关施工标准和规范，确保工程质量，按合同规定的内容完成施工任务。

（2）生产准备

生产准备是项目投产前由建设单位进行的一项重要工作，是建设阶段完成后转入生产经营的必要条件。项目法人应及时组织专门班子或机构做好生产准备工作。

生产准备工作根据不同类型工程的要求确定，一般应包括下列内容：

1）组建生产经营管理机构，制定管理制度和有关规定。

2）招收培训人员，提高生产人员和管理人员的综合素质，使之能够满足生产、运营的要求。

3）生产技术准备，包括技术咨询、运营方案的确定、岗位操作规程等。

4）物资资料准备，包括原材料、燃料、工器具、备品和备件等其他协作产品的准备。

5）其他必需的生产准备。

（3）竣工验收

建设项目竣工验收是由发包人、承包人和项目验收委员会，以项目批准的设计任务书和设计文件，以及国家或部门颁发的施工验收规范和质量检验标准为依据，按照一定的程序和手续，在项目建成并试生产合格后，对工程项目的总体进行检验和认证、综合评价和鉴定的活动。

竣工验收是建设工程的最后阶段，要求在单位工程验收合格，并且工程档案资料按规定整理齐全，完成竣工报告、竣工决算等必需文件的编制后，才能向验收主管部门提出申请并组织验收。对于工业生产项目，需经投料试车合格，形成生产能力，能正常生产出产品后，才能进行验收；非工业生产项目，应能正常使用，才能进行验收。

竣工决算编制完成后，需由审计机关组织竣工审计，将审计机关的审计报告作为竣工验收的基本资料。对于工程规模较大、技术复杂的项目，可组织有关人员首先进行初步验收，不合格的工程不予验收；有遗留问题的项目，必须提出具体处理意见，限期整改。

（4）后评价

随着我国成功加入 WTO，国内的国际合作涉外项目越来越多。按照国际承包的惯例，建设项目的后评价是其中不可或缺的一部分。客观地讲，我国的建设项目后评价尚处于起步阶段，根据国外的经验和国内专家的共识，尽快建立并完善我国的项目投资后评价制度，是我国规范建筑市场、与国际接轨的必然趋势。

项目后评价是指在项目建成投产并达到设计生产能力后，通过对项目前期工作、项目实施、项目运营情况的综合研究，衡量和分析项目的实际情况与预测（计划）情况的差距，确定有关项目预测和判断是否正确，并分析其原因，在项目完成过程中吸取经验教训，为今后改进项目决策、准备、管理、监督等工作创造条件，并为提高项目投资效益提出切实可行的对策措施。其内容一般包括：

1）项目达到设计生产能力后，项目实际运行状况的影响评价。

2）项目达到设计生产能力后的经济评价，包括项目财务后评价和项目国民经济后评价两个组成部分。

3）项目达到正常生产能力后的实际效果与预期效果的分析评价。

4）项目建成投产后的工作总结。

1.2.3 建筑装饰工程施工管理程序

建筑装饰工程施工管理程序是拟建装饰工程项目在整个装饰施工阶段中必须遵循的先后次序和客观规律。一般分为五个步骤：

（1）承接施工任务，签订施工合同。

（2）全面统筹安排，做好施工规划。

（3）落实施工准备，提出开工报告。

（4）精心组织施工，加强科学管理。

（5）进行工程验收，交付生产使用。

1.3 建筑装饰工程项目管理内容与特点

1.3.1 项目管理内容

施工方是承担施工任务的单位的总称，可以是施工总承包方、施工总承包管理方、分包施工方、建筑装饰装修项目总承包的施工任务执行方或仅仅是提供施工劳务的参与方。施工方作为项目建设的参与方，其项目管理主要服务于项目的整体利益和施工方本身的利益，其项目管理的目标包括施工的成本目标、施工的进度目标和施工的质量目标。施工方项目管理的内容包括：

(1) 建筑装饰装修工程施工职业健康安全管理。

(2) 建筑装饰装修工程施工合同管理。

(3) 建筑装饰装修工程施工信息管理。

(4) 建筑装饰装修工程施工成本控制。

(5) 建筑装饰装修工程施工质量控制。

(6) 建筑装饰装修工程施工进度控制。

(7) 建筑装饰装修工程与施工有关的组织与协调。

1.3.2 项目管理特点

1. 施工项目的管理者是建筑施工企业

由业主或监理单位进行的工程项目管理中涉及施工阶段的管理仍属建设项目管理，不能算作施工项目管理，且项目业主、监理单位和设计单位都不进行施工项目管理。项目业主在建设工程项目实施阶段，进行建设项目管理时涉及施工项目管理，但只是建设工程项目发包方和承包方的关系，是合同关系，不能算作施工项目管理。监理单位受项目业主委托，在建设工程项目实施阶段进行建设工程监理，把施工单位作为监督对象，虽与施工项目管理有关，但也不是施工项目管理。

2. 施工项目管理的对象是施工项目

施工项目管理的周期也就是施工项目的生产周期，包括工程投标、签订工程项目承包合同、施工准备、施工及交工验收等。施工项目管理的主要特殊性是生产活动与市场交易活动同时进行，先有施工合同双方的交易活动，后才有建设工程施工，是在施工现场预约、订购式的交易活动，买卖双方都投入生产管理。所以，施工项目管理是对特殊的商品、特殊的生产活动，在特殊的市场上，进行的特殊的交易活动的管理，其复杂性和艰难性都是其他生产管理所不能比拟的。

3. 施工项目管理的内容是按阶段变化的

施工项目必须按施工程序进行施工和管理。从工程开工到工程结束，要经过一年甚至十几年的时间，经历了准备、基础施工、主体施工、装修施工、安装施工、验收交工等多个阶段，每一个工作阶段的工作任务和管理的内容都有所不同。因此，管理者必须做出设计、提出措施、进行有针对性的动态管理，使资源优化组合，以提高施工效率和施工效益。

4. 施工项目管理要求强化组织协调工作

由于施工项目生产周期长，参与施工的人员多，施工活动涉及许多复杂的经济关系、技术关系、法律关系、行政关系和人际关系等，所以施工项目管理中的组织协调工作最为艰难、复杂、多变，必须采取强化组织协调的措施才能保证施工项目顺利实施。

本章小结

本章详细介绍了项目管理的定义、项目管理的基本特性、项目管理的分类、工程项目及组成、工程项目管理的程序、建筑装饰工程施工管理程序、施工项目管理规划、建筑装饰工程项目管理内容及建筑装饰工程项目管理特点。

 推荐阅读资料

1. 危道军.建筑施工组织 [M].北京：中国建筑工业出版社，2014.
2. 蔡雪峰.建筑施工组织 [M].武汉：武汉理工大学出版社，2012.
3. 住房和城乡建设部.建设工程项目管理规范：GB/T 50326—2017[S].北京：中国建筑工业出版社，2017.

习　题

1. 名词解释
（1）项目　　（2）项目管理
2. 填空题
（1）建筑装饰装修工程项目管理的核心任务是（　　）。
（2）"费用目标"对业主而言是（　　），对施工方而言是（　　）。
（3）施工方作为项目建设的参与方，其项目管理主要服务于（　　），其项目管理的目标包括（　　）、（　　）和（　　）。
3. 简答题
（1）简述建筑装饰装修工程项目管理的类型。
（2）简述建筑装饰装修工程施工方项目管理的任务。
4. 单选题
建设工程项目管理规划文件可分为建设工程项目管理规划大纲和（　　）两大类。

A.项目范围管理规划　　　　B.项目管理目标规划

C.总体工作计划　　　　　　D.建设工程项目实施规划

5. 多选题
（1）下列选项中属于建设准备阶段工作内容的是（　　）。

A. 征地、拆迁　　B. 准备必要的施工图纸　　C. 组织施工招标投标

D. 项目投资估算　　E. 组织设备、材料订货

（2）下列哪些属于施工项目管理实施规划的内容（　　）。

A. 施工项目概况　　B. 组织方案　　　　　C. 投标书

D. 质量计划　　E. 项目建议书

6. 案例题

某施工单位承接某工程项目的施工任务，在施工招标阶段，该单位编制了施工项目管理实施规划。中标后，为进一步加强施工项目管理，在施工技术负责人的主持下，又编制了一份施工项目管理规划大纲。其中该单位编制的施工项目管理规划大纲内容如下：

（1）施工项目概况；

（2）总体工作计划；

（3）项目管理组织规划；

（4）技术方案；

（5）进度计划；

（6）质量计划；

（7）项目职业健康安全与环境管理规划。

问题：

（1）上述背景中施工单位的工作中有哪些不妥？为什么？

（2）施工单位编制的施工项目管理规划大纲的内容有哪些不妥？请改正并补充完整。

综合实训

2- 习题参考答案

1. 实训目标

掌握资源准备的方法和内容，培养综合运用理论知识解决实际问题的能力，将相关施工准备知识转化为编写施工准备工作的实际操作技能。

2. 实训要求

（1）编写内容：调查一个建筑工地的资源准备工作，如施工现场人员配备情况，分析这样配备是否与该工程的规模和复杂程度相适应；列出所用机械、设备和其他器具的规格、数量，现场各种材料、半成品的名称、规格、数量、堆放地点等。

（2）编写要求：态度端正，独立完成，每人一份，不得抄袭；教师可以将本部分实训教学内容安排在教学过程中，也可以在本章结束后统一安排，应指导学生按照教学内容编写。

第 2 章

建筑装饰工程进度管理

教学目标

通过本章的学习，使学生初步具有建筑装饰工程施工项目进度管理的技能，逐步培养学生对建筑工程进行施工进度计划控制的能力。

教学要求

能力目标	知识要点	权重	自测分数
熟悉建筑装饰工程进度管理的基本概念	进度管理的定义、进度管理的措施、影响进度的因素	20%	
熟悉建筑装饰工程进度计划的编制和实施	进度计划的编制步骤和实施方法	20%	
掌握建筑装饰工程进度计划的检查	横道图比较法、S 形曲线比较法、香蕉形曲线比较法、前锋线比较法、列表比较法	30%	
掌握建筑装饰工程进度计划的调整	进度计划的调整方法	30%	

 引例

将某装饰吊顶工程的施工实际进度计划与计划进度比较，从比较中可以看出，在第 12 天末进行施工进度检查时，基层龙骨工作已经完成；基层板的工作按计划进度应当完成，而实际施工进度只完成 90% 的任务，已经拖后 10%；饰面面板工作已完成 33% 的任务，施工实际进度与计划进度一致。试分析工期是否拖延以及如何确保工期目标的实现？

2.1 建筑装饰工程进度管理概述

一个项目能否在预期的时间内完成，这是项目实施最为重要的问题之一，也是进行项目管理所追求的目标之一。建筑装饰装修工程项目进度管理就是采用科学的方法确定进度目标，编制经济合理的进度计划，并据以检查工程项目进度计划的执行情况，若发现实际执行情况与计划进度不一致，及时分析原因，并采取必要的措施对原工程进度计划进行调整或修正的过程，工程项目进度管理的目的就是为了达到最优工期。

项目进度管理是一个动态、循环、复杂的过程，也是一项效益显著的工作。进度计划控制的一个循环过程包括计划、实施、检查、调整四部分。计划是指根据施工项目的具体情况，合理编制符合工期要求的最优计划；实施是指进度计划的落实与执行；检查是指在进度计划的执行过程中，跟踪检查实际进度，并与计划进度对比分析，确定两者之间的关系；调整是指根据检查对比的结果，分析实际进度与计划进度之间的偏差对工期的影响，采取切合实际的调整措施，使计划进度符合新的实际情况，在新的起点上进行下一轮控制循环，如此循环进行下去，直到完成任务。

2.1.1　进度管理的概念

1.进度管理的定义

施工项目进度管理是为实现预期的进度目标而进行的计划、组织、指挥、协调和控制等活动。即在限定的工期内确定进度目标，编制出最佳的施工进度计划，在执行进度计划的施工过程中，经常检查实际施工进度，并不断地把实际进度与计划进度相比较，确定实际进度是否与计划进度相符，若出现偏差，便分析产生的原因和对工期的影响程度，找出必要的调整措施，修改原计划，如此不断地循环，直至工程竣工验收。

🔑 特别提示

工程项目，特别是大型重点建设项目，工期要求十分紧迫，施工方的工程进度压力非常大。如若没有进度计划盲目赶工，难免会导致施工质量问题、安全问题的出现以及施工成本的增加，因此，要使工程项目保质、保量、按期完成，我们就应进行科学的进度管理。

3- 建筑装饰工程进度管理过程

2.进度管理过程

施工进度管理过程是一个动态的循环过程。它包括进度目标的确定、编制进度计划和进度计划的跟踪检查与调整。其基本过程如图 2-1 所示。

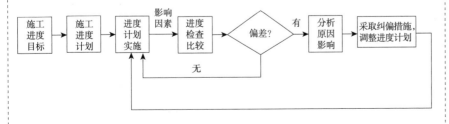

图 2-1　施工进度管理过程

2.1.2　进度管理程序

工程项目部应按照以下程序进行进度管理：

（1）根据施工合同的要求确定施工进度目标，明确计划总工期、计划开工日期和计划竣工日期，确定项目分期分批的开竣工日期。

（2）编制施工进度计划，具体安排实现计划目标的工艺关系、组织关系、搭接关系、起止时间、劳动力计划、材料计划、机械计划及其他保证性计划。

（3）进行计划交底，落实责任，并向监理工程师提出开工申请报告，按监理工程师开工令确定的日期开工。

（4）实施施工进度计划。项目经理应通过施工部署、组织协调、生产调度和指挥、改善施工程序和方法的决策等，应用技术、经济和管理手段实现有效的进度管理。项目经理部要建立进度实施、控制的科学组织系统和严密的工作制度，然后依据工程项目进度目标体系，对施工的全过程进行系统控制。正常情况下，进度实施系统应发挥监测、分析职能并循环运行，随着施工活动的进行，信息管理系统会不断地将施工实际进度信息按信息流动程序反馈给进度管理者，经过统计整理、比较分析后，确认进度无偏差，则系统继续运行；一旦发现实际进度与计划进度有偏差，系统将发挥调控职能，分析偏差产生的原因及对后续施工和总工期的影响。必要时，可对原计划进度作出相应的调整，提出纠正偏差方案，实施技术、经济、合同保证措施及相关单位支持与配合的协调措施，确认切实可行后，将调整后的新进度计划输入进度实施系统，施工活动继续在新的控制下运行。当新的偏差出现后，再重复上述过程，直到施工项目全部完成。

（5）任务全部完成后，进行进度管理总结并编写进度管理报告。

2.1.3　进度管理目标体系

保证工程项目按期建成交付使用，是工程项目进度控制的最终目的。为了有效地控制建筑装饰装修工程的施工进度，首先要将施工进度总目标从不同角度进行层层分解，形成施工进度控制目标体系，从而作为实施进度控制的依据。

项目进度目标是从总的方面对项目建设提出的工期要求，但在施工活动中，是通过对最基础的分部分项工程的施工进度管理来保证各单位工程或阶段工程进度管理目标的完成，进而实现工程项目进度管理的总目标。因而需要将总进度目标进行一系列的从总体到细部、从高层次到基础层次的层层分解，一直到分解为在施工现场可以直接控制的分部分项工程或作业过程的施工为止。在分解中，每一层次的进度管理目标都限定了下一级层次的进度管理目标，而较低层次的进度管理目标又是较高一级层次进度管理目标得以实现的保证，于是就形成了一个有计划有步骤协调施工、长期目标对短期目标自上而下逐级控制、短期目标对长期目标自下而上逐级保证、逐步趋近进度总目标的局面，最终达到工程项目按期竣工交付使用的目的。

1. 按项目组成分解，确定各单位工程开工及动用日期

在施工阶段应进一步明确各单位工程的开工和交工动用日期，以确保施工总进度目标的实现。

2. 按承包单位分解，明确分工和承包责任

在一个单位工程中有多个承包单位参与施工时，应按承包单位对单位工程的进度目标进行分解，确定各分包单位的进度目标，列入分包合同，以便落实分包责任，并根据各专业工程交叉施工方案和前后衔接条件，明确不同承包单位工作面交接的条件和时间。

3. 按施工阶段分解，划定进度控制分界点

根据工程项目的特点，应将其施工分解成几个阶段，如土建工程可分为基础、结构和内外装修阶段。每一阶段的起止时间都要有明确的标志。特别是不同单位承包的不同施工阶段之间，更要明确划定时间分界点，以此作为形象进度的控制标志，从而使单位工程动用目标具体化。

4. 按计划期分解，组织综合施工

将工程项目的施工进度控制目标按年度、季度、月度进行分解，并用实物工程、货币工作量及形象进度表示，这样更有利于对施工进度的控制。

2.1.4　进度管理的措施

施工进度管理的措施主要有组织措施、管理措施、经济措施和技术措施。

1. 组织措施

组织措施是目标能否实现的决定性因素，为实现项目的进度目标，应健全项目管理的组织体系；在项目组织结构中应由专门的工作部门和符合进度管理岗位资格的专人负责进度管理工作；进度管理的工作任务和相应的管理职能应在项目管理组织设计的任务分工表和管理职能分工表中标示并落实；应编制施工进度的工作流程，如确定施工进度计划系统的组成及各类进度计划的编制程序、审批程序和计划调整程序等；应进行有关进度管理会议的组织设计，以明确会议的类型、各类会议的主持人和参加单位及人员、各类会议的召开时间、各类会议文件的整理、分发和确认等。

2. 管理措施

管理措施涉及管理的思想、管理的方法、承发包模式、合同管理和风

险管理等。树立正确的管理观念,包括进度计划系统观念、动态管理的观念、进度计划多方案比较和选优的观念;运用科学的管理方法,工程网络计划方法有利于实现进度管理的科学化;选择合适的承发包模式;重视合同管理在进度管理中的应用;采取风险管理措施。

3. 经济措施

经济措施涉及编制与进度计划相适应的资源需求计划和采取加快施工进度的经济激励措施。

4. 技术措施

技术措施涉及对实现施工进度目标有利的设计技术和施工技术的选用。

2.1.5 进度管理目标

1. 进度管理的总目标

施工进度管理以实现施工合同约定的竣工日期为最终目标。作为一个施工项目,总有一个时间限制,即为施工项目的竣工时间。而施工项目的竣工时间就是施工阶段的进度目标。有了这个明确的目标以后,才能进行有针对性的进度管理。

在确定施工进度目标时,应考虑的因素有:项目总进度计划对项目施工工期的要求、项目建设的特殊要求、已建成的同类或类似工程项目的施工期限、建设单位提供资金的保证程度、施工单位可能投入的施工力量、物资供应的保证程度、自然条件及运输条件等。

2. 进度管理目标体系

施工项目进度管理的总目标确定后,还应对其进行层层分解,形成相互制约、相互关联的目标体系。施工项目进度管理的目标是从总的方面对项目建设提出的工期要求,但在施工活动中,是通过对最基础的分部分项工程的施工进度管理,来保证各单位工程、单项工程或阶段工程进度管理目标的完成,进而实现施工项目进度管理总目标的完成的。

施工阶段进度目标可根据施工阶段、施工单位、专业工种和时间进行分解。

(1) 按施工阶段分解

根据工程特点,将施工过程分为几个施工阶段,如基础、主体、屋面、装饰。根据总体网络计划,以网络计划中表示这些施工阶段起止的节点为控制,明确提出若干阶段目标,并对每个施工阶段的施工条件和问题进行更加具体的分析研究和综合平衡,制订各阶段的施工计划,以阶段目标的实现来保证总目标的实现。

（2）按施工单位分解

若项目由多个施工单位参与施工，则要以总进度计划为依据，确定各单位的分包目标，并通过分包合同落实各单位的分包责任，以各分包目标的实现来保证总目标的实现。

（3）按专业工种分解

只有控制好每个施工过程完成的质量和时间，才能保证各分部工程进度的实现。因此，既要对同专业、同工种的任务进行综合平衡，又要强调不同专业工种间的衔接配合，明确相互间的交接日期。

（4）按时间分解

将施工总进度计划分解成逐年、逐季、逐月的进度计划。

2.1.6　影响进度管理的因素

工程项目施工过程是一个复杂的运作过程，涉及面广、影响因素多，任何一个方面出现问题都可能对工程项目的施工进度产生影响。为此，应分析了解这些影响因素，并尽可能加以控制，通过有效的进度管理来弥补和减少这些因素产生的影响。影响施工进度的主要因素有以下几方面。

1. 参与单位和部门因素

影响项目施工进度的单位和部门众多，包括建设单位、设计单位、总承包单位，以及施工单位上级主管部门、政府有关部门、银行信贷单位、资源物资供应部门等。只有做好有关单位的组织协调工作，才能有效地控制项目施工进度。

2. 施工技术因素

项目施工技术因素主要有：低估项目施工技术上的难度；采取的技术措施不当；没有考虑某些设计或施工问题的解决方法；对项目设计意图和技术要求没有全部领会；在应用新技术、新材料或新结构方面缺乏经验，盲目施工导致出现工程质量问题、缺陷等。

3. 施工组织管理因素

施工组织管理因素主要有：施工平面布置不合理；劳动力和机械设备的选配不当；流水施工组织不合理等。

4. 项目投资因素

因资金不能保证以至于影响项目施工进度。

5. 项目设计变更因素

项目设计变更因素主要有：建设单位改变项目设计功能；项目设计图样错误或变更等。

6.不利条件和不可预见因素

在项目施工过程中，可能遇到洪水、地下水、地下断层、溶洞或地面深陷等不利的地质条件；也可能出现恶劣的气候条件、自然灾害、工程事故、政治事件、工人罢工或战争等不可预见的事件，这些因素都将影响项目施工进度。

 知识链接

影响施工项目进度的责任和处理：工程进度的推迟一般分为工程延误和工程延期两种，其责任及处理方法不同。由于承包单位自身的原因造成的进度拖延，称为工程延误；由于承包单位以外的原因造成的进度拖延，称为工程延期。如果是工程延误，则所造成的一切损失由承包单位承担。如果是工程延期，则承包单位不仅有权要求延长工期，而且还有权向业主提出赔偿费用的要求以弥补由此造成的额外损失。

2.2 建筑装饰工程进度计划的编制和实施

2.2.1 进度计划的编制

1.进度计划的分类

施工进度计划是在确定工程施工目标工期的基础上，根据相应的工程量，对各项施工过程的施工顺序、起止时间和相互衔接关系以及所需的劳动力和各种技术物资的供应所作的具体策划和统筹安排。

根据不同的划分标准，施工进度计划可以分为不同的种类。它们组成了一个相互关联、相互制约的计划系统。按不同的计划深度划分，可以分为总进度计划、项目子系统进度计划与项目子系统中的单项工程进度计划；按不同的计划功能划分，可以分为控制性进度计划、指导性进度计划与实施性（操作性）进度计划；按不同的计划周期划分，可以分为5年建设进度计划与年度、季度、月度和旬计划。

2.进度计划的表达方式

施工进度计划的表达方式有多种，在实际工程施工中，主要用横道图和网络图来表达进度计划。

（1）横道图

横道图是结合时间坐标线，用一系列水平线段来表示各施工过程的施工起止时间和先后顺序的图表。这种表达方式简单明了、直观易懂，但是也存在一些问题，如工序（工作）之间的逻辑关系不易表达清楚；适用于手工编制计划；没有通过严谨的时间参数计算，不能确定关键线路与时差；计划调整只能用手工方式进行，其工作量较大；难以适应大的进度计划系统。

（2）网络图

网络图是指由箭线和节点组成，用来表示工作流程的有向、有序的网状图形。这种表达方式具有以下优点：能正确地反映工序（工作）之间的逻辑关系；能进行各种时间参数计算，确定关键工作、关键线路与时差；可以用电子计算机对复杂的计划进行计算、调整与优化。网络图的种类很多，较常用的是双代号网络图。双代号网络图是以箭线及其两端节点的编号表示工作的网络图。

3. 进度计划的编制步骤

编制施工项目施工进度计划是在满足合同工期要求的情况下，对选定的施工方案、资源的供应情况、协作单位配合施工情况等所作的综合研究和周密部署。具体的编制步骤如下：

（1）划分施工过程。

（2）计算工程量。

（3）套用施工定额。

（4）劳动量和机械台班量的确定。

（5）计算施工过程的持续时间。

（6）初排施工进度。

（7）编制正式的施工进度计划。

4- 建筑装饰工程进度计划
的编制步骤

🔑 **特别提示**

施工项目进度计划编制完成之后，应进行进度计划的实施。进度计划的实施就是落实并完成进度计划，用施工项目进度计划指导施工活动。

2.2.2　进度计划的审核

在施工项目进度计划实施之前，为了保证进度计划的科学合理性，必须对其进行审核。

施工项目进度计划审核的内容主要有：

（1）进度安排是否与施工合同相符，是否符合施工合同中开工、竣工日期的规定。

（2）进度计划中的项目是否有遗漏，内容是否全面，分期施工是否满足分期交工要求和配套交工要求。

（3）施工顺序的安排是否符合施工工艺、施工程序的要求。

（4）资源供应计划是否均衡并满足进度要求。劳动力、材料、构配件、设备及施工机具、水电等生产要素的供应计划是否能保证施工进度的实现，供应是否均衡，需求高峰期是否有足够能力实现计划供应。

（5）总、分包间的计划是否协调、统一。总包、分包单位分别编制的各项施工进度计划之间是否相协调，专业分工与计划衔接是否明确合理。

（6）对实施进度计划的风险是否分析清楚并有相应的对策。

（7）各项保证进度计划实现的措施是否周到、可行、有效。

2.2.3 进度计划的实施

施工项目进度计划的实施就是落实施工进度计划，按施工进度计划开展施工活动并完成施工项目进度计划。施工项目进度计划逐步实施的过程就是项目施工逐步完成的过程。为保证项目各项施工活动按施工进度计划所确定的顺序和时间进行，以及保证各阶段进度目标和总进度目标的实现，应做好下面的工作。

1. 检查各层次的计划，并进一步编制月（旬）作业计划

施工项目的施工总进度计划、单位工程施工进度计划、分部分项工程施工进度计划，都是为了实现项目总目标而编制的，其中高层次计划是低层次计划编制和控制的依据，低层次计划是高层次计划的深入和具体化，在贯彻执行时，要检查各层次计划间是否紧密配合、协调一致。计划目标是否层层分解、互相衔接，检查在施工顺序、空间及时间安排、资源供应等方面有无矛盾，以组成一个可靠的计划体系。

为实施施工进度计划，项目经理部将规定的任务与现场实际施工条件和施工的实际进度相结合，在施工开始前和实施中不断编制本月（旬）的作业计划，从而使施工进度计划更具体、更切合实际、更适应不断变化的现场情况、更可行。在月（旬）计划中要明确本月（旬）应完成的施工任务、完成计划所需的各种资源量，提高劳动生产率，保证质量和节约措施。

作业计划的编制要进行在不同项目间同时施工的平衡协调；确定对施工项目进度计划分期实施的方案；施工项目要分解为工序，以满足指导作业的要求，并明确进度日程。

2. 综合平衡，做好主要资源的优化配置

施工项目不是孤立完成的，它必须由人、财、物（材料、机具、设备等）诸资源在特定地点有机结合才能完成。同时，项目对诸资源的需要又是错落起伏的，因此，施工企业应在各项目进度计划的基础上进行综合平衡，编制企业的年度、季度、月旬计划，将各项资源在项目间动态组合，优化

配置，以保证满足项目在不同时间对诸资源的需求，从而保证施工项目进度计划的顺利实施。

3. 层层签订承包合同，并签发施工任务书

按前面已检查过的各层次计划，以承包合同和施工任务书的形式，分别向分包单位、承包队和施工班组下达施工进度任务，其中，总承包单位与分包单位、施工企业与项目经理部、项目经理部与各承包队和职能部门、承包队与各作业班组间应分别签订承包合同，按计划目标明确规定合同工期、相互承担的经济责任、权限和利益。

另外，要将月（旬）作业计划中的每项具体任务通过签发施工任务书的方式向班组下达。施工任务书是一份计划文件，也是一份核算文件，又是原始记录。它把作业计划下达到班组，并将计划执行与技术管理、质量管理、成本核算、原始记录、资源管理等融为一体。施工任务书一般由工长根据计划要求、工程数量、定额标准、工艺标准、技术要求、质量标准、节约措施、安全措施等为依据进行编制。任务书下达给班组时，由工长进行交底。交底内容为：交任务、交操作规程、交施工方法、交质量、交安全、交定额、交节约措施、交材料使用、交施工计划、交奖罚要求等，做到任务明确、报酬预知、责任到人。施工班组接到任务书后，应做好分工、安排，执行中要保质量、保进度、保安全、保节约、保工效提高。任务完成后，班组自检，在确认已经完成后，向工长报请验收。工长验收时查数量、查质量、查安全、查用工、查节约，然后回收任务书，交施工队登记结算。

4. 全面实行层层计划交底，保证全体人员共同参与计划实施

在施工进度计划实施前，必须根据任务进度文件的要求进行层层交底落实，使有关人员都明确各项计划的目标、任务、实施方案、预控措施、开始日期、结束日期、有关保证条件、协作配合要求等，使项目管理层和作业层能协调一致工作，从而保证施工生产按计划、有步骤、连续均衡地进行。

5. 做好施工记录，掌握现场实际情况

在计划任务完成的过程中，各级施工进度计划的执行者都要跟踪做好施工记录。在施工中，如实记载每项工作的开始日期、工作进程和完成日期，记录每日完成数量、施工现场发生的情况和干扰因素的排除情况，可为施工项目进度计划实施的检查、分析、调整、总结提供真实、准确的原始资料。

6. 做好施工中的调度工作

施工中的调度即是在施工过程中针对出现的不平衡和不协调进行调整，以不断组织新的平衡，建立和维护正常的施工秩序。它是组织施工中

各阶段、环节、专业和工种的互相配合、进度协调的指挥核心，也是保证施工进度计划顺利实施的重要手段。其主要任务是监督和检查计划实施情况，定期组织调度会，协调各方协作配合关系，采取措施，消除施工中出现的各种矛盾，加强薄弱环节，实现动态平衡，保证作业计划及进度控制目标的实现。

调度工作必须以作业计划与现场实际情况为依据，从施工全局出发，按规章制度办事，必须做到及时、准确、果断灵活。

7. 预测干扰因素，采取预控措施

在项目实施前和实施过程中，应经常根据所掌握的各种数据资料，对可能致使项目实施结果偏离进度计划的各种干扰因素进行预测，并分析这些干扰因素所带来的风险程度的大小，预先采取一些有效的控制措施，将可能出现的偏离尽可能消灭于萌芽状态。

 知识链接

为了保证施工进度计划的实施，应做好施工进度计划的审核和施工项目进度计划的贯彻。施工项目进度计划的贯彻包括：

（1）检查各层次的计划，形成严密的计划保证系统。施工项目所有的施工总进度计划、单位工程施工进度计划、分部分项工程施工进度计划都是围绕一个总任务编制的。它们之间的关系是：高层次计划为低层次计划提供依据，低层次计划是高层次计划的具体化。在施工项目进度计划贯彻执行时，应当首先检查各层次是否协调一致，计划目标是否层层分解、相互衔接，相互之间组成一个计划实施的保证体系。其要以施工任务书的方式下达施工队，保证施工进度计划的实施。

（2）层层明确责任并充分利用施工任务书。施工项目经理、作业队和作业班组之间分别签订责任状，按计划目标规定工期、质量标准、承担的责任、权限和利益。用施工任务书将作业任务下达到作业班组，明确具体的施工任务、技术措施、质量要求等内容，使施工班组必须保证按作业计划时间完成规定的任务。

（3）进行计划的交底，促进计划的全面、彻底实施。施工进度计划的实施是全体工作人员的共同行动，要使有关部门人员都明确各项计划的目标、任务、实施方案和措施，使管理层和作业层协调一致，将计划变成全体员工的自觉行动，在计划实施前可以根据计划的范围进行计划交底工作，使计划得到全面、彻底的实施。

2.3　建筑装饰工程进度计划的检查

5- 建筑装饰工程施工项目进度
计划的检查

2.3.1　进度计划的检查

在施工项目的实施过程中，为了进行施工进度管理，进度管理人员应经常性地、定期地跟踪检查施工实际进度情况，主要包括收集施工项目进度材料、进行统计整理和对比分析、确定实际进度与计划进度之间的关系。其主要工作包括：

1. 跟踪检查施工实际进度

跟踪检查施工实际进度是项目施工进度控制的关键措施，其目的是收集实际施工进度的有关数据。跟踪检查的时间和收集数据的质量，直接影响控制工作的质量和效果。

一般检查的时间间隔与施工项目的类型、规模、施工条件和对进度执行要求程度有关。通常可以确定每月、半月、旬或周进行一次。若在施工中遇到天气、资源供应等不利因素的严重影响，检查的时间间隔可临时缩短、次数应频繁，甚至可以每日进行检查，或派人员驻现场督阵。检查和收集资料一般采用进度报表方式或定期召开进度工作汇报会。为了保证汇报资料的准确性，进度控制的工作人员要经常到现场查看施工项目的实际进度情况，从而保证经常地、定期地准确掌握施工项目的实际进度。

根据不同需要，进行日检查或定期检查的内容包括：

（1）检查期内实际完成和累计完成工程量。

（2）实际参加施工的人数、机械数量和生产效率。

（3）窝工人数、窝工机械台班数及其原因分析。

（4）进度偏差的情况。

（5）进度管理情况。

（6）影响进度的特殊原因及分析。

（7）整理统计检查数据。

2. 整理统计检查数据

将收集到的施工项目实际进度数据要进行必要的整理，按计划控制的工作项目进行统计，形成与计划进度具有可比性的数据、相同的量纲和形象进度。一般可以按实物工程量、工作量和劳动消耗量以及累计百分比整理和统计实际检的数据，以便与相应的计划完成量相对比。

3. 对比实际进度与计划进度

将收集的资料整理和统计成具有与计划进度可比性的数据后，用施工项目实际进度与计划进度的比较方法进行比较。通常用的比较方法有：横道图比较法、S 形曲线比较法、香蕉形曲线比较法、前锋线比较法、列表比较法等。

4.进度检查结果的处理

施工项目进度检查的结果，按照检查报告制度的规定，形成进度控制报告向有关主管人员和部门汇报。

进度控制报告是把检查比较的结果、有关施工进度现状和发展趋势，提供给项目经理及各级业务职能负责人的最简单的书面形式报告。

进度控制报告根据报告的对象不同，确定不同的编制范围和内容分别进行编写。一般分为项目概要级进度控制报告，是报给项目经理、企业经理或业务部门以及建设单位或业主的，它是以整个施工项目为对象说明进度计划执行情况的报告；项目管理级进度控制报告，是报给项目经理及企业的业务部门的，它是以单位工程或项目分区为对象说明进度计划执行情况的报告；业务管理级进度控制报告，是就某个重点部位或重点问题为对象编写的报告，供项目管理者及各业务部门为采取应急措施而使用。

进度控制报告的内容主要包括：项目实施概况、管理概况、进度概要的总说明；项目施工进度、形象进度及简要说明；施工图纸提供进度；材料、物资、构配件供应进度；劳务记录及预测；日历计划；对建设单位、业主和施工者的变更指令等；进度偏差的状况和导致偏差的原因分析；解决的措施；计划调整意见等。

报告时间一般与进度检查时间相协调，也可按月、旬、周等间隔时间进行编写上报。进度报告的内容包括：进度执行情况的综合描述；实际进度与计划进度的对比资料；进度计划的实施问题及原因分析；进度执行情况对质量、安全和成本等的影响情况；采取的措施和对未来计划进度的预测等。进度报告可以单独编制，也可以根据需要与质量、成本、安全和其他报告合并编制，提出综合进展报告。

2.3.2　横道图比较法

6- 横道图及横道图比较法

横道图比较法是把项目施工中检查实际进度收集的信息，经整理后直接用横道线并列标于原计划的横道线处，进行直观比较的一种方法。这种方法简明直观，编制方法简单，使用方便，是人们常用的方法。

例如，某吊顶施工工程，分三段组织流水施工时，其施工的实际进度与计划进度比较，如图2-2所示。

从比较中可以看出，第 10 天末进行施工进度检查时，基层龙骨施工应在检查的前一天全部完成，但实际进度仅完成了 7 天的工程量，约占计划总工程量的 77.8%，尚未完成而拖后的工程量约占计划总工程量的 22.2%；基层饰面板施工也应全部完成，但实际进度仅完成了 2 天的工程

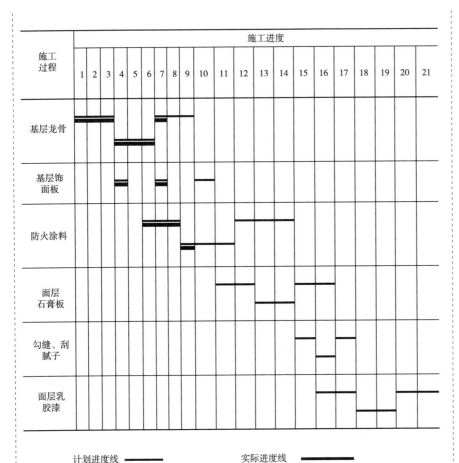

施工过程	施工进度																				
	1	2	3	4	5	6	7	8	9	10	11	12	13	14	15	16	17	18	19	20	21
基层龙骨																					
基层饰面板																					
防火涂料																					
面层石膏板																					
勾缝、刮腻子																					
面层乳胶漆																					

计划进度线 ——————　　　实际进度线 ━━━━━━

图 2-2　施工的实际进度与
计划进度比较

量，约占计划总工程量的 **66.7%**，尚未完成而拖后的工程量约占计划总工程量的 **33.3%**；防火涂料施工按计划进度要求应完成 5 天的工程量，但实际进度仅完成了 4 天的工程量，约占计划完成量的 **80%**（约为防火涂料总工程量的 **44.4%**），尚未完成而拖后的工程量约占计划完成量的 **20%**（约为防火涂料总工程量的 **11.1%**）。

2.3.3　S 形曲线比较法

　　S 形曲线比较法是在一个以横坐标表示进度时间，纵坐标表示累计完成任务量的坐标体系上，首先按计划时间和任务量绘制一条累计完成任务量的曲线（即 S 形曲线），然后将施工进度中各检查时间的实际完成任务量也绘制在此坐标上，并与 S 形曲线进行比较的一种方法。

　　对于大多数工程项目来说，从施工全过程来看，其单位时间消耗的资源量通常是中间多而两头少，即资源的投入开始阶段较少，随着时间的增加而逐渐增多，在施工中的某一时期达到高峰后又逐渐减少直至项目完成，

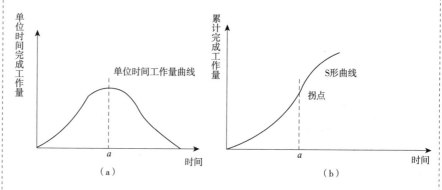

图 2-3 时间与完成任务量
关系

其变化过程可用图 2-3（a）表示。而随着时间进展，累计完成的任务量便形成一条中间陡而两头平缓的 S 形变化曲线，故称 S 形曲线，如图 2-3（b）所示。

S 形曲线比较法是在图上直观地进行施工项目实际进度与计划进度的比较。一般情况下，计划进度控制人员在计划实施前绘制出 S 形曲线。在项目施工过程中，按规定时间将检查的实际完成情况绘制在计划 S 形曲线同一张图上，可得出实际进度 S 形曲线，比较两条 S 形曲线可以得到如下信息：

（1）项目实际进度与计划进度比较，当实际工程进展点落在计划 S 形曲线左侧，则表示此时实际进度比计划进度超前；若落在其右侧，则表示拖后；若刚好落在其上，则表示二者一致。

（2）项目实际进度比计划进度超前或拖后的时间如图 2-4 所示，ΔT_a 表示 T_a 时刻实际进度超前的时间；ΔT_b 表示 T_b 时刻实际进度拖后的时间。

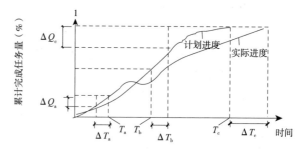

图 2-4 S 形曲线比较图

（3）项目实际进度比计划进度超额或拖欠的任务量如图 2-4 所示，ΔQ_a 表示 T_a 时刻超额完成的任务量；ΔQ_c 表示在 T_c 时刻拖欠的任务量。

（4）预测工程进度。后期工程按原计划速度进行，则工期拖延预测值为 ΔT_c。

2.3.4 香蕉形曲线比较法

香蕉形曲线实际上是两条 S 形曲线组合成的闭合曲线，如图 2-5 所示。

一般情况下，任何一个施工项目的网络计划都可以绘制出两条具有同一开始时间和同一结束时间的 S 形曲线。其一是计划以各项工作的最早开始时间安排进度所绘制的 S 形曲线，简称 ES 曲线；其二是计划以各项工作的最迟开始时间安排进度所绘制的 S 形曲线，简称 LS 曲线。由于两条 S 形曲线都是相同的开始点和结束点，因此两条曲线是封闭的。除此之外，ES 曲线上各点均落在 LS 曲线相应时间对应点的左侧，由于这两条曲线形成一个形如香蕉的曲线，故称为香蕉形曲线。只要实际完成量曲线在两条曲线之间，则不影响总的进度。

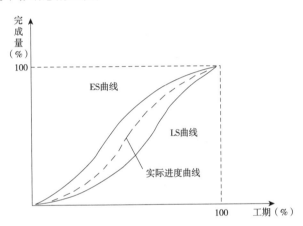

图 2-5　香蕉形曲线比较图

2.3.5　前锋线比较法

前锋线比较法是通过某检查时刻施工项目实际进度前锋线，进行施工项目实际进度与计划进度比较的方法，它主要适用于时标网络计划。所谓前锋线是指在原时标网络计划上，从检查时刻的时标点出发，用点划线依次将各项工作实际进展位置点连接而成的折线，如图 2-6 所示。前锋线比较法就是按前锋线与工作箭线交点的位置判定施工实际进度与计划进度的偏差。凡前锋线与工作箭线的交点在检查日期的右方，表示提前完成计划进度；若其点在检查日期的左方，表示进度拖后；若其点与检查日期重合，表示该工作实际进度与计划进度一致。

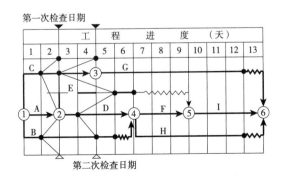

图 2-6　某施工项目进度前锋线图

2.3.6 列表比较法

当采用无时间坐标网络计划时，也可以采用列表比较法，该方法将记录检查时正在进行的工作名称和已进行的天数列于表内，然后在表上计算有关参数，再依据原有总时差和尚有总时差判断实际进度与计划进度的偏差，以及分析对后期工作及总工期的影响程度（见表 2-1）。

列表比较法示例表　　　　　　　　　表 2-1

工作代号①	工作名称②	检查计划时尚需作业天数③	到计划最迟完成时尚有天数④	原有总时差⑤	尚有总时差⑥	情况判断⑦

综合应用案例 1

某吊顶工程的施工实际进度与计划进度比较，如图 2-7 所示。从比较中可以看出，在第 8 天末进行施工进度检查时，龙骨工作已经完成；基层板的工作按计划进度应当完成，而实际施工进度只完成了 83% 的任务，已经拖后了 17%；饰面面板工作已完成了 50% 的任务，施工实际进度与计划进度一致。

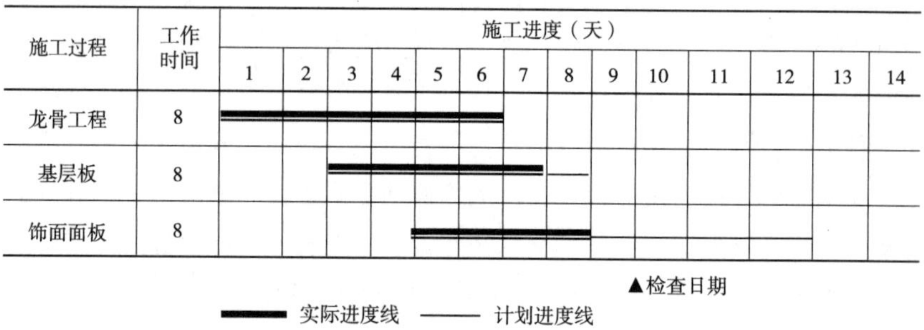

施工过程	工作时间	施工进度（天）													
		1	2	3	4	5	6	7	8	9	10	11	12	13	14
龙骨工程	8														
基层板	8														
饰面面板	8														

▲检查日期

━━━ 实际进度线　　──── 计划进度线

图 2-7 某吊顶工程实际进度与计划进度的比较

2.4 建筑装饰工程进度计划的调整

2.4.1 分析进度偏差对后续工作及总工期的影响

当把实际进度与计划进度进行比较，判断出现偏差时，首先应分析该偏差对后续工作和对总工期的影响程度，然后才能决定是否调整以及调整的方法与措施。

具体分析步骤如下所述：

（1）分析出现进度偏差的工作是否为关键工作。若出现偏差的工作为关键工作，则无论偏差大小，都将影响后续工作按计划施工，并使工程总工期拖后，必须采取相应措施调整后期施工计划，以便确保计划工期；若出现偏差的工作为非关键工作，则需要进一步根据偏差值与总时差和自由时差进行比较分析，才能确定对后续工作和总工期的影响程度。

（2）分析进度偏差时间是否大于总时差。若某项工作的进度偏差时间大于该工作的总时差，则将影响后续工作和总工期，必须采取措施进行调整；若进度偏差时间小于或等于该工作的总时差，则不会影响工程总工期，但是否影响后续工作，尚需分析此偏差与自由时差的大小关系才能确定。

（3）分析进度偏差时间是否大于自由时差。若某项工作的进度偏差时间大于该工作的自由时差，说明此偏差必然对后续工作产生影响，应该如何调整，应根据后续工作的允许影响程度而定；若进度偏差时间小于或等于该工作的自由时差，则对后续工作毫无影响，不必调整。

特别提示

分析进度偏差主要是利用网络计划中总时差和自由时差的概念进行判断。由时差概念可知：当偏差大于该工作的自由时差，而小于总时差时，对后续工作的最早开始时间有影响，对总工期无影响；当偏差大于总时差时，对后续工作和总工期都有影响。

2.4.2　进度计划的调整方法

在对实施进度计划进行分析的基础上，确定调整原计划的方法，一般主要有以下几种。

1. 改变某些工作间的逻辑关系

若检查的实际施工进度产生的偏差影响了总工期，在工作之间的逻辑关系允许改变的条件下，可改变关键线路和超过计划工期的非关键线路上的有关工作之间的逻辑关系，达到缩短工期的目的。用这种方法调整的效果是很显著的。例如，可以把依次进行的有关工作改成平行的或相互搭接的，以及分成几个施工段进行流水施工等，都可以达到缩短工期的目的。

2. 缩短某些工作的持续时间

这种方法不改变工作之间的逻辑关系，而是缩短某些工作的持续时间使施工进度加快，并保证实现计划工期的方法。那些被压缩持续时间的工作是位于由于实际施工进度的拖延而引起总工期增长的关键线路和某些非关键线路上的工作，同时又是可压缩持续时间的工作。这种方法实际上就是采用网络计划优化的方法，此处不再赘述。

3. 资源供应的调整

如果资源供应发生异常（供应满足不了需要），应采用资源优化方法对计划进行调整，或采取应急措施，使其对工期影响最小化。

4. 增减工程量

增减工程量主要是指改变施工方案、施工方法，从而导致工程量的增加或减少。

5. 起止时间的改变

起止时间的改变应在相应工作时差范围内进行。每次调整必须重新计算时间参数，观察该项调整对整个施工计划的影响。调整时可采用下列方法：将工作在其最早开始时间和其最迟完成时间范围内移动；延长工作的持续时间；缩短工作的持续时间。

2.4.3 进度计划的调整措施

1. 组织措施

（1）增加工作面，组织更多的施工队伍。

（2）增加每天的施工时间（如采用三班制等）。

（3）增加劳动力和施工机械的数量。

（4）将依次施工关系改为平行施工关系。

（5）将依次施工关系改为流水施工关系。

（6）将流水施工关系改为平行施工关系。

2. 技术措施

（1）改进施工工艺和施工技术，缩短工艺技术间歇时间。

（2）采用更先进的施工方法，以减少施工过程的数量（如将现场制作安装方案改为装配式方案）。

（3）采用更先进的施工机械。

3. 经济措施

（1）实行包干奖励。

（2）提高奖金数额。

（3）对所采取的技术措施给予相应的经济补偿。

4. 其他配套措施

（1）改善外部配合条件。

（2）改善劳动条件。

（3）实施强有力的调度等。

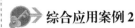 **综合应用案例2**

某公司中标一音乐学院附中综合楼，并成立项目经理部。该工程结构形式为框架—剪力墙，于2018年1月1日开工建设，合同工期为150天，外立面幕墙的主要构件在场外加工。

【问题】

（1）简述工程项目进度控制的程序。

（2）该项目施工进度控制的目标是什么？如何落实该控制目标？

（3）该工程外立面幕墙的主要构件制作、运输过程是否应列入进度计划？原因是什么？

（4）如果在进度控制时，外立面幕墙主要构件的安装工作是关键工作，由于其运输原因使该项工作拖后2天，会对工期造成什么影响？为什么？

（5）在进度计划的实施过程中，施工单位应加强检查工作，其检查的内容有哪些？提出的施工进度报告的内容有哪些？

【解析】

（1）施工进度控制的程序：确定进度控制目标；编制施工进度计划；申请开工并按指令日期开工；实施施工进度计划；进度控制总结并编写施工进度控制报告。

（2）该项目施工进度控制应以实现2018年5月30日（合同工期150天）竣工为最终目标。

该目标首先由企业管理层承担。企业管理层根据经营方针在《项目管理目标责任书》中确定项目经理部的进度控制目标。项目经理部根据这个目标在《施工项目管理规划》中编制施工进度计划，确定计划进度控制目标，并进行进度目标分解。

（3）该工程外立面幕墙主要构件的制作、运输过程不应列入进度计划。原因是构件的制作、运输过程属于作业前的准备工作，只要能保证幕墙的安装按计划进行、不影响工期，即不应列入施工进度计划。

（4）会使工期拖后2天。原因为：网络计划的工期是由关键线路上的关键工作决定的，因此关键工作的拖延会造成工期的拖延。

（5）施工进度计划实施过程检查的内容有：关键工作进度；时差利用情况；工作逻辑关系的变动情况；资源状况；成本状况；存在的其他问题。

施工进度报告的内容：进度执行情况的综合描述；实际施工进度图；工程变更、价格调整、索赔及工程款收支情况；进度偏差状况及导致偏差的原因分析；解决问题的措施；计划调整意见。

综合应用案例3

某单位承建一图书馆的装饰装修工程，编制了该工程施工进度计划，并按计划组织施工，在施工过程中，由于业主提出了工程变更，进度出现偏差。

【问题】

（1）出现进度偏差时，施工进度计划调整的内容有哪些？调整的类型有哪些？

（2）施工单位进行施工进度计划调整的步骤是什么？

（3）施工单位进行施工进度计划总结分析的依据和内容是什么？

【解析】

（1）施工进度计划调整的内容：施工内容、工程量、起止时间、持续时间、工作关系、资源供应等。

施工进度计划调整的类型：单纯调整工期、资源有限—工期最短调整、工期固定—资源均衡调整、工期—成本调整。

（2）施工进度计划调整的步骤：分析进度计划检查结果，确定调整的对象和目标；选择适当的调整方法；编制调整方案；对调整方案进行评价和决策；确定调整后付诸实施的新施工进度计划。

（3）总结分析的依据：施工进度计划；施工进度计划执行的实际记录；施工进度计划检查的结果；施工进度计划的调整资料。

总结分析的内容：合同工期目标完成情况；计划工期目标完成情况；施工进度控制经验及问题；科学的施工进度计划方法应用情况；施工进度控制的改进意见；提高进度控制水平的措施。

综合应用案例4

某工程网络计划如图2-8所示，在第5天检查时，发现A工作已完成，B工作已进行1天，C工作已进行2天，D工作尚未开始。

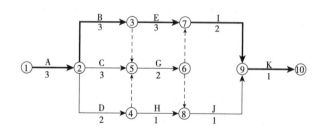

图2-8 某施工项目网络计划

【问题】

（1）绘制实际进度前锋线记录实际进度执行情况。

（2）对实际进度与计划进度对比分析，填写网络计划检查结果分析表。

（3）根据检查结果绘制未调整前的双代号时标网络图。

（4）若要求按原工期目标完成，不允许拖延工期，试绘制调整后的双代号时标网络图。

【解析】

（1）绘制实际进度前锋线（图 2-9）。

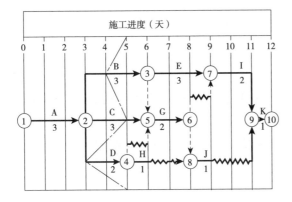

图 2-9　实际进度前锋线

所谓前锋线是指在原时标网络计划上，从检查时刻的时标点出发，用点划线依次将各项工作实际进展位置点连接而成的折线。

（2）填写网络计划检查结果分析表（表 2-2）。

网络计划检查结果分析表　　　　　　　　　　　　　表 2-2

工作代号	工作名称	检查计划时尚需作业天数	到计划最迟完成时尚有天数	原有总时差	尚有总时差	情况判断
2 - 3	B	3 - 1 = 2	6 - 5 = 1	0	1 - 2 = -1	影响工期 1 天
2 - 5	C	3 - 2 = 1	7 - 5 = 2	1	2 - 1 = 1	正常
2 - 4	D	2 - 0 = 2	7 - 5 = 2	2	2 - 2 = 0	正常

检查计划时尚需作业天数 = 工作持续时间 - 工作已进行时间

到计划最迟完成时尚有天数 = 工作最迟完成时间 - 检查时间

尚有总时差 = 到计划最迟完成时尚有天数 - 检查计划时尚需作业天数

（3）绘制检查后、未调整前的双代号时标网络图（图 2-10）。

（4）绘制调整后的双代号时标网络图（图 2-11）。

35

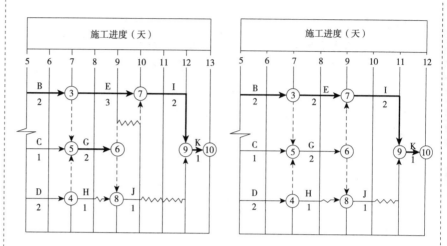

图 2-10 未调整前的时标网络计划（左）

图 2-11 调整后的时标网络计划（右）

 综合应用案例 5

某网络计划如图 2-12 所示，图中箭线上方的数字为工作持续时间，箭线下方的数字为资源强度（本例指用工人数），假定每天只有 9 名工人可供使用，如何安排各工作最早时间使工期达到最短。

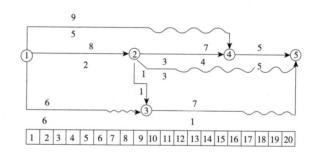

图 2-12 某网络计划图

【解析】

（1）计算每日资源需要量，见表 2-3。

资源每日需要量 表 2-3

工作日	1	2	3	4	5	6	7	8	9	10
资源数量	13	13	13	13	13	13	7	7	13	8
工作日	11	12	13	14	15	16	17	18	19	20
资源数量	8	5	5	5	5	6	5	5	5	5

（2）逐日检查是否满足要求。表中第一天资源需要量超过要求，必须进行工作最早时间调整。

1）分析资源超限的时段。在 1~6 天，有工作 1-4、1-2、1-3，分别计算 $EF_{i\text{-}j}$、$LS_{i\text{-}j}$，确定调整工作最早开始时间方案，见表 2-4。

工作最早开始时间方案表　　　　　　表 2-4

工作代号 $i\text{-}j$	$EF_{i\text{-}j}$	$LS_{i\text{-}j}$
1-4	9	6
1-2	8	0
1-3	6	7

2）确定 $\triangle D_{m\text{-}n,i\text{-}j}$，最小值 $\min\{EF_{m\text{-}n}\}$、最大值 $\max\{LS_{i\text{-}j}\}$ 同属工作 1-3，找出 $EF_{m\text{-}n}$ 的次小值及 $LS_{i\text{-}j}$ 的次大值是 8 和 6，组成两种方案。

$$\triangle D_{1\text{-}3,\ 1\text{-}4}=6-6=0$$
$$\triangle D_{1\text{-}2,\ 1\text{-}3}=8-7=1$$

3）选择工作 1-4 安排在 1-3 后进行，工期不增加，每天资源需要量从 13 人减到 8 人，满足要求。重复以上步骤，计算结果见表 2-5 及图 2-13，此方案为可行的优化方案。

调整后资源每日需要量　　　　　　表 2-5

工作日	1	2	3	4	5	6	7	8	9	10	11
资源数量	8	8	8	8	8	8	7	7	6	9	9
工作日	12	13	14	15	16	17	18	19	20	21	22
资源数量	9	9	9	9	8	4	9	6	6	6	6

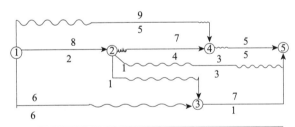

图 2-13　调整后的网络计划图

本章小结

本章首先介绍了施工项目进度管理的基本概念，使我们了解进度管理的定义、进度管理的过程、进度管理的措施以及影响进度的因素。其次，讲述了施工项目进度计划的实施。在进度计划实施之前应先对进度计划进行审核，实施进度计划时必须做好检查工作。然后，讲述了施工项目进度计划的检查和控制。在施工项目实施过程中，跟踪检查施工实际进度，整理统计检查数据，将实际进度与计划进度进行对比分析，进行施工进度检查结果的处理。通常采用的比较方法有横道图比较法、S 形曲线比较法、香蕉形曲线比较法、前锋线比较法、列表比较法等。最后，进行施工项目进度计划的调整。首先分析进度偏差产生的影响，再确定施工项目进度计划的调整方法。

 推荐阅读资料

1. 肖凯成，杨波 . 建筑施工组织与进度管理 [M]. 北京：化学工业出版社，2016.

2. 中国建设监理协会 . 2015 年全国注册监理工程师教材——建设工程进度控制 [M]. 北京：中国建筑工业出版社，2015.

3. 张廷瑞 . 建筑施工组织与进度控制 [M]. 北京：中国计划工业出版社，2017.

4. 陈燕顺 . 建筑工程项目施工组织与进度控制 [M]. 北京：机械工业出版社，2007.

习 题

1. 选择题

（1）施工进度管理过程是一个（   ）的循环过程。

A. 反复　　　　　　B. 动态　　　　　　C. 经常　　　　　　D. 主动

（2）编制施工进度的工作流程是一种（   ）。

A. 组织措施　　　　B. 管理措施　　　　C. 经济措施　　　　D. 技术措施

（3）为实施施工进度计划，项目经理部在施工开始前和实施中不断编制（   ），从而使施工进度计划更具体、更切合实际、更适应不断变化的现场情况、更可行。

A. 施工总进度计划　　　　　　　　B. 单位工程施工进度计划

C. 分部分项工程施工进度计划　　　D. 月（旬）作业计划

（4）按已检查过的各层次进度计划，以承包合同和（   ）的形式，分别向分包单位、承包队和施工班组下达施工进度任务。

A. 施工进度目标　　　　　　　　　B. 施工任务书

C. 单位工程施工组织设计　　　　　D. 施工组织总设计

（5）（   ）是指在原时标网络计划上，从检查时刻的时标点出发，用点划线依次将各项工作实际进展位置点连接而成的折线。

A. 横道线　　　B. 工作箭线　　　　C. 前锋线　　　　D. S 形曲线

2. 简答题

（1）影响进度管理的因素有哪些？

（2）如何检查施工项目进度计划？

（3）施工项目进度计划的调整方法包括哪些？

3. 案例题

某施工项目的网络计划见图 2-14，图中箭线之下括弧外的数字为正常持续时间，括弧内的数字是最短持续时间，箭线之上是每天的费用。当工程进行到第 95 天进行检查时，节点⑤之前的工作全部完成，工程延误了 15 天。

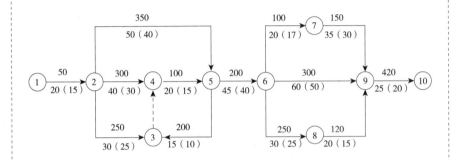

图 2-14 待调整的网络计划

问题：要在以后的时间进行赶工，确保按原工期目标完成，使工期不拖延，怎样赶工才能使增加的费用最少？

综合实训

7- 习题参考答案

1. 实训目标

收集一个实际施工项目的相关资料，进行施工进度计划的检查和调整。

2. 实训要求

学生通过熟悉某一施工项目的进度管理，掌握施工进度计划的检查方法和调整方法。

3. 能力实务训练

某装饰装修工程在施工过程中，通过检查分析如果发现原有进度计划已不能适应实际情况时，为了确保进度控制目标的实现，必须对原有进度计划进行调整，以形成新的进度计划，作为进度控制的新依据。

问题：

（1）施工进度计划调整的具体方法有哪两种？

（2）通过缩短网络计划中关键线路上工作的持续时间来缩短工期的具体措施有哪几种？具体做法是什么？

建筑装饰工程招标投标管理

教学目标

通过本章内容的学习，了解建筑装饰装修工程招标投标的概念、装饰装修工程的招标投标程序、招标投标产生的背景及具体内容；掌握装饰装修工程招标投标的类型、方式及组织形式；熟悉装饰装修工程招标阶段的主要工作；熟悉装饰装修工程投标阶段的主要工作。

教学要求

能力目标	知识要点	权重	自测分数
了解装饰装修招标投标概述	招标投标的概念、招标投标产生的背景、招标投标程序	10%	
掌握装饰装修工程招标类型、方式及组织形式	招标的类型、招标的方式、招标的组织形式	30%	
熟悉装饰装修工程的招标投标参与者	招标、投标的主要参与者，招标投标的程序	25%	
熟悉装饰装修工程招标阶段的主要工作	招标阶段的主要工作及投标阶段的主要工作	20%	
熟悉装饰装修工程投标阶段的主要工作	项目现场管理以及环境保护的内容及防治措施	15%	

 引例

鲁布革水电站引水工程国际招标

中华人民共和国成立后，我们国家在一穷二白的局面下进行建设，当时国家没有财力进行像今天这样大规模的建设，只能集中全国的财力、物力进行一些大型工程建设，因此一直采用自营自管的模式，即国家拨款成立项目建设指挥部，国营建设工程局施工，建成后移交国营生产和管理部门进行生产运营，收益上交国家。20世纪80年代，原电力工业部决定在鲁布革建设水电站，部分建设资金利用世界银行贷款。1983年成立鲁布革工程管理局，按照世界银行的规则，第一次引入业主、工程师、承包商的概念，鲁布革水电站工程中部分工程采用国际竞争性招标，将竞争机制引入工程建设领域。日本大成公司中标，进入中国水电建设市场，将原本已经确定的中国工程局挤出去，形成一个工程两种建设体制并存的状态。鲁布革工程国际竞争招标的冲击波及全国，人们在经历改革阵痛的同时，也进行了比较和思考，看到了比先进施工机械背后更重要的东西。先进的管理体制让人们反思计划经济体制下建设管理体制的弊端，探求原来的"三边"工程造成的"投资无底洞，工期马拉松"的真正症结所在。

鲁布革水电站位于云南罗平和贵州兴义交界处。水电站由三部分组成：第一部分首部枢纽拦河大坝为堆石坝，最大坝高103.5m；第二部分为引水系统，由电站进水口、引水隧洞、调压井、高压钢管四部分组成，引水隧洞总长9.38km，开挖直径8.8m，差动式调压井内径13m，井深63m；第三部分为厂房枢纽，主厂房设在地下，总长125m，宽18m，最大高度39.4m，安装4台15万kW水轮发电机组，总装机容量60万kW，年发电量28.2亿kW·h。

鲁布革引水工程进行国际招标和实行国际合同管理，在当时具有很大的超前性，这是在20世纪80年代初我国还处于计划经济体制状态下，还没有形成市场经济的前提下进行的一次尝试。"一石激起千层浪"，鲁布革的国际招标实践和一个工程两种体制建设的鲜明对比，在中国工程界引起了强烈的反响，拉开了中国计划经济转入市场经济的序幕，也为今天成熟的招标投标市场建设指明了方向。

3.1　建筑装饰工程招标投标的程序

3.1.1　招标投标概述

1. 招标的概念

建筑装饰装修工程作为建筑工程的重要组成部分，目前装饰装修工程的投资个别已赶超主体结构的投资，很多建设工程把装饰装修工程进行二次设计常常作为一个单独的工程发包，不可避免地要进行招标活动。它也是在市场经济条件下，在国内外装饰工程承包市场上进行交易的"特殊商品"，而进行这些交易需要经过一系列特定的环节，在特定市场内进行"特殊交易活动"。

"特殊商品"是指建筑装饰装修工程，既包括装饰工程的实施，也包括装饰装修工程实体形成过程中的技术咨询服务活动。

对于"特殊交易活动"的特殊性，主要表现在两个方面：一是交易的商品是未来的，并且还没有开价；二是这种买卖活动由一系列特定的过程和环节组成，即编制招标文件，发布招标公告，投标人资格审查，投标、开标、评标、定标和中标，形成要约和承诺的合同要件，签约和履约等。

2. 招标投标的目的

通过将建筑装饰装修工程的任务委托纳入市场管理，以竞争择优方式选定性价比较高的装饰装修设计、施工单位、监理单位和工程总承包单位，达到工程质量达标、缩短工程施工周期、降低工程造价、提高投资效益的目的。

3. 招标投标的特点

建筑装饰工程招标投标和建筑工程项目招标投标一样，有以下特点：

（1）通过资格预审，初选合格的装饰装修企业进入招标市场。

（2）引入竞争机制，实行公开交易。

（3）鼓励竞争、防止垄断、优胜劣汰、择优选择，可较好地实现投资目标。

（4）通过科学合理的运作程序、规范化的监管机制，可有效杜绝不正之风，保证交易的公平和公正。

3.1.2 招标投标的原则

1. 公开原则

公开原则是招标投标的基本原则，它是指招标投标活动应有较高的透明度，招标人应当通过在招标平台上发布招标信息，将其公之于众，以吸引潜在的投标人作出积极反应，参与到招标投标活动中来。

在招标投标活动中，公开原则要贯穿整个过程。具体表现在招标投标信息公开、条件公开和结果公开。它的意义在于使每一个潜在的投标人获得同等的信息，知悉招标的一切条件和要求，合理选择是否参与投标。参与投标的建筑装饰装修企业在投标过程中的权利义务相同，有效避免"暗箱操作"。

2. 公平原则

公平原则要求招标人平等的对待每一个投标竞争者，使其享有同等的权利并履行相应的义务，不得对不同的投标竞争者采用不同的条件和标准。按照这个原则要求，招标人不得在招标文件中要求或标明含有倾向或排斥潜在投标人的内容，不得以不合理的条件限制或排斥潜在投标人，不得对潜在投标人实施差别待遇。

3. 公正原则

公正原则即程序规范、标准统一，要求所有招标投标活动的当事人必须按照招标文件的统一标准进行招标投标活动，做到程序合法、标准公正。根据这个原则，招标人必须按照招标文件事先确定的招标、投标、开标的程序和法定的时限进行相应的招标投标活动；评标委员会必须按照事先约定程序抽签组成，评标过程必须按照招标文件确定的评标标准和方法进行评标，招标文件中没有规定的标准和方法的，不得作为评标和中标的依据。

4.诚实信用原则

诚实信用原则要求参与招标投标的当事人应以诚实、守信的态度行使其权利，履行其义务，以保护双方的合法利益。诚实是指参与招标投标的当事人提供的信息真实合法，不可以弄虚作假、用歪曲事实或隐瞒真实情况的手段去欺骗对方。违反诚实原则的行为是无效的，并且应承担由此带来的损失和损害责任。信用是指遵守承诺、履行合同，不弄虚作假，不损害国家、集体和他人的利益。

3.1.3　招标的类型、方式及组织形式

建筑装饰装修工程按照国内市场情况，主要使用以下形式进行招标。

1.公开招标

公开招标是指招标人通过报刊、广播、电视、网络和其他媒介，公开发布招标公告，招揽不特定的法人或其他组织参与投标的招标方式，目前主要采用通过网络平台对外发布招标信息的方式进行招标。公开招标一般对投标人的数量不作限制，故也被称为"无限竞争性招标"。这种方式的优点是可以从中选优，缺点是投标人不确定，评标工作量大。

对于装饰装修工程依法必须公开招标的项目应依照《中华人民共和国招标投标法》（以下简称《招标投标法》）相关规定进行，通过国家指定的报刊、信息网络或者其他媒介发布招标公告，如《中国建设报》和中国招标投标网等。此外，除在省、市、自治区等地方性的招标信息网发布招标公告外，在招标人自愿的前提下，也可以同时在其他媒体发布。任何单位和个人不得违法指定或限制招标人发布招标公告的媒介和招标范围。

招标公告应当载明招标人的名称和地址，招标项目的性质、数量、实施地点和时间以及获取招标文件的方法等事项。

2.邀请招标

邀请招标在装饰装修工程中应用较广，它是指招标人以投标邀请书的方式直接邀请特定的法人或者其他组织参加投标的招标方式。由于投标人的数量是由招标人确定的，所以又被称为"有限竞争性招标"。被邀请的投标人通常考虑以下几个因素：

（1）该单位有与该项目相应的资质，并且有足够的力量来承担招标的工程。

（2）该单位近期内成功地承包过与招标工程类似的项目，有较丰富的施工经验。

（3）该单位的技术装备、劳动者素质、管理水平等均符合相应招标工程的要求。

（4）该单位当前和过去财务状况良好。

（5）该单位在业界有良好的信誉。

（6）该单位在近三年没有发生过因质量问题造成的不良行为记录。

总之，被邀请的投标人必须在资金、能力、信誉等方面都能胜任该招标工程的要求。

《招标投标法》第十一条规定，国家或地方政府对于重点工程，本应进行公开招标的，或者因保密等因素不适应公开招标的，经有关部门批准，可以进行邀请招标。为此，国家有关部门根据项目特点对邀请招标的条件和审批作出了具体规定。对于必须公开招标的项目，有下列情形之一的，经批准可以进行邀请招标：

（1）项目技术复杂或有特殊要求，只有少数几家潜在的投标人可供选择的。

（2）受自然地域环境限制的。

（3）涉及国家安全、国家秘密或者抢险救灾，适宜招标但不适宜公开招标的。

（4）拟公开招标的费用与项目价值相比，不值得的。

（5）法律、法规、规章规定不宜公开招标的。

3.公开招标与邀请招标的差异

（1）招标信息发布的方式不同

公开招标是通过公众媒介发布招标公告的方式对外发布招标信息，获得信息的潜在投标人都可以参与投标竞争；而邀请招标则是向特定三家以上的具备实施能力的投标人发出投标邀请书，邀请他们参加投标竞争。

（2）对投标人资格审查的方式不同

公开招标由于获得招标信息的潜在投标人较多，为确保投标人员具备相应的实力，缩短评标时间，减少评标时的工作量，通常在发售招标文件前设置资格预审程序，通常称为"资格前审"；而邀请招标由于竞争范围小，招标人对被邀请投标人有足够的了解，不需要再进行资格预审。在评标阶段还要对投标人的资格和能力进行审查和比较，通常称为"资格后审"。

（3）适用范围不同

公开招标适用范围广泛，若估计相应投标者少，达不到预期目标，可以采用邀请招标的方式委托建设任务。通常投资比较少的或有特殊要求的建设项目，可以采用邀请招标。

（4）花费时间和费用不同

由于公开招标是无限竞争性招标，招标人无法控制有多少潜在投标人，投标竞争相当激烈，使招标人有充分的选择余地，因此，招标人可以从中选择出质量好、工期短、价格合理的投标人承建工程项目。但由于潜在投标人不确定，这也增加了公开招标的工作量、工作时间和费用支出。邀请招标时，由于投标人都是经招标人筛选过的，被邀请的投标人数量有限，因此邀请招标比公开招标所用时间更短、费用更少。

4. 议标

根据我国《招标投标法》规定，招标方式分为公开招标和邀请招标。但是对于装饰装修工程而言，由于工程投资和投资主体的实际特点，在工程发包过程中，经常会用议标的方式进行发包活动。

所谓议标，是指招标人直接选定工程承包人，通过谈判的方式达成一致意见后直接签约，又称"直接发包"。由于工程承包人在谈判之前一般就明确不存在投标竞争对手，因此也被称为"非竞争性招标"。在工程实践中，招标方也会采取几家谈判的办法来选择直接发包对象。

由于议标没有体现出招标投标"竞争性"这一本质特征，其实质是以谈判的形式进行承包人选择，因此我国的《招标投标法》中没有将议标作为招标方式，并且规定了议标的适用范围和程序。一般来讲，对于选择议标的特殊工程，必须报主管机构审批，经批准后才可以议标。参加议标的单位一般不少于两家，议标也必须经过报价、比较和评定阶段。业主通过采用多家议标，根据货比三家、择优录取的原则选择签约单位。

3.1.4　招标投标的主要参与者

1. 发包人

发包人是指具有工程发包主体资格和支付工程价款能力的当事人以及取得该当事人资格的合法继承人。发包人也称为发包单位、建设单位或业主、项目法人，是指既有进行某项目工程建设需求，又具有该项目工程建设的相应建设资金和各种准建手续，在建筑市场发包工程项目咨询、设计、施工、监理等建设任务，并取得最终建筑产品，达到其投资目的的法人、其他组织或自然人。

发包人可以是各级政府、专业部门、政府委托的资产管理部门，也可以是学校、医院、工厂、房地产开发公司等企事业单位，还可以是个人和个人合伙。

2. 承包商

承包商是指具有一定生产能力、技术装备、流动资金，并具有承包工程建设任务的营业资格和相应的资质，在建筑市场中能够按照发包人的要求提供不同形态的建筑装饰产品，并获得工程价款的建筑装饰企业。

按照生产产品的形式不同，承包商可分为勘察设计单位、建筑装饰安装单位、成品或半成品供应单位、建筑机械租赁单位和提供劳务的企业等。

3. 中介服务机构

中介服务机构是指具有一定的注册资本和相应服务能力的专业服务机构，持有从事相关业务的资质证书和营业执照，能为工程建设提供估算测量、管理咨询、建设监理等智力型服务或代理，并取得服务费用的咨询服务机构或其他为工程建设服务的中介组织。国际上一般将中介服务机构称为咨询公司，咨询任务可以贯穿整个建设过程，也可以只服务于其中某个阶段。

3.1.5 招标投标的程序

我国《招标投标法》中规定，招标工作包括招标、投标、开标、评标和中标等步骤。建筑装饰工程作为子单位工程进行招标，必须和建筑工程一样。

1. 建筑装饰工程招标具备的条件

（1）按照国家有关规定需要履行项目审批手续的，已经履行审批手续。

（2）工程资金或者资金来源已落实。

（3）施工招标的，有满足招标需要的设计图纸和其他技术资料。

（4）法律、法规、规章所规定的其他条件。

2. 招标前的准备工作

招标前的准备工作由招标人独立完成，主要包括以下方面。

（1）确定招标范围

对于装饰工程，如果项目多，可以对整个装饰工程总承包和全过程进行总体招标，也可以对其中某一专项进行招标。

（2）工程报建

1）按照《工程建设项目报建管理规定》的要求，单独进行招标的工程项目由建设单位或其代理机构在工程项目可行性研究报告或其他立项文件被批准后，向当地建设行政主管部门或其授权机构进行报建。

2）工程建设项目报建范围包括建筑装饰工程。

3）工程建设项目报建主要包括以下内容：

① 工程名称。

② 建设地点。

③ 投资规模。

④ 资金来源。

⑤ 当年投资额。

⑥ 工程规模。

⑦ 开工、竣工日期。

⑧ 发包方式。

⑨ 工程筹建情况。

4）办理报建时应交验的文件资料包括：

① 立项批准文件或年度投资计划。

② 固定资产投资许可证。

③ 建设工程规划许可证。

④ 资金证明。

5）报建程序如下：

① 建设单位到建设行政主管部门或其授权的机构领取《工程建设项目报建表》，并按报建表的内容及要求认真填写。

② 有上级主管部门的须经其批准同意后，一并报送建设行政主管部门，并按要求进行招标准备。

③ 工程建设项目的投资和建设规模有变化时，建设单位应及时到建设行政主管部门或其授权机构进行补充登记。

④ 项目负责人变更时，应重新登记。凡未报建的工程建设项目，不得办理招标投标手续和发放施工许可证，设计、施工单位不得承接该项目的设计和施工。按照规定可自行招标的小项目除外。

（3）招标备案

招标人自行办理招标的，招标人在发布招标公告或投标邀请书 5 日前，应向建设行政主管部门办理招标备案手续，建设行政主管部门自收到备案资料之日起 5 个工作日内没有异议的，招标人可以发布招标公告或投标邀请书；不具备招标条件的，责令其停止办理招标事宜。

办理招标备案应提交的材料包括：

1）《招标人自行招标条件备案表》。

2）专门的招标组织机构和专职招标业务人员证明材料。

3）专业技术人员名单、职称证书或执业资格证书及其工作简历的证明材料，或招标专家库成员目录及证明材料。

（4）选择招标方式

招标人按照我国《招标投标法》以及其他相关法律、法规的规定和项目特点确定招标的方式。

（5）编制资格预审文件

采用公开招标的工程项目，招标人应参照"资格预审文件范本"编写资格预审文件。

（6）编制招标文件

招标文件是招标机构负责拟定的供招标人进行招标、投标人据以投标的成套文件，工程招标文件不仅是招标、投标阶段进行具体工作的依据，也是签订合同文件的重要组成部分。招标文件应当包括技术要求、对投标人资格审查的标准、投标报价的要求和评标标准等所有实质性要求和条件以及签订合同的主要条款。

招标人编写的招标文件在向投标人发放的同时还应向建设行政主管部门备案，建设行政主管部门发现招标文件有违法、违规内容的，责令整改。

（7）编制工程标底

招标人根据项目特点，在招标前可以预设标底，也可以不设标底。设有标底的招标项目，在评标时应当参考标底，且在开标前必须保密。根据招标的基本要求，以工程量清单作为投标报价的基础，所有投标人获得的清单必须一致。

工程标底是招标人控制投资、掌握招标项目造价的重要手段。由招标人自行编制或委托由建设行政主管部门批准的具有编制工程标底资格和能力的中介服务机构代理编制。

3. 招标与投标阶段的主要工作

（1）发布招标公告或投标邀请书

招标备案后可根据招标方式发布招标公告或投标邀请书。

（2）资格预审文件的编制与递交

1）资格预审文件的编制

投标申请人应当按照资格预审文件要求的格式填报相应的内容，编制完成后，须由投标人的法定代表人签字并加盖投标人公章、法定代表人印章。

2）资格预审文件的递交

资格预审文件编制完成、法人代表审核签字盖章后，按照规定的密封要求进行密封，并且必须在规定的时间内报送招标人。

（3）资格预审

1）资格审查

采取资格预审的工程项目，招标人需向报名参加投标的申请人发放资格预审文件。招标人在资格预审时不得提高资格预审文件规定的评定标准，不得提高资格标准、业绩标准等附加条件对投标申请人加以限制或排斥，不得对投标申请人实行差别待遇。

2）发放合格通知书

确定合格的投标人后，招标人向资格预审合格的投标人发出资格预审合格通知书。投标人在接到资格预审合格通知书后，应以书面形式对是否参加投标活动予以确认。只有通过资格预审并确认参与投标的申请人，才有资格参加下一轮的投标竞争。

（4）发售招标文件

1）招标文件的发售

招标人向合格的投标人发放招标文件，招标人对所发放的招标文件可以收取工本费，但不得以此牟利。对于其中的设计文件，招标人可以收取押金，在确定中标人后，对于设计文件退回的，招标人应当同时将押金退还。

2）招标文件的澄清或修改

投标人在收到招标文件、设计文件和有关资料后，若有疑问或不清楚的问题需要解答、解释的，应当在招标文件规定的时间内以书面的形式向招标人提出，招标人应以书面形式或在投标预备会上予以解答。

招标人对招标文件所作的任何澄清或修改，必须报建设行政主管部门备案，并在投标截止日期 15 日前发给获得招标文件的所有投标人。投标人在收到招标文件的澄清或修改内容后应以书面形式予以确认。招标文件的澄清与修改内容作为招标文件的组成部分，对招标人和投标人均起约束作用。

（5）现场踏勘、组织投标预备会

1）现场踏勘

招标人在投标须知规定的时间内组织投标人自费进行现场踏勘。其目的是使投标人了解工程项目的自然条件、现场条件、施工条件以及周围环境条件，以便编制投标文件。同时也避免在履行过程中以不了解现场情况推卸应承担的责任。

投标人在踏勘现场的过程中如有疑问，应在投标预备会前以书面形式提出，便于招标人对投标人提出的问题予以解答。

2）投标预备会

在招标文件中规定的时间和地点由招标人主持召开投标预备会，也称为标前会议或答疑会。其目的在于解答投标人提出的有关招标文件和踏勘现场的疑问。答疑会结束后，招标人将所有提出的问题和解答编写成会议纪要，以书面形式发放给获得招标文件的所有投标人，作为招标文件的补充。问题和解答纪要同时向建设行政主管部门备案。

（6）投标文件的编制

1）编制准备工作

① 投标人在领取招标文件、设计文件和有关技术资料后，组织有关人员对其认真阅读研究，对有疑问或不解的问题，以书面形式向招标人提出。

② 为编制好投标文件，投标人应选择恰当的报价策略，收集市场各类价格信息、取费依据和标准。

③ 踏勘现场，掌握建设项目的地理环境和现场情况。

2）投标文件的编制

① 根据招标文件的要求编制投标文件，并按照招标文件的要求办理投标担保事宜。

② 编制投标文件一定要响应招标文件的要求，编制完成后仔细整理，认真核对是否满足招标文件的要求。

③ 编制完成的投标文件需经投标人的法定代表人审核签字并加盖公章和法定代表人印章，并按照招标文件的要求密封、标志。

（7）投标文件的递交与接收

1）投标文件的递交

投标人必须在招标文件规定的投标文件递交日期和地点将密封好的投标文件送达给招标人。递交投标文件之后，在规定的投标截止日之前，可以以书面形式补充修改或撤回已递交的投标文件，并通知招标人。截止日后不能修改和撤回投标文件。补充、修改的内容为投标文件的组成部分。

投标截止日期满后，投标人少于三家的作为流标，招标人将依法重新招标。

2）投标文件的接收

在投标文件递交截止日期前，招标人应做好投标文件的签收工作，签收时检查核对密封情况，符合要求的予以签收，并对所接收的投标文件妥善保管，开标前不得拆封。在规定的投标递交截止日期后递交的投标文件，将不予接收或原封退回。

无纸化办公的时代，投标文件已经采用平台上传，双方密码开锁后才能解封，大大提高了保密性。但是递交和接收必须是在截止日期前进行，过时平台自动拒收。

4. 决标成交阶段的主要工作

决标成交阶段的主要工作包括：开标、评标和定标。

（1）开标

投标截止后，按照规定的时间、地点和规定的议程举行开标会议。在所有投标人都在场的情况下，对标书进行检查，确认无误后进行开标活动。

（2）评标

在招标管理机构的监督下，按照相关规定抽取评标专家组成评标委员会，依据评标原则、评标方法对各投标单位递交的投标文件进行综合评价，公正、合理择优选择拟中标单位推荐给招标人。

（3）定标

招标人在评标委员会推荐的中标候选人中选择中标单位，并按有关规

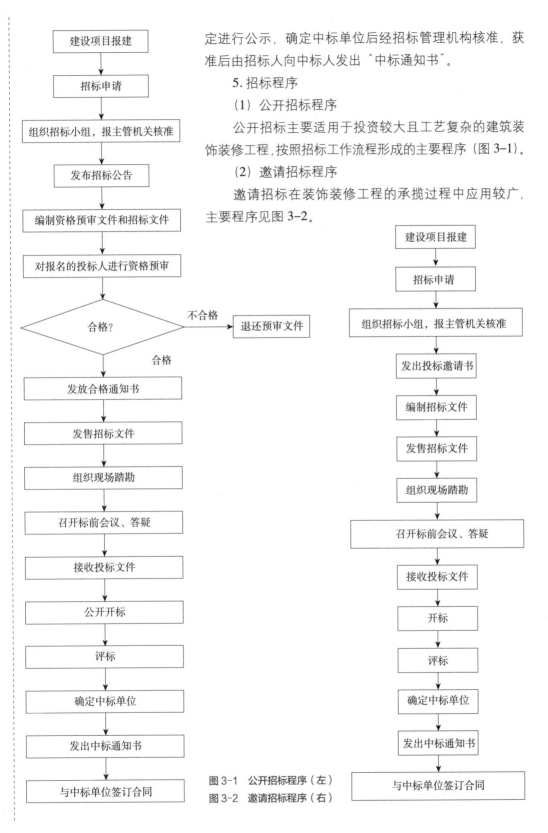

定进行公示，确定中标单位后经招标管理机构核准，获准后由招标人向中标人发出"中标通知书"。

5.招标程序

（1）公开招标程序

公开招标主要适用于投资较大且工艺复杂的建筑装饰装修工程,按照招标工作流程形成的主要程序（图3-1）。

（2）邀请招标程序

邀请招标在装饰装修工程的承揽过程中应用较广,主要程序见图3-2。

图3-1 公开招标程序（左）

图3-2 邀请招标程序（右）

3.2 建筑装饰工程招标阶段的主要工作

招标阶段的工作是工程发包过程的主要工作，它包含工程发包内容、资格审查、招标文件的编制、评标办法的制定、投标、评标和定标。

3.2.1 工程发包

1.确定施工发包的因素

（1）施工内容的专业要求。

（2）施工现场条件。

（3）施工总投资的影响。

（4）施工工期的要求。

（5）招标人的状况。

（6）其他因素的影响。

2.施工招标的发包工作范围

（1）按发包的工作范围分

1）单位工程招标。

2）专项工程招标。

3）特殊专业工程招标。

（2）按施工阶段的承包方式分

1）包工包料。

2）包工部分包料。

3）清包工（包工不包料）。

3.施工招标应具备的条件

（1）招标人依法成立。

（2）应当履行审批手续的，已经批准。

（3）招标范围、招标方式和招标组织形式等应履行核准手续的，已经核准。

（4）相应的资金或资金来源已落实。

（5）有组织招标所需的设计文件及技术资料。

3.2.2 招标资格审查

1.资格审查的分类

（1）资格预审

资格预审是指在投标前对潜在投标人进行的资格审查。其目的是对投标人的总体能力是否适合招标工程的需要进行审查，也是对投标人的第一次筛选。只有在公开招标时才能进行资格预审。

（2）资格后审

资格后审是指在开标时对投标人进行的资格审查。对进行资格预审的不再进行资格后审，但招标文件有明确要求的除外。资格后审适用于工期紧迫、工程较为简单、采用邀请招标的工程等，审查内容和资格预审的要求基本一致。

2. 资格审查的主要内容

（1）具有独立签订合同的权利。

（2）具有履行合同的能力，包括专业技术资格、技术装备和能力、资金和其他物质设施状况、管理能力、经验、信誉和相应的从业人员。

（3）没有处于被责令停业，取消投标资格，财产被接管、冻结、处于破产状态等状况。

（4）在最近 3 年内没有骗取中标、严重违约及重大质量、安全事故等问题。

（5）法律、法规规定的其他资格条件。

3. 资格审查的方法和程序

（1）资格审查方法

资格审查方法一般分为合格制和有限数量制两种。合格制不限定数量，只要是合格的潜在投标人均可参与投标。有限数量制则预先设定通过资格审查的数量，依据资格审查标准和程序，将各项指标量化，最后从高到低排序，确定资格预审合格的申请人。

（2）资格审查程序

1）初步审查：一般符合性审查。

2）详细审查：重点审查投标人财务能力、技术能力和施工经验。

3）资格预审文件的澄清：要求投标人以书面形式对所提交的资格预审申请中不明确的内容进行必要的澄清或说明。不得存在以下情形：

①不按审查委员会要求澄清或说明的。

②在资格预审过程中弄虚作假、行贿或存在其他违法违规行为的。

③申请人有下列行为之一的：

a. 为投标人不具有独立法人资格的附属机构（单位）。

b. 为本标段前期准备提供设计或咨询服务的，但设计施工总承包的除外。

c. 为本标段的监理人。

d. 为本标段的代理人。

e. 为本标段提供招标代理服务的。

f. 与本标段的监理人、代理人或招标代理机构为同一法定代表人的，或者相互控股或参股的，或者相互任职和工作的。

g. 被责令停业的。

h. 被暂停或取消投标资格的。

i. 财产被接管或冻结的。

j. 最近三年内有骗取中标或严重违约或重大质量问题的。

4）提交审查报告：按照规定的程序对资格预审申请文件完成审查后，确定通过资格预审的申请人名单，并向招标人提交书面审查报告。通过资格预审的申请人数量不足三人的，招标人重新组织资格预审或不再组织资格预审而直接招标。

3.2.3 招标文件的编制

为了规范招标文件编制活动，提高招标文件的编制质量，促进招标投标活动的公开、公平和公正，国家发展与改革委员会等部委在原有 2007 年版招标文件范本的基础上，联合编制了《标准施工招标文件 (2017 年版)》。招标单位应按照这个范本编制其招标文件。

3.3 建筑装饰工程投标阶段的主要工作

3.3.1 投标过程的主要内容

投标过程主要是指投标人从填写资格预审文件开始，到正式将编制好的投标文件递交给招标人为止所进行的全部工作，主要包括以下内容：

（1）投标初步决策：企业管理层对工程的类型、中标概率、盈利情况等进行分析，决定是否参与投标活动。

（2）成立投标团队：决定参与投标后，应组织经营管理类人才、专业技术类人才、财经造价类人才组成投标团队。

（3）参加资格预审，购买招标文件：投标人按照招标公告或投标邀请书的要求向招标人提交相关资料，资格预审合格后，购买招标文件及工程资料。

（4）参加现场踏勘和投标预备会：现场踏勘是招标人组织投标人对项目实施现场的地理、环境、气象、现场状况等客观条件进行的现场勘查。

（5）进行工程所在地环境调查：主要是自然环境、社会环境和人文环境的调查，了解拟建项目当地的风土人情、经济发展水平和建筑材料的采购运输等情况。

（6）编制施工组织设计：施工组织设计是针对投标工程实施的具体设

想和基本安排，包括对劳动力组织、施工机具、施工材料、安全措施、技术措施、管理措施、施工方案和节能降耗措施等的初步设想。

（7）编制施工图预算：根据招标文件规定，以设计文件和工程量清单为依据，详实认真的编制施工图预算，仔细核对，注意保密，供高层决策参考。

（8）投标决策：企业决策层根据收集到的业主情况、竞争环境、主观因素、法律法规及招标条件等信息，作出最终投标报价和响应条件的决策。

（9）投标书成稿：投标团队汇总所有投标文件，按照招标文件的规定整理成册，检查遗漏和瑕疵，及时补充和修改。

（10）标书装订和密封：对已经成稿的投标书进行美工和装帧设计，装订成册，按照商务标和技术标分开装订。在密封前由企业高层手工填写决策后的最终报价，并按照招标文件的要求进行密封。

（11）递交投标书、投标保证金、参加开标会：《招标投标法》规定，投标截止时间既是开标时间。为了投标顺利，通常做法是在投标截止前1~2h 递交投标书和投标保证金，然后准时参加开标会议。

3.3.2　投标报价的方法

目前，常用的投标报价方法有两种，一种是按工程预算的方法编制，也就是投标人依据设计文件和预算规则，先计算出工程量，再以政府主管部门批准的各种定额为依据计算直接费、间接费、利润和税金等费用，最后考虑自身的能力和劳动效率，采用一定的浮动率来确定工程总价格；另一种是工程量清单报价法，即投标人根据招标人提供的工程量清单填报工程的单价、合价和总价。

1. 按工程预算的方法编制

按工程预算的方法编制的投标报价主要由直接费、间接费、利润和税金四部分组成。

（1）直接费

报价中的直接费由直接工程费和措施费组成。

1）直接工程费是指工程施工过程中耗费的构成工程实体和有助于工程形成的各项费用，包括人工费、材料费、机械使用费。

① 人工费是指直接从事施工的生产工人开支的各项费用，包括基本工资、工资性补贴、生产工人辅助工资、职工福利费、生产工人劳动保护费等。

② 材料费是指施工过程中消耗的构成工程实体的原材料、辅助材料、构配件、成品、半成品等费用，包括材料原价、材料运杂费、运输消耗费、采保费、检验试验费等。

③ 施工机械使用费是指施工机械作业所发生的机械使用费、机械安拆费和进退场费等费用，包括折旧费、大修费、经常修理费、安拆费及场外运输费、人工费、燃料动力费、车船使用费等。

2）措施费是指为完成工程项目施工，发生于该工程施工前和施工过程中非工程实体项目的费用，包括环境保护费、文明施工费、安全施工费、临时设施费、夜间施工费、二次搬运费、大型机械设备进出场及安拆费、混凝土、钢筋混凝土模板及支架费、脚手架费、已完成工程及设备保护费等。

（2）间接费

投标报价中的间接费由规费和企业管理费组成。

1）规费是指政府和有关主管部门规定必须缴纳的费用（简称规费），主要包括工程排污费、工程定额测定费、社会保障费、住房公积金、危险作业以及伤害保险等。

2）企业管理费是指建筑安装企业组织生产和经营管理所需的费用，包括管理人员的基本工资、办公费、差旅交通费、工具用具使用费、劳动保险费、工会经费、职工教育经费、财产保险费、财务费、税金、其他等。

3）财务费用是指企业为筹集资金而发生的各项费用，包括企业经营期间短期贷款利息支出、汇总净损失、调剂外汇手续费、金融机构手续费，以及企业筹集资金所发生的其他财务费用。

4）其他费用是指按规定支付给工程造价（定额）管理部门的定额编制管理费及支付给劳动定额管理部门的定额测定费，以及按有关部门规定支付的上级管理费等。

（3）利润

利润是指施工企业完成所承包工程项目所获得的盈利。

$$利润 = 计算基数 \times 利润率$$

计算基数通常包括：

1）以直接费和间接费合计为计算基数；

2）以人工费和机械费合计为计算基数；

3）以人工费为计算基数。

（4）税金

税金是指按照国家税法规定应缴纳的费用。目前，国家采用的是由原来的营业税、城市维护建设税和教育附加改为增值税进行计税。

2. 工程量清单报价法

在工程量清单报价法中，除了《建设工程工程量清单计价规范》GB 50500—2013 的强制性规定外，投标报价由投标人自主确定，但不得低于成本。

投标人应按照招标人提供的工程量清单填报价格。填写的项目编码、项目名称、项目特征、计价单位、工程量必须与招标人提供的一致。

工程总价由分部分项工程费、措施项目费、其他项目费、规费和税金组成。

3.3.3　投标报价策略

1. 不平衡报价

不平衡报价是指对工程量清单中各项目的单价，按投标人预定的策略做上下浮动，但不改变中标总报价，中标后能获得较好收益的报价技巧。具体方法包括：

（1）前高后低。适当提高早期工程单价，相应减低后期工程单价。

（2）工程量增加的报价高。工程量有可能增加的项目，单价可适当提高。

（3）工程内容不明确的报价低。

（4）量大价高的提高报价。

2. 多方案报价

多方案报价是投标人针对招标文件中的某些不足，提出有利于业主的替代方案（又称备选方案），用合理化建议吸引业主争取中标的一种投标技巧。

3. 扩大标价法

扩大标价法是指投标人针对招标项目中某些要求不明确、工程量出入较大等有可能承担较大风险的部分提高报价，从而规避意外损失的一种投标技巧。

4. 提高中标率的投标技巧

（1）服务取胜法

服务取胜法是指投标人在工程前期阶段，主动向业主提供优质服务，与业主建立良好的合作关系，只要能争取到评标委员会的推荐名单，就可能中标。

（2）低标价取胜法

小型建设工程项目，往往技术要求明确，有成功的施工经验，业主大多采用"经评审的最低合理投标报价法"评标定标。对于这类工程，只要在不低于成本的条件下，尽可能地降低报价，争取中标。

（3）缩短工期取胜法

考虑到业主投资的资金时间价值的意识明显提高，在充分认识到缩短工期风险的前提下，制定切实可行的技术措施，合理压缩工期，以业主满意的期限争取中标。

（4）质量信誉取胜法

质量信誉取胜法是指投标人依靠自己长期建立起来的质量信誉争取中标的策略。

本章小结

本章详细介绍了装饰装修工程招标投标的概念，装饰装修工程的招标投标程序，招标投标产生的背景及具体内容，装饰装修工程招标投标的类型、方式及组织形式，招标阶段的主要工作以及投标阶段的主要工作等。

 推荐阅读资料

1. 田振郁. 工程项目管理实用手册 [M]. 北京：中国建筑工业出版社，2010.

2. 丛培经. 实用工程项目管理手册 [M]. 北京：中国建筑工业出版社，1999.

3. 住房和城乡建设部. 建设工程项目管理规范：GB/T 50326—2017[S]. 北京：中国建筑工业出版社，2017.

4. 蒲建明. 建筑工程施工项目管理总论 [M]. 北京：机械工业出版社，2013.

5. 项建国. 建筑工程施工项目管理 [M]. 北京：中国建筑工业出版社，2015.

6. 缪长江. 建设工程项目管理 [M]. 北京：中国建筑工业出版社，2017.

7. 黄白. 中国装饰行业现状及招投标对策 [J]. 现代装饰，2002（2）：41–45.

8. 孙书玉，郑传强，陶桂香. 建筑装饰装修工程招投标问题分析 [J]. 黑龙江八一农垦大学学报，2004（3）：111–112.

9. 李湘华. 建筑装饰装修工程招投标问题分析 [J]. 铁路工程造价管理，2003（1）：20–21，0.

10. 田冬梅. 建筑装饰装修工程招投标问题探讨 [J]. 西部探矿工程，2004（9）：232–233.

11. 薛洪. 建筑工程招投标管理中常见问题和对策 [J]. 建材与装饰，2019（31）：193–194.

12. 谢瑜. 建筑装饰装修工程招投标应注意的问题研究 [J]. 建材与饰，2018（34）：151–152.

13. 沈瑜 . 装饰工程招标投标问题初析 [J]. 建筑，2000（10）：24-25.

14. 李莹，李茜 . 浅析建筑装饰工程投标报价的问题 [J]. 现代物业（中旬刊），2019（6）：158.

15. 秦培，吴冰 . 浅谈我国装饰工程招投标管理的实践探索 [A]. 山东省招标办、建设工程招标投标协会 . 七省市第八届建筑市场与招标投标优秀论文集 [C]. 山东省招标办、建设工程招标投标协会：中国土木工程学会，2007：4.

16. 程励 .《招标投标法》与装饰工程招投标 [J]. 四川经济管理学院学报，2001（1）：47-49.

习　题

1. 建筑装饰工程招标投标有何特点？

2. 装饰装修工程招标投标的基本原则有哪些？

3. 装饰装修工程招标投标活动中，被邀请投标人通常应具备哪些条件？

4. 公开招标与邀请招标的差异有哪些？

5. 一般情况下，装饰装修工程招标投标的主要参与者有哪些？

6. 招标与投标阶段的主要工作有哪些？

7. 简述公开招标程序。

8. 简述邀请招标程序。

9. 装饰装修工程投标报价的方法有哪些？

10. 提高中标率的投标技巧有哪些？

8- 习题参考答案

第 4 章

建筑装饰工程质量管理

教学目标

通过本章的学习，结合建筑装饰装修工程的特点，要求学生了解建筑装饰工程质量管理的基本概念及特点；了解质量控制的概念、发展、原则；掌握装饰工程质量因素的控制与质量控制的内容；了解质量管理体系的产生和发展；熟悉全面质量管理的概念与观点；掌握全面质量管理的工作方法与基础工作。

教学要求

能力目标	知识要点	权重	自测分数
了解建筑装饰工程质量管理的基本概念及特点	建筑装饰装修工程项目质量的概念及特点	10%	
了解质量控制的概念、发展、原则	装饰工程质量控制的概念、质量控制的发展、质量控制的原则	20%	
掌握装饰工程质量因素的控制与质量控制的内容	装饰工程质量因素的控制（人、材料、机械、方法和环境）、质量控制的内容	25%	
熟悉全面质量管理的概念与观点	全面质量管理的概念及观点	15%	
掌握全面质量管理的工作方法与基础工作	PDCA 循环工作法内容及特点、全面质量管理的基础工作	30%	

引例

"百年大计、质量第一"，质量管理工作已经越来越为人们所重视，施工企业领导清醒地认识到：高质量的产品和服务是市场竞争的有效手段，是争取用户、占领市场和发展企业的根本保证。但是，在建筑装饰工程质量管理方面，与国际先进水平相比，我国的质量管理水平仍有一定差距。

随着全球经济一体化进程的加快，特别是加入世界贸易组织以后，必将给我国建筑装饰业带来空前的发展机遇。近些年，我国大多数施工企业通过 ISO9000 体系认证，标志着我国的企业对工程质量管理的认识和实施提高到了一个更高的层次。因此，应从发展战略的高度来认识工程质量，工程质量已关系到国家的命运、民族的未来，工程质量管理的水平也关系着行业的兴衰、企业的命运。

　　严峻的职业健康安全和环境问题不但严重制约了经济的稳定持续增长，还影响了人民生活水平的提高和社会的和谐发展，职业健康安全和环境问题的解决不能单单依靠技术手段，而应该重视生产过程中的管理以及对人民职业健康安全和环境意识的教育。

　　建筑装饰工程质量的优劣也直接影响国家经济的建设速度。建筑装饰工程施工质量差本身就是最大的浪费，低劣质量的工程一方面需要大幅度增加维修费用，另一方面还将给用户增加使用过程中的维修、改造费用，有时还会带来工程的停工、效率降低等间接损失。因此，质量问题直接影响我国经济建设的速度。

4.1　建筑装饰工程质量管理概述

9-《建设工程质量管理条例》

1. 质量（quality）

　　将反映实体满足明确或隐含需要能力的特性的总和称为质量。质量的主体是"实体"。实体可以是活动或过程（如监理单位受业主委托实施工程建设监理或承建商履行施工合同的过程），也可以是活动或过程结果的有形产品（如建成的写字楼、商品房）或无形产品（如施工组织设计等），还可以是某个组织体系或人，以及以上各项的组合。由此可见，质量的主体不仅包括产品，而且包括活动、过程、组织体系或人，以及它们的组合。

2. 工程项目质量

　　工程项目质量是国家现行的有关法律、法规、技术标准、设计文件及工程合同中对工程的安全、使用、经济、美观等特性的综合要求。在工程项目质量管理中，"质量"包括三个方面的内容，即工程质量、工序质量和工作质量。

　　（1）工程质量

　　工程质量的概念有广义和狭义之分。广义的工程质量是指工程项目的质量，它包括工程实体质量和工作质量两部分。工程实体质量又包括分项工程质量、分部工程质量和单位工程质量。狭义的工程质量是指工程产品质量，即工程实体质量或工程质量。其定义是"反映实体满足明确和隐含需要能力的特性的总和"，通常包括适用性、可靠性、安全性、经济性和使用寿命等，即工程的使用价值。这种属性区别了工程的不同用途。建筑装饰工程的施工质量是指建筑装饰装修材料、装饰装修构造等是否符合设计文件以及《建筑装饰装修工程质量验收标准》GB 50210—2018 的要求。

　　（2）工序质量

　　工序是产品形成的基本环节，工序质量是多种因素共同作用下的结果。

工序质量一般由操作者、机器设备、原材料、工艺方法、测量、环境六大因素（5M1E）决定。如果这六大因素配合适当则能保证产品质量的稳定，反之则会出现不合格产品。

1）操作者（Man）：操作工人的文化程度、技术水平、劳动态度、质量意识和身体状况等。

2）机器设备（Machine）：设备及工艺装备的技术性能、工作精度、使用效率和维修状况等。

3）材料（Material）：原材料及辅助材料的性能、规格、成分和形状等。

4）方法（Method）：工艺规程、操作规程和工作方法等。

5）测量（Measurement）：测量器具和测量方法等。

6）环境（Environment）：工作地的温度、湿度、照明、噪音和清洁卫生等。

围绕 5M1E 企业形成了多项管理职能，如关于"人"的管理或工作，构成包括招聘、培训、激励等在内的人力资源管理；"料"的管理或工作，构成包括采购、仓储、检验等在内的多项职能。这些职能工作的质量状况，都将通过 5M1E 传递表现为工序质量的状况。

工序质量控制的重要方法就是通过控制 5M1E 来控制工序质量。反推过来，通过对工序质量的评价，就可揭示 5M1E 的管理状况，进而促进相关职能工作的改善。工序质量是检验企业质量管理是否具备"真功夫"的"试金石"，抓住工序质量能切实带动其他诸多职能工作的改进。

（3）工作质量

工作质量就是按一定的作业标准完成的劳动量，在产品（包括工业、农业等）生产中没有达到规定的作业标准，就是不合格品，即没有达到规定所要求的产品，就不能上市销售，因而没有质的保证，也就没有量；在服务行业中，没有按规范化的标准进行的服务，未能令顾客满意，就是不合格的服务。

工作质量涉及企业各个层次、各个部门、各个岗位工作的有效性。工作质量取决于企业员工的素质，包括员工的质量意识、责任心、业务水平等。企业决策层（以最高管理者为代表）的工作质量起主导作用，管理层和执行层的工作质量起保证和落实作用。对于工作质量，可以通过建立健全工作程序、工作标准和一些直接或间接的定量化指标，使其有章可循、易于考核。实际上，工作质量一般难以定量，通常是通过产品质量的高低、不合格品率的多少来间接反映和定量的。在质量指标中，当全数检查时，有一部分质量指标就属于工作质量指标，例如不合格品率、废品率等；另一部分指标属于产品质量指标，如优质品率、一级品率、寿命、可靠性指标等。

在抽样验收的情况下，一批产品的不合格品率是判断这批产品是否接收或拒收的依据。这时不合格品率既反映工作质量又反映产品质量，同时还反映了被验收的这批产品总的质量状况。

工作质量并不像工程质量那样直观，它主要体现在企业的一切经营活动中，通过经济效果、生产效率、工作效率和工程质量集中体现出来。

🔑 特别提示

工作质量和工程质量是两个不同的概念，两者既有区别又有联系。工程质量的保证和基础是工作质量，而工程质量又是企业各方面工作质量的综合反映。工作质量不像工程质量那样直观、明显、具体，但它体现在整个施工企业一切生产技术和经营活动中，并且通过工作效率、工作成果、工程质量和经济效益表现出来。所以，要保证和提高工程质量，不能孤立地、单纯地抓工程质量，而必须从提高工作质量入手，把工作质量作为质量管理的主要内容和工作重点。

4.2　建筑装饰工程质量控制

4.2.1　质量控制的概念

建筑装饰工程质量控制（quality control），是指建筑装饰工程项目企业为达到工程项目质量要求所采取的作业技术和活动。工程项目质量要求则主要表现为工程合同、设计文件和技术规范规定的质量标准。因此，工程项目质量控制就是为了保证达到工程合同、设计文件和技术规范规定的质量标准而采取的一系列措施、手段和方法。

工程项目质量控制按其实施者不同，包括以下几方面。

1. 业主方面的质量控制

业主质量控制的目的在于保证工程项目能够达到规定的质量要求。其控制的依据除国家制定的法律法规外，主要是合同文件和设计图纸。其特点是外部的、横向的控制。

2. 监理方面的质量控制

工程建设监理的质量控制是指监理单位受业主委托，为保证工程合同规定的质量标准对工程项目进行的质量控制。其目的在于保证工程项目能够按照工程合同规定的质量要求实现业主的建设意图，取得良好的投资效益。其控制依据除国家制定的法律、法规外，主要是合同文件和设计图纸。在设计阶段及其前期的质量控制以审核可行性研究报告及设计文件、图纸为主，审核项目设计是否符合业主要求。在施工阶段，驻现场实地监理检查是否严格按图施工，并达到合同文件规定的质量标准。

3. 政府方面的质量控制——政府监督机构的质量控制

政府监督机构的质量控制是指按城镇或专业部门建立的权威的工程质量监督机构，根据有关法规和技术标准，对本地区（本部门）的工程质量进行监督检查。其特点是外部的、纵向的控制。其目的在于维护社会公共利益，保证技术性法规和标准的贯彻执行。其控制依据主要是有关法律文件和法定技术标准。在设计阶段及其前期的质量控制以审核设计纲要、选址报告、建设用地申请及设计图纸为主。施工阶段以不定期检查为主，审核是否违反城市规划、是否符合有关技术法规和标准的规定，对环境影响的性质和程度大小，有无防治污染、公害的技术措施。因此，政府质量监督机构根据有关规定，有权对勘察单位、设计单位、监理单位、施工单位的行为进行监督。

4. 承建商方面的质量控制

承建商的质量控制主要是施工阶段的质量控制，这是工程项目全过程质量控制的关键环节。其特点是内部的、自身的控制。其中心任务是通过建立健全有效的质量监督工作体系来确保工程质量达到合同规定的标准和等级要求。

4.2.2 质量控制的发展

建筑装饰工程项目质量控制是建筑装饰工程项目管理的重要组成部分，其产生、行成、发展和日益完善的过程大体经历了以下几个阶段。

1. 质量检验阶段

质量检验阶段通过设立质量检验部门，对建筑装饰工程项目的质量进行检验，把"操作者的质量控制"变成了"检验员的控制"，但这种质量检验属于"时候检查"，控制效能有限。

2. 统计质量控制阶段

这一阶段的质量管理主要运用数理统计方法，从质量波动中找出规律性，消除产生质量波动的异常原因，使产品生产过程中的每一个环节都控制在正常而又比较理想的状态，从而保证最经济地生产出合格的产品。这种质量管理方法，一方面应用数理统计方法，另一方面注重生产过程中的质量控制，起到预防和把关相结合的作用。这种质量管理方法由于以积极的事前预防代替了消极的事后检验，因此它的科学性比质量检验阶段有了大幅的提高。

3. 全面质量控制阶段

1957 年美国通用电气公司质量总经理费根堡姆博士首次提出了＂全面质量管理＂的概念，并且于 1961 年出版了《全面质量管理》。该书强调执行质量职能是公司全体人员的职责，应该使全体人员都具有质量的概念和承担质量的责任。

20 世纪 60 年代以后，费根堡姆的＂全面质量管理＂概念逐步被世界各国所接受，并且得到了广泛的应用。由于质量管理越来越受到人们的重视，并且随着实践的发展，其理论也日渐丰富和成熟，于是逐渐形成了一门单独的学科。

4.2.3　质量控制的原则

对施工项目而言，质量控制就是为了确保达到合同、规范所规定的质量标准，所采取的一系列检测、监控措施、手段和方法。在进行施工项目质量控制过程中，应遵循以下几个原则。

1. 坚持＂质量第一、用户至上＂

建筑产品作为一种特殊的商品，使用年限较长，是＂百年大计＂，直接关系到人民生命财产的安全，所以工程项目在施工过程中应自始至终把＂质量第一、用户至上＂作为质量控制的基本原则。

2. 坚持以人为核心

人是质量的创造者，质量控制必须＂以人为本＂，把人作为控制的动力，调动人的积极性、创造性，增强人的责任感，树立＂质量第一＂观念，提高人的素质，避免人的失误，以人的工作质量保证工序质量、工程质量。

3. 坚持以预防为主

＂以预防为主＂就是要从对质量做事后检查把关，转为对工程质量、工序质量及中间产品质量的检查。其是确保施工项目质量的有效措施。

4. 坚持质量标准，严格检查，一切用数据说话

质量标准是评价产品质量的尺度，数据是质量控制的基础和依据。产品质量是否符合质量标准，必须通过严格检查，用数据说话。

5. 贯彻科学、公正、守法的职业规范

各级质量管理人员在处理质量问题过程中，应尊重客观事实，尊重科学，正直、公正，不持偏见；遵纪、守法，杜绝不正之风；既要坚持原则、严格要求、秉公办事，又要谦虚谨慎、实事求是、以理服人、热情帮助。

4.2.4　质量因素的控制

影响建筑装饰工程项目质量的因素主要有五个方面，即人、材料、机械、方法和环境，简称 4M1E 因素。

1. 人的因素控制

参与工程的人很多，有工程建设的决策者、组织者、指挥者和操作者。人具有较高的主观能动性，这些人会直接或间接参与工程项目建设，他们都将会影响工程建设的质量。所以在施工过程中要充分调动其积极性，让其全身心地投入到工程建设当中，避免失误的产生，充分发挥"人的因素第一"的主导作用。在工程施工质量控制过程中，一般从以下三个方面来考虑人对质量的影响：

(1) 工程领导者的素质。在施工的时候一定要注意考核领导者的素质，因为工程领导者的素质对工程的质量有着重要的影响。如果领导层整体的素质好、经营作风正派、实践经验丰富、社会信誉高，那么必然具有较强的决策能力，组织机构也就健全，管理制度能够完善，技术措施得力，确保工程质量。

(2) 施工人员的理论、技术水平。施工人员的理论、技术水平会直接影响工程质量，较高的水平能够比较容易看懂、领会工程设计方案和技术要求，并且在施工过程中能够及时地发现突发问题，甚至根据自己的经验给出解决问题的方法。

(3) 施工人员的劳动态度、注意力、情绪和责任心等状态。这些状态存在太大的主观性，会在不同时期和不同地点发生变化。所以，在施工过程中一定要注意人员状态的变化，特别是对那些需要确保工程质量的关键、精密工序，应控制其思想活动、稳定其情绪波动。

2. 工程材料因素的控制

工程材料（包括原材料、（半）成品和构配件等）是工程施工的基础物质条件，没有材料工程就无法开展；材料质量是确保工程质量的基础，只有材料质量达到施工要求，工程质量才能够符合标准。所以，加强材料的质量控制是保证并提高工程质量的重要保证。材料质量的控制对创造正常的施工条件、控制施工进度、实现经济效益具有重要的意义。

3. 机具因素的控制

施工机械设备会对项目的施工进度和施工质量产生直接的、重要的影响，因为机械设备是实现项目施工机械化的重要物质基础。项目施工阶段，在综合考虑施工现场条件的基础上，必须系统考虑建筑结构形式、机械设备功能、施工组织与管理、施工工艺和方法、建筑技术经济等因素，合理选择施工机械的类型和性能参数，使之装备合理、配套使用、有机联系。

机械设备的选用需要考虑较多的因素，概括起来主要包括机械设备的选型、主要性能参数和使用操作要求这三方面。

（1）机械设备的选型。机械设备的选型应充分考虑工程实际特点和情况，按照技术先进、经济合理、生产适用、性能可靠、使用安全、操作方便和维修方便的原则，突出施工与机械相结合的特色，使其具有工程适用性，具有保证工程质量的可靠性，具有使用操作的方便性和安全性。

（2）设备性能参数。性能参数是选择机械设备的依据，根据工程量的大小和施工进度，选择能够满足施工需要并保证工程质量要求的设备。

（3）使用操作要求。机械设备的操作规范对保证施工安全至关重要，因此也会影响工程质量。所以，设备操作人员必须严格遵守各项规章制度，认真执行操作规程，防止出现安全质量事故。

4. 方法因素的控制

这里的方法因素主要包括施工方法和施工技术因素，如施工方案、工艺和操作技能等。细化起来主要包含工程项目在整个建设周期内所采用的施工组织设计、组织措施、技术方案、工艺流程、检测手段等。

施工方案是一切工程的源头，方案是否正确直接关系到工程项目的三大目标(进度、质量和投资)能否顺利实现。因此，在制订和审核施工方案时，必须结合工程项目的实际情况进行全面系统地分析，这样才有利于提高质量、加快工程进度、降低施工成本。

5. 环境因素的控制

影响建筑装饰工程质量的环境因素较多，概括起来可分为工程技术环境、工程管理环境和劳动环境三方面。

环境因素并不是一成不变的，而是存在多变性的，不同的工程项目有着不同的工程技术环境、管理环境和劳动环境，而且同一个工程项目在不同时间，其环境因素也是变化的。例如，一天之内的气象条件、温度、湿度、风雨等都是变化的，而这些变化都会对工程质量产生一定的影响。因此，应该根据工程的具体特点和条件，综合考虑影响质量的环境因素，并应对这些因素采取有效的措施严加控制。

4.2.5　质量控制的内容

1. 根据政府和行业的质量管理规定，结合具体工程制定质量计划和质量标准

政府和行业的质量管理规定包括：国家和上级有关质量管理工作的方针政策、质量管理和质量保证标准，行业颁布的技术标准、规范、规程和各项质量管理制度。

2. 编制并组织实施装饰装修工程项目质量计划

装饰装修工程项目质量计划是针对装饰装修工程项目实施质量管理的文件，它包括以下内容：

（1）确定装饰装修工程项目的质量目标。

（2）明确装饰装修工程项目领导成员和职能部门的职责、权限。

（3）确定装饰装修工程项目建设各阶段质量管理的要求。

（4）对质量手册、程序文件或管理制度中没有明确的内容作出具体规定。

（5）施工全过程应形成的施工技术资料。

3. 运用全面质量管理的思想和方法，实行工程项目质量控制

确定质量管理点，组成质量管理小组，进行 PDCA 循环，即计划、执行、检查、处理，不断克服质量的薄弱环节，以推动工程质量的提高。

4. 进行装饰装修工程项目质量检查

贯彻群众自检和专职检查相结合的方法，组织班组进行自检活动，作好自检数据的积累和分析工作。

5. 组织工程质量的检验评定工作

按照国家施工及验收规范、建筑安装工程质量检验标准和设计图纸，对装饰装修工程进行质量检验评定。

6. 进行装饰装修工程的回访工作

工程交付使用后，要进行回访，听取用户意见，并检查工程质量的变化情况，及时收集质量信息，对由于施工不善造成的质量问题进行认真处理。系统地总结工程质量的薄弱环节，采取相应的纠正措施和预防措施，克服质量通病，不断提高工程质量水平。

4.3 建筑装饰工程质量管理体系

10- 全面质量管理的方法和应用

质量管理体系是指在质量方面指挥和控制组织的管理体系。质量管理体系是组织内部建立的、为实现质量目标所必需的、系统的质量管理模式，是组织的一项战略决策。它将资源与过程结合，以过程管理方法进行系统管理，根据企业特点选用若干体系要素加以组合，一般由与管理活动、资源提供、产品实现以及测量、分析与改进活动相关的过程组成，可以理解为涵盖了从确定顾客需求、设计研制、生产、检验、销售、交付之前全过程的策划、实施、监控、纠正与改进活动的要求，一般以文件化的方式作为组织内部质量管理工作的要求。下面将详细介绍建筑装饰工程项目的全面质量管理。

1. 全面质量管理的概念与观点

(1) 全面质量管理的概念

全面质量管理 (简称 TQC 或 TQM),是指为了使用户获得满意的产品,综合运用一整套质量管理体系、手段和方法所进行的系统管理活动。它的特点是三全 (全企业职工、全生产过程、全企业各个部门) 管理、一整套科学方法与手段 (数理统计方法及电算手段等)、广义的质量观念。它与传统的质量管理相比有显著的成效,为现代企业管理方法中的一个重要分支。

全面质量管理的基本任务是:建立和健全质量管理体系,通过企业经营管理的各项工作,以最低的成本、合理的工期生产出符合设计要求并使用户满意的产品。

(2) 全面质量管理的观点

全面质量管理继承了质量检验和统计质量控制的理论和方法,并在深度和广度方面向前发展了一步。归纳起来,它具有以下几个基本观点。

1) 质量第一的观点

"百年大计、质量第一"是建筑装饰工程推行全面质量管理的思想基础。建筑装饰工程质量的好坏不仅关系到国民经济的发展及人民的生命财产安全,而且直接关系到施工企业的信誉、经济效益及生存和发展。因此,牢固树立"质量第一"的观点,这是工程全面质量管理的核心。

2) 用户至上的观点

用户至上是建筑装饰工程推行全面质量管理的精髓。国内外多数企业把用户摆在至高无上的位置,把用户称为"上帝""神仙",把企业同用户的关系比作鱼和水、作物和土壤。我国的建筑装饰企业是社会主义企业,其用户就是广大人民群众、国家和社会的各个部门,坚持用户至上的观点,企业就会蓬勃发展,背离了这个观点,企业就会失去存在的必要。

3) 预防为主的观点

工程质量是设计、制造出来的,而不是检验出来的。检验只能证明工程质量是否符合质量标准,不能保证工程质量。在工程施工过程中,每道工序、每个分部分项工程的质量都随时会受到许多因素的影响,只要有一个因素发生变化,质量就会产生波动,不同程度地出现质量问题。全面质量管理强调把事后检验把关变为工序控制,从管质量结果变为管质量因素,防检结合,防患于未然。也就是在施工全过程中,将影响质量的因素控制起来,发现质量波动就分析原因、制定对策,这就是"预防为主"的观点。

4）全面管理的观点

所谓全面管理，就是突出一个"全"字，即实行全过程的管理、全企业的管理和全员的管理。

全过程的管理，就是把工程质量管理贯穿于工程规划、设计、施工、使用的全过程，尤其是在施工过程中，要贯穿于每个单位工程、分部工程、分项工程及各施工工序。全企业的管理，就是强调质量管理工作不只是质量管理部门的事情，施工企业各个部门都要参与质量管理，都要履行自己的职责。全员的管理，就是施工企业的全体人员，包括各级领导、管理人员、技术人员、政工人员、生产工人、后勤人员等都要参与到质量管理中来，人人关心产品质量，把提高产品质量和本职工作结合起来，使工程质量管理有扎实的群众基础。

5）数据说话的观点

数据是实行科学管理的依据，没有数据或数据不准确，质量就无从谈起。全面质量管理强调"一切用数据说话"，是因为它是以数理统计方法为基本手段，而数据是应用数理统计方法的基础，这是区别于传统管理方法的重要一点。

6）不断提高的观点

重视实践，坚持按照计划、实施、检查、处理的循环过程办事，经过一个循环后，对事物内在的客观规律就会有进一步的认识，从而制订出新的质量管理计划与措施，使质量管理工作及工作质量不断提高。

2. 全面质量管理的工作方法

（1）PDCA循环工作法的基本内容

PDCA循环工作法把质量管理活动归纳为四个阶段，即计划阶段（Plan）、实施阶段（Do）、检查阶段（Check）和处理阶段（Action）。其中包括八个步骤，具体内容如下。

1）计划阶段（Plan）

在计划阶段，首先要确定质量管理的方针和目标，并提出实现这一目标的具体措施和行动计划。在计划阶段主要包括四个具体步骤：

第一步：分析工程质量的现状，找出存在的质量问题，以便进行有针对性的调查研究。

第二步：分析影响工程质量的各种因素，找出在质量管理中的薄弱环节。

第三步：在分析影响工程质量因素的基础上，找出其中主要的影响因素，作为质量管理的重点对象。

第四步：针对管理的重点，制定改进质量的措施，提出行动计划并预计达到的效果。

在计划阶段要反复考虑下列几个问题：

①必要性（Why）：为什么要有计划？

②目的（What）：计划要达到什么目的？

③地点（Where）：计划要落实到哪个部门？

④期限（When）：计划要什么时候完成？

⑤承担者（Who）：计划具体由谁来执行？

⑥方法（How）：执行计划的打算？

2）实施阶段（Do）

在实施阶段，要按照既定的措施下达任务，并按措施去执行。这也是PDCA循环工作法的第五个步骤。

3）检查阶段（Check）

检查阶段的工作是对措施执行的情况进行及时的检查，通过检查与原计划进行比较，找出成功的经验和失败的教训。这也是PDCA循环工作法的第六个步骤。

4）处理阶段（Action）

处理阶段的工作就是把检查之后的各种问题加以认真处理。这个阶段可以分为以下两个步骤，即第七步和第八步：

第七步：对于正确的做法要总结经验，巩固措施，制定标准，形成制度，以便遵照执行。

第八步：对于尚未解决的问题，转入下一个循环，继续进行研究，制订计划，予以解决。

（2）PDCA循环工作法的特点

PDCA循环工作法在运行过程中，具有以下几个明显的特点：

1）PDCA循环像一个不断转动的车轮，重复不停地循环；管理工作做得越扎实，循环越有效，如图4-1所示。

2）PDCA循环的组成是大环套小环，大小环均不停地转动，但又环环相扣，如图4-2所示。例如，整个公司是一个大的PDCA循环，企业各

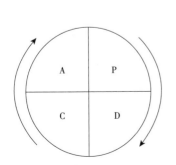
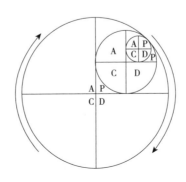

图4-1　PDCA循环工作法示意图（左）

图4-2　大环套小环示意图（右）

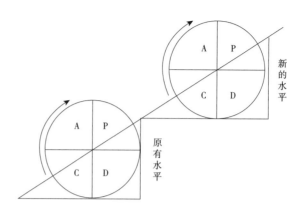

图 4-3 PDCA 工作循环阶梯上升示意图

部门又有自己小的 PDCA 循环，依次有更小的 PDCA 循环，小环在大环内转动，因而图 4-2 形象地表示了它们之间的内部关系。

3）PDCA 循环每转动一次，质量就有所提高，而不是在原来的水平上转动；每个循环遗留的问题，再转入下一个循环继续解决，如图 4-3 所示。

4）PDCA 循环必须围绕着质量标准和要求来转动，并且在循环过程中把行之有效的措施和对策上升为新的标准。

3. 全面质量管理的基础工作

（1）开展质量教育

进行质量教育的目的，就是要让企业全体人员牢固树立"质量第一、用户至上"的观点，建立全面质量管理的观念，掌握进行全面质量管理的工作方法，学会使用质量管理的工具，特别是要重视对各级领导、质量管理职能干部及质量管理专职人员、基层质量管理小组成员的教育。在开展质量教育的过程中，要进行启蒙教育、普及教育和提高教育，使质量管理逐步深化。

（2）推行标准化

标准化是现代化大生产的产物。它是指材料、设备、工具、产品品种及规格的系列化，尺寸、质量、性能的统一化。标准化是质量管理的尺度和依据，质量管理是执行标准化的保证。在建筑装饰工程施工中，对质量管理标准化起作用的有施工与验收规范、工程质量评定标准、施工操作规程及质量管理制度等。

（3）做好计量工作

测试、检验、分析等均为计量工作，这是质量管理中的重要基础工作。没有计量工作，就谈不上执行质量标准；计量不准确，就不能判断质量是否符合标准。所以，开展质量管理必然要做好计量工作。

在计量工作中要明确责任制，加强技术培训，严格执行计量管理的有关规程与标准。对各种计量器具以及测试、检验仪器，必须实行科学管理，做到检测方法正确，计量器具、仪表及设备性能良好、数值准确，将误差控制在允许范围内，以充分发挥计量工作在质量管理中的作用。

(4) 做好质量信息工作

质量信息工作是指及时收集反映产品质量和工作质量的信息、基本数据、原始记录和产品使用过程中反映出来的质量情况，掌握国内外同类产品的质量动态，从而为研究、改进质量管理和提高产品质量提供可靠的依据。

质量信息工作是质量管理的耳目，开展全面质量管理一定要做好质量信息收集这项基础工作。其基本要求是：保证信息资料的准确性，提供的信息资料应具有及时性，要全面系统地反映产品质量活动的全过程，切实掌握影响产品质量的因素和生产经营活动的动态，对提高质量管理水平起到良好作用。

(5) 建立质量责任制

建立质量责任制就是把质量管理方面的责任和具体要求落实到每一个部门、每一个岗位和每一个操作者，组成一个严密的质量管理工作体系。

质量管理工作体系是指组织体系、规章制度和责任制度三者的统一体。要将企业领导、技术负责人、企业各部门、每个管理人员和施工工人的质量管理责任制度，以及与此有关的其他工作制度建立起来，不仅要求制度健全、责任明确，还要把质量责任、经济利益结合起来，以保证各项工作的顺利开展。

本章小结

本章详细地阐述了装饰工程质量管理的具体内容，包括建筑装饰工程项目管理的概述、装饰工程质量控制、装饰工程质量管理体系。

概述中介绍了装饰工程质量的概念及特点。在装饰工程质量控制中介绍了质量控制的概念、发展、原则以及质量控制影响的因素和质量控制的具体内容。在质量管理体系中详细介绍了 PDCA 循环工作法的内容及特点和全面质量管理的基础工作。

本章的教学目标是使学生熟悉并掌握建筑装饰工程项目管理的相关知识，达到解决装饰工程质量问题的目的。

 推荐阅读资料

1. 丛培经 . 实用工程项目管理手册 [M]. 北京：中国建筑工业出版社，1999.

11- 习题参考答题

2. 田振郁 . 工程项目管理实用手册 [M]. 北京：中国建筑工业出版社，2000.

3. 住房和城乡建设部 . 建设工程项目管理规范：GB/T 50326—2017 [S]. 北京：中国建筑工业出版社，2017.

4. 卜永军 . 建设工程项目管理一本通 [M]. 北京：地震出版社，2007.

习 题

1. 什么是工程项目质量？

2. 建筑装饰装修工程项目质量控制的概念是什么？

3. 建筑装饰装修工程项目质量控制的内容有哪些？

4. 建筑装饰装修工程项目质量控制的原则有哪些？

5. 建筑装饰装修工程项目质量控制的影响因素有哪些？

6. 全面质量管理的任务和基本方法是什么？需要做好哪些基础工作？

综合实训

组织学生进行实地调查，了解目前建筑装饰企业是如何建立质量管理体系的？又是如何保持质量管理体系的运行？

第 5 章

建筑装饰工程成本管理

12- 学习方法及概述

要求学生了解建筑装饰工程成本管理的目的、任务和作用；理解成本预测的过程和方法；熟悉成本计划的原则；掌握成本控制的目的和基本方法；了解成本核算的任务、原则；掌握成本分析的方法以及成本考核的内容和要求。

教学要求

能力目标	知识要点	权重	自测分数
了解建筑装饰工程成本管理的目的、任务和作用	成本管理的概念，成本的构成、形式分类以及成本管理任务	10%	
理解建筑装饰工程成本预测的过程和方法；熟悉成本计划的原则	成本预测的概念、作用以及过程，如何制定成本计划	25%	
掌握建筑装饰工程成本控制的目的和基本方法	成本控制的原则、基本方法、运行机制等	30%	
了解建筑装饰工程成本核算的任务、原则	成本核算的概述、任务以及核算的要求	15%	
掌握建筑装饰工程成本分析的方法以及成本考核的内容和要求	成本分析的概念、成本分析的分类以及考核的目的、内容和要求	20%	

 引例

在某建筑装饰工程施工项目管理中，施工项目部应考虑施工项目成本的哪些构成要素？该项目部应如何完成项目成本管理任务？

5.1 建筑装饰工程成本管理概述

在当今激烈的市场竞争中，施工企业要取得好的经济效益，就必须提高市场竞争力和社会信誉；研究投标策略，提高中标率；研究合同，提高合同管理水平和索赔能力；研究企业质量效益改进计划，争创名牌，提高市场占有率。企业只有牢固树立"质量第一，效益至上"的经营生产观念，不断开拓经营领域，深化改革强化管理，在提高企业素质上下功夫，才能

注：本章的"施工项目"均指"建筑装饰工程施工项目"。

赢得市场的生存空间，走上良性循环的发展道路。

5.1.1　成本的概念

施工项目成本是指工程项目的施工成本，是在工程施工过程中所发生的全部生产费用的总和。它包括所消耗的原材料、辅助材料、构配件等的费用，周转材料的摊销费或租赁费，施工机械的使用费或租赁费等。它也是建筑业企业以施工项目作为核算对象，在施工过程中所耗费的生产资料转移价值、劳动者必要劳动所创造的价值的货币形式，包括支付给生产工人的工资、奖金、工资性质的津贴等，以及进行施工组织与管理所发生的全部费用支出。

1. 成本的构成

建筑业企业在施工项目施工过程中所发生的各项费用支出计入成本费用，按成本的性质和国家的规定，施工项目成本由直接成本和间接成本组成。

直接成本是指施工过程中耗费的构成工程实体或有助于工程实体形成的各项费用支出，它是可以直接计入工程对象的费用，包括人工费、材料费、施工机械使用费和施工措施费等。

间接成本是指施工准备、组织和管理施工生产的全部费用支出，包括现场管理人员的工资、办公费、差旅交通费、资产使用费、工具用具使用费、保险费、检验试验费、工程保修费、工程排污费及其他费用。

🔑 特别提示

如果施工项目成本管理工作做得好，会对整个工程的管理工作起到很大的促进作用。相反，如果没有做好成本管理工作，则会对工程管理产生很大的负面影响。同时，成本管理工作做的好，也会给工程项目带来很好的经济效益。

2. 成本的形式

施工项目的成本形式可从不同的角度进行考察。

（1）事前成本和事后成本

根据成本控制要求，施工项目成本可分为事前和事后成本。

1）事前成本。工程成本的计算和管理活动是与工程实施过程紧密联系的，在实际成本发生和工程结算之前所计算和确定的成本都是事前成本，带有计划性和预测性。常用的概念有预算成本（包括施工图预算、标书合同预算）和计划成本（包括责任目标成本、项目计划成本）之分。

2）事后成本，即实际成本。实际成本是施工项目在报告期内实际发生的各项生产费用的总和。将实际成本与计划成本进行比较，可揭示成本的节约或超支，考核企业施工技术水平及技术组织措施的贯彻执行情况和企业的经营效果。实际成本与预算成本作比较，可以反映工程盈亏情况。因此，计划成本和实际成本都可反映施工企业的成本水平，它与企业本身的生产技术水平、施工条件及生产管理水平相对应。

（2）直接成本和间接成本

按生产费用计入成本的方法，工程成本可划分为直接成本和间接成本两种形式。

1）直接成本。直接成本是指直接用于并能直接计入工程对象的费用。

2）间接成本。间接成本是指非直接用于也无法计入工程对象，但为进行工程施工必须发生的费用。

（3）固定成本和变动成本

按生产费用与工程量的关系，工程成本又可划分为固定成本和变动成本。

1）固定成本。固定成本是指在一定期间和一定的工程量范围内，其发生的成本额不受工程量增减变动的影响而相对固定的成本。

2）变动成本。变动成本是指发生总额随着工程量的增减变动而成正比例变动的费用，如直接用于工程的材料费、实际计划工资制的人工费等。

5.1.2 成本管理的任务

施工项目成本管理是要在保证工期和质量满足要求的情况下，采取相关管理措施把成本控制在计划范围内，并进一步寻求最大程度的成本节约。施工项目成本管理的任务和环节主要包括：施工项目成本预测、施工项目成本计划、施工项目成本控制、施工项目成本核算、施工项目成本分析及施工项目成本考核。

1. 施工项目成本预测

施工项目成本预测是根据成本信息和工程项目的具体情况，并运用一定的专门方法，对未来的成本水平及其可能发展趋势作出科学的估计。它是企业在工程项目实施以前对成本所进行的核算。

2. 施工项目成本计划

施工项目成本计划是项目经理部对项目成本进行计划管理的工具。它是以货币形式编制工程项目在计划期内的生产费用、成本水平、成本降低率及为降低成本所采取的主要措施和规划的书面方案，它是建立工程项目成本管理责任制、开展成本控制和核算的基础。

3. 施工项目成本控制

施工项目成本控制主要指项目经理部对工程项目成本实施的控制，包括制度控制、定额或指标控制、合同控制等。

4. 施工项目成本核算

施工项目成本核算是指在项目实施过程中将所发生的各种费用和形成的工程项目成本与计划目标成本，在保持口径一致的前提下进行对比，找出差异。

5. 施工项目成本分析

施工项目成本分析是在工程成本跟踪核算的基础上，动态分析各成本项目的节超原因。它贯穿于工程项目成本管理的全过程，也就是说工程项目成本分析主要利用项目的成本核算资料（成本信息），与目标成本（计划成本）、承包成本以及类似工程项目的实际成本等进行比较，了解成本的变动情况，同时也要分析主要技术经济指标对成本的影响，系统地研究成本变动的因素，检查成本计划的合理性，并通过成本分析揭示成本变动的规律，寻找降低施工项目成本的途径。

6. 施工项目成本考核

施工项目成本考核就是工程项目完成后，对工程项目成本形成中的各责任者，按工程项目成本目标责任制的有关规定，将成本的实际指标与计划、定额、预算进行对比和考核，评定施工项目成本计划的完成情况和各责任者的业绩，并据此给予相应的奖励和处罚。

5.1.3　成本管理在施工项目管理中的作用

随着施工项目管理在建筑施工企业中逐步推广普及，施工项目成本管理的重要性也日益为人们所认识。可以说，施工项目成本管理正在成为施工项目管理向深层次发展的主要标志和不可缺少的内容。施工项目成本管理在施工项目管理中的作用越来越重要，其主要原因有以下几点。

1. 施工项目成本管理是衡量施工项目管理绩效的客观标尺

建筑施工企业对施工项目的绩效评价，首先是对施工项目成本管理的绩效评价。由于施工项目成本管理体现了施工项目管理的本质特征，并代表施工项目管理的核心内容，因此，施工项目成本管理在项目绩效评价中受到特别的重视。同时，施工项目成本管理的水平和结果也可使建筑施工企业从最独特、最便捷、最关键的角度掌握施工项目成本管理状况及实际所达到的水平，并为绩效评价提供直观、量化的佐证。因而，施工项目成本管理理所当然成为施工项目管理绩效评价的客观、公正的标尺。

2.施工项目成本管理体现施工项目管理的本质特征

建筑施工企业作为建筑市场中的独立法人实体和竞争主体，不仅要向社会提供各类建筑产品，以满足国民经济发展和人民物质文化生活水平日益增长的需要，更要追求企业经济效益的最优化。就建筑施工企业而言，施工项目经理部作为企业最基本的管理组织，其全部管理行为的本质就是运用项目管理原理和各种科学方法来降低工程成本，创造经济效益，使之成为企业效益的源泉。施工项目成本管理应体现在施工项目管理的全过程中，施工项目管理的一切活动实际上也是成本活动，没有成本的发生和运动，施工项目管理的生命周期随时都可能中断或窒息。从这个意义上看，施工项目成本管理既是施工项目管理的起点，也是施工项目管理的终点。

3.施工项目成本管理反映施工项目管理的核心内容

建筑施工企业经营管理活动的全部目的，就在于追求低于同行业平均成本水平，取得最大的成本差异。建筑产品的价格一旦确定，成本就是决定的因素，而这个任务是由施工项目来完成的。要完成这个任务，没有以施工项目成本管理为核心的全部有效的管理活动是难以成功的。

 知识链接

我们知道施工项目管理包含着丰富的内容，是一个完整的合同履约过程。它既包括了质量管理、工期管理、资源管理、安全管理，也包括了合同管理、分包的管理、预算的管理。这一切管理内容，无不与成本管理息息相关。在一项管理内容的每一个过程中，成本无不伸出无形的手在制约、影响、推动或者迟滞各项专业管理活动，并且与管理结果产生直接关系。企业所追求的目标不仅是质量好、工期短、业主满意，同时也是投入少、产出大、企业获利丰厚的建筑产品。因此，离开成本预测、计划、控制、核算和分析等一整套成本管理的系列化运动，任何美好的愿望都是不现实的。

5.2 建筑装饰工程成本预测与计划

5.2.1 成本预测

1.成本预测的作用

施工项目成本预测是通过取得的历史数字资料，采用经验总结、统计分析及数字模型的方法对成本进行判断与推测。通过施工项目成本预测，可以为建筑施工企业经营决策和项目部编制成本计划等提供数据。它是实施项目科学管理的一种很重要的工具，越来越被人们所重视，并日益发挥其作用。

（1）编制成本计划的基础

计划是管理关键的第一步，因此编制可靠的成本计划具有十分重要的意义。但要编制出正确可靠的施工项目成本计划，必须遵循客观经济规律，从实际出发，对施工项目的未来进行科学的预测。在编制成本计划前，要在搜集、整理和分析有关施工项目成本、市场行情和施工消耗等资料的基础上，对施工项目进展过程中的物价变动等情况和施工项目成本做出符合实际的预测，这样才能保证施工项目成本计划不脱离实际，切实起到控制施工项目成本的作用。

（2）投标决策的依据

建筑施工企业在选择投标项目过程中，往往需要根据项目是否赢利、利润大小等诸多因素确定是否对工程投标。这样在投标决策时就要估计项目施工成本情况，通过与施工图预算进行比较，分析得出项目是否赢利、利润大小等。

（3）施工项目成本管理的重要环节

成本预测是在分析项目施工过程中各种经济与技术要素对成本升降影响的基础上，推算出成本水平变化的趋势及其规律性，预测施工项目的实际成本。它是预测和分析的有机结合，是事后反馈与事前控制的结合。通过成本预测，有利于及时发现问题，找出施工项目成本管理中的薄弱环节，采取措施，控制成本。

2. 成本预测的过程

（1）制订预测计划

制订预测计划是预测工作顺利进行的保证。预测计划的主要内容包括：组织领导及工作布置、配合的部门、时间进程、搜集材料范围等。如果在预测过程中发现新情况或发觉计划有缺陷，应及时修正预测计划，以保证预测工作顺利进行并获得较好的预测质量。

（2）搜集整理预测资料

搜集预测资料是进行预测的重要条件。预测资料分为纵向和横向两个方面的数据，纵向资料是指施工单位各类材料的消耗及价格的历史数据，据以分析发展趋势；横向资料是指同类施工项目的成本资料，据以分析所预测项目与同类项目的差异，并做出估计。预测资料必须完整、连续、真实。对搜集来的资料要按照各指标的口径进行核算、汇集、整理，以便于比较预测。

（3）成本初步预测

成本初步预测主要是根据定性预测的方法及一些横向资料的定量预

测，对施工项目成本进行初步估计。这一步的结果往往比较粗糙，需要结合现在的成本水平进行修正，这样才能保证预测成本结果的质量。

（4）预测影响成本水平的因素

预测影响成本水平的因素主要是对物价变化、劳动生产率、物料消耗指标、项目管理办公费开支等，根据近期内其他工程实施情况、本企业职工及当地分包企业情况、市场行情等，推测其对施工项目成本水平的影响。

（5）成本预测

成本预测是指根据初步的成本预测以及对成本水平变化因素的预测结果，确定该项目的成本情况，包括人工费、材料费、机械使用费和其他直接费等。

（6）分析预测误差

成本预测是对施工项目实施之前的成本进行预计和推断，这往往与实施过程中及以后的实际成本有出入，从而产生预测误差。预测误差的大小反映预测的准确程度。

3.成本预测的方法

施工项目成本预测的方法可以归纳为两类：第一类是详细预测法，即以近期的类似工程成本为基数，通过结构与建筑差异调整，以及人工费、材料费等直接费和间接费的修正来测算目前施工项目的成本；第二类是近似预测法，即以过去的类似工程作为参考，预测目前施工项目成本，这类方法主要有时间序列法和指数回归法。

🔑 **特别提示**

施工项目成本预测能为制订施工项目成本计划提供依据。

5.2.2 成本计划

1.编制成本计划的原则

（1）从实际情况出发

根据国家的方针政策，从企业的实际情况出发，充分挖掘企业内部潜力，使降低成本指标既积极可靠，又切实可行。

（2）采用先进的技术经济定额的原则

制订施工项目成本计划必须以各种先进的技术经济定额为依据，并针对工程的具体特点，采取切实可行的技术组织措施作保证。

（3）弹性原则

制订施工项目成本计划应留有充分的余地，保持目标成本一定的弹性。

在制订期内，项目经理部内部或外部的技术经济状况和供产销条件很可能会发生一些未预料到的变化，尤其是材料供应、市场价格千变万化，给目标的拟定带来很大困难，因而在制定目标时应充分考虑这些情况，使成本计划保持一定的应变适应能力。

（4）统一领导、分级管理的原则

在项目经理的领导下，以财务和计划部门为中心，发动全体职工共同总结降低成本的经验，找出降低成本的正确途径，使目标成本的制定和执行具有广泛的群众基础。

（5）与其他目标计划结合

编制施工项目成本计划，必须与项目的其他各项计划如施工方案、生产进度、财务计划、材料供应及耗费计划等密切结合，保持平衡。一方面，施工项目成本计划要根据施工项目的生产、技术组织措施、劳动工资、材料供应等计划来编制；另一方面，施工项目成本计划又影响着其他各种计划指标适应降低成本的要求。

2. 项目经理部的责任目标成本

在施工合同签订后，由企业根据合同造价、施工图和招标文件中的工程量清单，确定正常情况下的企业管理费、财务费用和制造成本。将正常情况下的制造成本确定为项目经理的可控成本，形成项目经理的责任目标成本。

每个工程项目在实施项目管理之前，首先由公司主管部门与项目经理协商，将合同预算的全部造价收入分为现场施工费用和企业管理费用两部分。其中，现场施工费用核定的总额，作为项目成本核算的界定范围和确定项目经理部责任目标成本的依据。

在正常情况下的制造成本确定为项目经理的可控成本，形成项目经理的责任目标成本。由于按制造成本法计算出来的施工成本实际上是项目的施工现场成本，反映了项目经理部的成本水平，既便于对项目经理部成本管理责任的考核，也为项目经理部节约开支、降低消耗提供可靠的基础。

责任目标成本是公司主管部门对项目经理部提出的指令成本目标，也是对项目经理部进行详细施工组织设计、优化施工方案、制定降低成本对策和管理措施提出的要求。

责任目标成本以施工图预算为依据，其确定过程和方法如下：

（1）按投标报价时所编制的工程估价单，将各项单价换成企业价格就构成直接费用中材料费、人工费的目标成本。

（2）以施工组织设计为依据，确定机械台班和周转设备材料的使用量。

（3）其他直接费用中的各子项目均按具体情况或内部价格来确定。

（4）现场施工管理费也按各子项目视项目的具体情况来加以确定。

（5）投标中压价让利的部分也要加以考虑。

以上确定的过程，应在仔细研究投标报价各项目清单、估价的基础上，由公司主管部门主持，有关部门共同参与分析研究确定。

3. 项目经理部的计划目标成本

项目经理在接受企业法定代表人委托之后，应通过主持项目管理实施规划寻求降低成本的途径，组织编制施工预算，确定项目的计划目标成本。

施工预算是项目经理部根据企业下达的责任目标成本，在详细编制施工组织设计过程、不断优化施工技术方案和合理配置生产要素的基础上，通过工料消耗分析和制定节约措施之后，制定的计划成本。一般情况下，施工预算总额应控制在责任目标成本范围内，并留有一定余地。在特殊情况下，项目经理部经过反复挖潜措施，不能把施工预算总额控制在责任目标成本范围内的，应与公司主管部门协商修正责任目标成本或共同探讨进一步降低成本的措施，使施工预算建立在切实可行的基础上，作为控制施工过程生产成本的依据。

项目经理部编制施工预算应符合下列规定：

（1）以施工方案和管理措施为依据，按照本企业的管理水平、消耗定额、作业效率等进行工料分析，根据市场价格信息，编制施工预算。

（2）施工预算中各分部分项的划分尽量做到与合同预算的分部分项工程划分一致或对应，为以后成本控制逐项对应比较创造条件。

（3）当某些环节或分部分项工程条件尚不明确时，可按照类似工程施工经验或招标文件所提供的计量依据计算暂估费用。

（4）施工预算应在工程开工前编制完成。对于一些编制条件不成熟的分项工程，也要先进行估算，待条件成熟时再作调整。

（5）施工预算编制完成后，要结合项目管理评审，进行可行性和合理性的论证评价，并在措施上进行必要的补充。

4. 计划目标成本的分解与责任体系的建立

施工项目的成本控制不仅是专业成员的责任，所有的项目管理人员特别是项目经理都要按照自己的业务分工各负其责。为了保证项目成本控制工作的顺利进行，需要把所有参与项目建设的人员组织起来，将计划目标成本进行分解与交底，使项目经理部的所有成员和各个单位、部门明确自己的成本责任，并按照自己的分工开展工作。

（1）工程技术人员的成本管理责任

1）根据施工现场的实际情况，合理规划施工现场平面布置（包括机械布置，材料、构件的堆放场地，车辆进出现场的运输道路，临时设施的搭建数量和标准等），为文明施工、减少浪费创造条件。

2）严格执行工程技术规范和以预防为主的方针，确保工程质量，减少零星修补，消灭质量事故，不断降低质量成本。

3）根据工程特点和设计要求，运用自身的技术优势，采取实用、有效的技术组织措施和合理化建议，走技术与经济相结合的道路，为提高项目经济效益开拓新的途径。

4）严格执行安全操作规程，减少一般安全事故，消灭重大人身伤亡事故和设备事故，确保安全生产，将事故损失减少到最低限度。

（2）合同预算员的成本管理责任

1）根据合同条件、预算定额和有关规定，充分利用有利因素，编好施工图预算，为企业正确确定责任目标成本提供依据。

2）深入研究合同规定的"开口"项目，在有关项目管理人员（如项目工程师、材料员等）的配合下，努力增加工程收入。

3）收集工程变更资料（包括工程变更通知单、技术核定单和按实结算的资料等），及时办理增加账，保证工程收入，及时收回垫付的资金。

4）参与对外经济合同的谈判和决策，以施工图预算和增加账为依据，严格控制分包、采购等施工所必需的经济合同的数量、单价和金额，切实做到"以收定支"。

（3）机械管理人员的成本管理责任

1）根据工程特点和施工方案，合理选择机械的型号、规格和数量。

2）根据施工需要，合理安排机械施工，充分发挥机械的效能，减少机械使用成本。

3）严格执行机械维修保养制度，加强平时的机械维修保养，保证机械完好和在施工中正常运转。

（4）材料人员的成本管理责任

1）材料采购和构件加工要选择质优、价低、运距短的供应（加工）单位。对到场的材料、构件要正确计量、认真验收，如遇材料质量差、量不足的情况，要进行索赔。切实做到降低材料、构件的采购（加工）成本，减少采购（加工）过程中的管理损耗，为降低材料成本走好第一步。

2）根据项目施工的计划进度，及时组织材料、构件的供应，保证项目施工的顺利进行，防止因停工待料造成损失。在构件加工过程中，要按照施工顺序组织配套供应，以免因规格不齐造成施工间隙、浪费时间、浪费人力。

3）在施工过程中，严格执行限额领料制度，控制材料消耗；同时还要做好余料的回收和利用，为考核材料的实际消耗水平提供正确的数据。

4）钢管脚手架和钢模板等周转材料，进出现场都要认真清点，正确核实以减少缺损数量；使用以后，要及时回收、整理、堆放，并及时退场，既可节省租费，又有利于场地整洁，还可加速周转，提高利用效率。

5）根据施工生产的需要，合理安排材料储备，减少资金占用，提高资金利用效率。

（5）财务成本人员的成本管理责任

1）按照成本开支范围、费用开支标准和有关财务制度，严格审核各项成本费用，控制成本支出。

2）建立月度财务收支计划制度，根据施工生产的需要，平衡调度资金，通过控制资金使用，达到控制成本的目的。

3）建立辅助记录，及时向项目经理和有关项目管理人员反馈信息，以便对资源消耗进行有效的控制。

4）开展成本分析，特别是分部分项工程成本分析、月度成本综合分析和针对特定问题的专题分析，要做到及时向项目经理和有关项目管理人员反映情况，提出建议，以便采取有针对性的措施来纠正项目成本的偏差。

5）在项目经理的领导下，协助项目经理检查和考核各部门、各单位、各班组责任成本的执行情况，落实责、权、利相结合的有关规定。

（6）行政管理人员的成本管理责任

1）根据施工生产的需要和项目经理的意图，合理安排项目管理人员和后勤服务人员，节约工资性支出。

2）具体执行费用开支标准和有关财务制度，控制非生产性开支。

3）管好、用好行政办公用财产、物资，防止损坏和流失。

4）安排好生活后勤服务，在勤俭节约的前提下，满足职工的生活需要，安心为前方生产出力。

知识链接

施工项目管理是一次性行为，它的管理对象只是一个施工项目，且随着项目建设任务的完成而结束历史使命。在施工期间，施工成本能否降低，能否取得经济效益，关键在此一举，别无回旋余地，有很大的风险性。因此进行成本的预测与计划不仅必要，而且必须做好。

5.3 建筑装饰工程成本控制与核算

5.3.1 成本控制的意义和目的

施工项目成本控制，通常是指在项目成本的形成过程中，对生产经营所消耗的人力资源、物资资源和费用开支进行指导、监督、调节和限制，及时纠正将要发生和已经发生的偏差，把各项生产费用控制在计划成本的范围之内，以保证成本目标的实现。

从上述观点来看，施工项目成本控制的目的在于降低施工项目成本，提高经济效益。然而项目成本的降低，除了控制成本以外，还必须增加工程预算收入。因为，只有在增加收入的同时节约支出，才能提高施工项目成本的降低水平。

🔑 特别提示

在建筑装饰工程施工项目中要明确成本控制的原则、基本方法、运行机制等知识要点。

5.3.2　成本控制的原则

1. 全面控制原则

全面控制原则主要体现在对项目成本的全员控制和对项目成本的全过程控制。施工项目成本是一项综合性指标，它涉及项目组织各部门、各班组的工作业绩，也与每个职工的切身利益有关。因此，项目成本的高低需要大家关心，施工项目成本控制也需要项目参与者群策群力。同时，成本控制工作要随着项目施工进展的各阶段连续进行，既不能疏漏，又不能时紧时松，使施工项目成本自始至终置于有效的控制之下。

2. 开源与节流相结合的原则

降低项目成本，需要一面增加收入，一面节约支出。因此，在成本控制中，也应坚持开源与节流相结合的原则。要求做到每发生一笔较大的费用，都要查一查有无相对应的预算收入，是否支大于收；在经常性的分部分项工程成本核算和月度成本核算中，也要进行实际成本与预算收入的对比分析，以便从中探索成本节超的原因，纠正项目成本的不利偏差，提高项目成本的降低水平。

3. 目标管理原则

目标管理是贯彻执行计划的一种方法，它把计划的方针、任务、目的和措施等进行分解，提出进一步的具体要求，并分别落实到执行计划的部门、单位甚至个人。目标管理的内容包括：目标的设定和分解，目标的责任到位和执行，检查目标的执行结果，评价目标和修正目标，形成目标管理的 P（计划）、D（实施）、C（检查）、A（处理）循环。

4. 中间控制原则

中间控制原则又称动态控制原则，是把成本的重点放在施工项目各主要施工段上，及时发现偏差、及时纠正偏差，在生产过程中进行动态控制。

5. 责、权、利相结合的原则

要使成本控制真正发挥及时有效的作用，必须严格按照经济责任制的要求，贯彻责、权、利相结合的原则。在项目施工过程中，项目经理部的全体管理人员以及全体作业班组都负有一定的成本控制责任，从而形成整个项目的成本控制网络。另外，各部门、各单位、各班组在肩负成本控制责任的同时，还应享有成本控制的权力，即在规定的权力范围内可以决定某项费用能否开支、如何开支和开支多少，以行使对项目成本的实质性控制。最后，项目经理还要对各部门、各单位、各班组在成本控制中的业绩进行定期检查和考核，并与工资分配紧密挂钩，实行有奖有罚。实践证明，只有责、权、利相结合的成本控制，才能收到预期的效果，达到名副其实的成本控制。

13- 施工项目成本控制的基本方法

5.3.3 成本控制的基本方法

1. 施工图预算控制成本支出

在工程项目的成本控制中，可按施工图预算实行"以收定支"。具体的处理方法如下：

（1）人工费的控制。项目经理部与作业队签订劳务合同时，应该将人工费单价定低一些，其余部分可用于定额外人工费和关键工序的奖励费。这样，人工费就不会超支，而且还留有余地，以备关键工序之需。

（2）材料费的控制。在按"量价分离"方法计算工程造价的条件下，水泥、钢材、木材"三材"的价格随行就市，实行高进高出；由于材料市场价格变动频繁，往往会发生预算价格与市场价格严重背离而使采购成本失去控制的情况。因此，项目材料管理人员必须经常关注材料市场价格的变动，并积累系统、详实的市场信息。

（3）施工机械使用费的控制。施工图预算中的机械使用费等于工程量乘以定额台班单价。由于项目施工的特殊性，实际的机械利用率不可能达到预算定额的取定水平；再加上预算定额所设定的施工机械原值和折旧率又有较大的滞后性，因而使施工图预算的机械使用费往往小于实际发生的机械使用费，形成机械使用费超支。在这种情况下，就可以以施工图预算的机械使用费和增加的机械费补贴来控制机械费支出。

（4）周转设备使用费的控制。施工图预算中的周转设备使用费等于耗用数乘以市场价格，而实际发生的周转设备使用费等于使用数乘以企业内部的租赁单价或摊销率。由于两者的计量基础和计价方法各不相同，只能以周转设备预算收费的总量来控制实际发生的周转设备使用费的总量。

（5）构件加工费和分包工程费的控制。在市场经济体制下，钢门窗、木制成品、混凝土构件、金属构件和成型钢筋的加工，以及打桩、土方、吊装、安装、装饰和其他专项工程的分包，都要通过经济合同来明确双方的权利和义务。在签订这些经济合同时，要坚持"以施工图预算控制合同金额"的原则，绝不允许合同金额超过施工图预算。

2. 施工预算控制资源消耗

资源消耗数量的货币表现就是成本费用。因此，资源消耗的减少就等于成本费用的节约，控制了资源消耗也等于是控制了成本费用。施工预算控制资源消耗的实施步骤和方法是：

（1）项目开工前，编制整个工程项目的施工预算，作为指导和管理施工的依据。如果是边设计边施工的项目，则编制分阶段的施工预算。

（2）对生产班组的任务安排，必须签发施工任务单和限额领料单，并向生产班组进行技术交底。施工任务单和限额领料单的内容应与施工预算完全相符，不允许篡改施工预算，也不允许有定额不用而另行估工。

（3）在施工任务单和限额领料单的执行过程中，要求生产班组根据实际完成的工程量和实耗人工、实耗材料做好原始记录，作为施工任务单和限额领料单结算的依据。

（4）任务完成后，根据回收的施工任务单和限额领料单进行结算，并按照结算内容支付报酬（包括奖金）。

3. 成本与进度同步跟踪，控制分部分项工程成本

（1）横道图计划的进度与成本的同步控制

在横道图计划中，表示作业进度的横线有两条，一条为计划线，一条为实际线；计划线上的"C"表示与计划进度相对应的计划成本；实际线下的"C"表示与实际进度相对应的实际成本。由此得到以下信息：

1）每个分项工程的进度与成本的同步关系，即施工到什么阶段，就将发生多少成本。

2）每个分项工程的计划施工时间与实际施工时间（从开始到结束）之比（提前或拖期），以及对后道工序的影响。

3）每个分项工程的计划成本与实际成本之比（节约或超支），以及对完成某一时期责任成本的影响。

4）每个分项工程施工进度的提前或拖期对成本的影响程度。

5）整个施工阶段的进度和成本情况。

通过进度与成本同步跟踪的横道图，要求实现以计划进度控制实际进

度，以计划成本控制实际成本；随着每道工序进度的提前或拖期，对每个分项工程的成本实行动态控制，以保证项目成本目标的实现。

（2）网络图计划的进度与成本的同步控制

网络图计划的进度与成本的同步控制，与横道图计划基本相同。所不同的是，网络计划在施工进度的安排上更具逻辑性，而且可在破网后随时进行优化和调整，因而对每道工序的成本控制也更有效。

网络图的表示方法为：箭杆的上方用"C"后面的数字表示工作的计划成本，实际施工的时间和成本则在箭杆附近的方格中按实填写，这样就能从网络图中看到每项工作的计划进度与实际进度、计划成本与实际成本的对比情况，同时也可以清楚地看出今后控制进度、控制成本的方向。

4.建立月度财务收支计划，控制成本费用支出

（1）以月度施工作业计划为龙头，并以月度计划产值为当月财务收入计划，同时由项目各部门根据月度施工作业计划的具体内容编制本部门的用款计划。

（2）对各部门的月度用款计划进行汇总，并按照用途的轻重缓急平衡调度，同时提出具体的实施意见，经项目经理审批后执行。

（3）在月度财务收支计划的执行过程中，项目财务成本员应该根据各部门的实际情况做好记录，并于下月初反馈给相关部门，由各部门自行检查分析节超原因，吸取经验教训。对于节超幅度较大的部门，应以书面分析报告分送项目经理和财务部门，以便项目经理和财务部门采取有针对性的措施。

5.加强质量管理，控制质量成本

质量成本是指项目为保证和提高产品质量而支出的一切费用，以及为达到质量指标而发生的一切损失费用。质量成本包括控制成本和故障成本。控制成本包括预防成本和鉴定成本，属于质量成本保证费用，与质量水平成正比关系；故障成本包括内部故障成本和外部故障成本，属于损失性费用，与质量水平成反比关系。

（1）质量成本核算

将施工过程中发生的质量成本费用，按照预防成本、鉴定成本、内部故障成本和外部故障成本的明细科目归集，然后计算各个时期各项质量成本的发生情况。

质量成本的明细科目，可根据实际支付的具体内容来确定。

1）预防成本：质量管理工作费、质量培训费、质量情报费、质量技术宣传费、质量管理活动费等。

2）鉴定成本：材料检验试验费、工序监测和计量服务费、质量评审

活动费等。

3）内部故障成本：返工损失、停工损失、返修损失、质量过剩损失、技术超前支出和事故分析处理等。

4）外部故障成本：保修费、赔偿费、诉讼费和因违反环境保护法而发生的罚款等。

（2）质量成本分析

根据质量成本核算的资料进行归纳、比较和分析，共包括四个方面的分析内容：

1）质量成本各要素之间的比例关系分析。

2）质量成本总额的构成比例分析。

3）质量成本总额的构成内容分析。

4）质量成本占预算成本的比例分析。

6. 坚持现场管理标准化，减少浪费

施工现场临时设施费用是工程直接成本的一个组成部分。在项目管理中，降低施工成本有硬手段和软手段两个途径。所谓硬手段主要是指优化施工技术方案，应用价值工程方法，结合施工对设计提出改进意见，以及合理配置施工现场临时设施，控制施工规模，降低固定成本的开支；软手段主要是指通过加强管理、克服浪费、提高效率等来降低单位建筑产品物化劳动和活劳动的消耗。

7. 开展"三同步"检查，防止成本盈亏异常

项目经济核算的"三同步"是指统计核算、业务核算和会计核算的同步。统计核算即产值统计，业务核算即人力资源和物质资源的消耗统计，会计核算即成本会计核算。根据项目经济活动的规律，这三者之间有着必然的同步关系。这种规律性的同步关系具体表现为：完成多少产值，消耗多少资源，发生多少成本，三者应该同步。否则，项目成本就会出现盈亏异常情况。

5.3.4　成本控制的运行

施工项目成本控制宜采用目标管理的方法，发挥激励机制的作用，有效地进行全面控制。项目经理部应根据计划目标成本的控制要求，建立成本目标控制体系，健全责任制度，做好目标分解，做好成本计划的交底和贯彻落实。

施工生产要素的配置应根据计划的目标成本进行询价采购或劳务分包，实行量和价的预控，贯彻"先算后买"的原则。用工、材料、设备等必须优化配置、合理使用、动态管理，有效控制实际成本；应加强施工定

额管理和施工任务单管理，控制活劳动和物化劳动的消耗。

项目经理部要注意克服不合理的施工组织、计划和调度可能造成的窝工损失、机械利用率降低、物料积压等各种浪费和损失。

科学的计划管理和施工调度，应重点做到以下几点：

（1）合理配备主辅施工机械，明确划分使用范围和作业任务，提高其利用率和使用效率。

（2）合理确定劳动力和机械设备的进场和退场时间，减少盲目调集而造成的窝工损失。

（3）周密地进行施工部署，使各专业工种连续均衡施工。

（4）随时掌握施工作业进度变化及时差利用状况，健全施工例会，搞好施工协调。

项目经理部在抓好生产要素成本控制的同时，还必须做好施工现场管理费用的控制管理。现场施工管理费在项目成本中占有一定的比例，其控制和核算都较难把握，在使用和开支时弹性较大，主要采取以下控制措施：

（1）在项目经理的领导下，编制项目经理部施工管理费总额预算和各职能部门施工管理费预算，作为现场施工管理费控制的依据。

（2）根据现场施工管理费占施工项目计划总成本的比重，确定施工项目经理部管理费总额。

（3）制定施工项目管理开支标准和范围，落实岗位控制责任。

（4）制定并严格执行施工管理费使用的审批、报销程序。

在项目成本控制过程中，项目经理部应加强施工合同管理和施工索赔管理，及时按规定程序做好变更签证、施工索赔所引起的施工费用增减变化的调整处理，防止施工效益流失。

5.3.5 成本核算概述

1. 成本核算的对象

成本核算对象的确定是设立工程成本明细分类账户、归集和分配生产费用及正确计算工程成本的前提。成本核算对象是指在计算工程成本中确定归集和分配生产费用的具体对象，即生产费用承担的客体。一般来说，成本核算对象的划分有以下几种方法：

（1）一个单位工程由几个施工单位共同施工，各施工单位都应以同一单位工程为成本核算对象，各自核算自行完成的部分。

（2）规模大、工期长的单位工程可以划分为若干部位，以分部工程作为成本核算对象。

（3）同一建设项目、由同一施工单位施工、在同一施工地点、属同一结构类型、开竣工时间相近的若干单位工程可以合并作为一个成本核算对象。

（4）改建、扩建的零星工程可以将开竣工时间相接近、属于同一建设项目的各单位工程合并作为一个成本核算对象。

（5）土石方工程、打桩工程可以根据实际情况和管理需要，以一个单项工程为成本核算对象，或将同一施工地点的若干个工程量较少的单项工程合并作为一个成本核算对象。

2. 成本核算的任务

（1）成本核算的前提和首要任务：执行国家有关成本开支范围、费用开支标准、工程预算定额和企业施工预算、成本计划的有关规定；控制费用，促使项目合理、节约地使用人力、物力和财力。

（2）成本核算的主体和中心任务：正确及时地核算施工过程中发生的各项费用，计算施工项目的实际成本。

（3）成本核算的根本目的：反映和监督工程项目成本计划的完成情况，为项目成本预测、参与施工项目生产、进行技术和经营决策提供可靠的成本报告和有关资料，促使项目改善经营管理，降低成本，提高经济效益。

3. 成本核算的原则

为了发挥施工项目成本管理职能，提高施工项目管理水平，施工项目成本核算就必须讲求质量，这样才能提供对决策有用的成本信息。要提高成本核算质量，必须遵循成本核算原则。

（1）确认原则。其是指对各项经济业务中发生的成本，都必须按一定的标准和范围加以认定和记录。只要是为了经营目的所发生的或预期要发生的，并要求得以补偿的一切支出都应作为成本加以确认。

（2）相关性原则。施工项目成本核算要为项目成本管理目的服务，成本核算不只是简单的计算问题，要与管理融为一体，算为管用。

（3）连贯性原则。其是指项目成本核算所采用的方法应前后一致。《企业会计通则》指出："企业可以根据生产经营特点、生产经营组织类型和成本管理要求确定成本计算方法。但一经确定，不得随意变动。"只有这样才能使企业各时期成本核算资料的口径统一、前后连贯、相互可比。

（4）分期核算原则。施工生产是不间断进行的，项目为了取得一定时期的施工项目成本，就必须将施工生产活动划分为若干时期，并分期计算各期项目成本。《企业会计通则》指出："成本计算一般按月进行"，这就明确了成本核算的基本原则。

（5）及时性原则。其是指项目成本的核算、结转和成本信息的提供应当在要求的时间内完成。

（6）配比原则。其是指营业收入与结算的成本、费用应当配合。为取得本期收入而发生的成本和费用，应与本期的实际收入在同一时期内入账，不得脱节，也不得提前或拖后，以便正确计算和考核项目经营成果。

（7）实际成本核算原则。其是指施工中项目成本核算要采用实际成本计价。

（8）权责发生制原则。凡是在当期已经实现的收入和已经发生或应负担的费用，不论款项是否收付，都应作为当期的收入和费用；凡是不属于当期的收入和费用，即使款项已经当期收付，也不应作为当期的收入和费用。

4. 成本核算的要求

（1）每一个月为一个核算期，在月末进行。

（2）采取会计核算、统计核算、业务核算"三算结合"的方法。

（3）在核算中做好实际成本与责任目标成本的对比分析、实际成本与计划目标成本的对比分析。

（4）核算对象按单位工程划分，并与责任目标成本的界定范围相一致。

（5）坚持形象进度、施工产值统计、实际成本归集"三同步"。

（6）编制月度项目成本报告上报企业，以接受指导、检查和考核。

（7）每月末预测后期成本的变化趋势和状况，制定改善成本控制的措施。

（8）做好施工产值和实际成本的归集，包括月工程结算收入、人工成本、机械使用成本、其他直接费和现场管理费。

5.3.6 成本核算的基础工作

1. 健全企业和项目两个层次的核算组织体制

为了科学有序地开展施工项目成本核算，分清责任，合理考核，应做好以下工作：

（1）建立健全原始记录制度。

（2）建立健全各种财产物资的收发、领退、转移、保管、清查、盘点、索赔制度。

（3）制定先进合理的企业成本定额。

（4）建立企业内部结算体系。

（5）对成本核算人员进行培训。

2. 规范以项目核算为基点的企业成本会计账表

（1）工程施工账。核算项目进行建筑安装工程所发生的各项费用支出，总体反映本项目经理部的成本状况，对单位工程成本明细账起统驭和控制作用。

（2）施工间接费账表。核算项目经理部为组织和管理施工生产活动所发生的支出，以项目经理部为单位设账。

（3）其他直接费账表。有些其他直接费不能直接计入受益单位工程，可先归集入以项目为单位的"其他直接费"总账，按费用组成内容设专栏记载。月终，再分配计入单位工程成本。

（4）项目工程成本表。考虑与损益表衔接相符，成本表内应加上工程结算其他收入。按工程费用项目组成口径，包括计划利润、税金及附加等。

（5）在建工程成本明细表。要求分单位工程列示，账表相符。

（6）竣工工程成本明细表。要求分单位工程填列，竣工时应当调整与已结数之差，实际成本账表相符。

（7）施工间接费表。

3. 建立项目成本核算的辅助记录台账

项目应根据"必需、适用、简便"的原则，建立有关辅助记录台账。主要有以下几种：

（1）为项目成本核算积累资料的台账，如产值构成台账、预算成本构成台账、增减账台账等。

（2）对项目资源消耗进行控制的台账，如人工耗用台账、材料耗用台账、结构件耗用台账、周转材料耗用台账、机械使用台账、临时设施台账等。

（3）为项目成本分析积累资料的台账，如技术组织措施执行情况台账、质量成本台账等。

（4）为项目管理服务和"备忘"性质的台账，如甲方供应材料台账、分包合同台账及其他必须设立的台账等。

 知识链接

企业制订科学、先进的成本计划后，只有加强对成本的控制力度，才能保证成本目标的实现；否则，只有成本计划而在施工过程中控制不力，不能及时消除施工中的损失浪费，成本目标根本无法实现。所以说施工项目成本控制应贯穿于施工项目从投标阶段开始直到项目竣工验收交付使用及工程保修的全过程，它才是企业全面成本管理的核心功能，是实现成本计划的重要环节。

5.4　建筑装饰工程成本分析与考核

5.4.1　成本分析依据

施工项目成本分析就是根据会计核算、业务核算和统计核算提供的资料，对施工项目成本的形成过程、影响成本升降的因素进行分析，以寻求进一步降低成本的途径。另一方面，通过成本分析可从账簿、报表反映的成本现象看清成本的实质，从而增强项目成本的透明度和可控性，加强成本控制，为实现项目成本目标创造条件。项目经理部应将成本分析的结果形成文件，为成本偏差的纠正和预防、成本控制方法的改进、制定降低成本措施、改进成本控制体系等提供依据。

1. 会计核算

会计核算主要是价值核算。会计是对一定单位的经济业务进行计量、记录、分析和检查，做出预测、参与决策、实行监督，旨在实现最优经济效益的一种管理活动。它通过设置账户、复式记账、填制和审核凭证、登记账簿、成本计算、财产清查和编制会计报表等一系列有组织、有系统的方法，来记录企业的一切生产经营活动，然后据以提出一些用货币来反映的综合性的数据。资产、负债、所有者权益、营业收入、成本及利润会计六要素指标，是施工成本分析的重要依据。

2. 业务核算

业务核算是各业务部门根据业务工作的需要而建立的核算制度，它包括原始记录和计算登记表，如单位工程及分部分项工程进度登记、质量登记、工效定额计算登记、物资消耗定额记录、测试记录等。业务核算的范围比会计、统计核算广，会计和统计核算一般是对已经发生的经济活动进行核算，而业务核算不但可以对已经发生的，而且还可以对尚未发生的或正在发生的经济活动进行核算。它的特点是可以对个别经济业务进行单项核算。例如各种技术措施、新工艺等项目，可以核算已经完成的项目是否达到原定的目标、取得预期的效果，也可以对准备采取措施的项目进行核算和审查，看是否有效果，值不值得采纳。业务核算的目的在于迅速取得资料，在经济活动中及时采取措施进行调整。

3. 统计核算

统计核算是利用会计核算资料和业务核算资料，把企业生产经营活动客观的大量数据按统计方法加以系统整理，表明其规律性。它的计量尺度比会计统计宽，可以用货币计算，也可以用实物或劳动量计算。它通过全面调查和抽样调查等特有的方法，不仅能提供绝对数指标，还能提供相对数和平均数指标，据此可以计算当前的实际水平，确定变动速度，预测发展趋势。

5.4.2 成本分析方法

由于施工项目成本涉及的范围很广，需要分析的内容也很多，应该在不同的情况下采取不同的分析方法。这里我们按成本分析的基本方法、综合成本的分析方法和成本项目的分析方法分述。

1. 成本分析的基本方法

（1）对比分析法

该方法贯彻量价分离原则，分析影响成本节超的主要因素。具体包括：实际成本与两种目标成本对比分析、实施工程量与工程量清单对比分析、实际消耗量与计划消耗量对比分析、实际采用价格与计划价格对比分析以及各种费用实际发生额与计划支出额对比分析。

对比分析法通常有下列形式：

1）本期实际指标和上期实际指标相比。通过这种对比，可以看出各项技术经济指标的变动情况，反映施工管理水平的提高程度。

2）将实际指标与目标指标对比。以此检查目标完成情况，分析影响目标完成的积极因素和消极因素，以便及时采取措施，保证成本目标的实现。在进行实际指标与目标指标对比时，还应注意目标本身有无问题，如果目标本身出现问题，则应调整目标，重新正确评价实际工作的成绩。

3）与本行业平均水平、先进水平对比。通过这种对比，可以反映本项目的技术管理和经济管理与行业平均水平和先进水平的差距，进而采取措施赶超先进水平。

（2）因素分析法

因素分析法又称连环替代法。该法可以对影响成本节超的各种因素的影响程度进行数量分析。例如，影响人工成本的因素是工程量、人工量（工日）和日工资单价。如果实际人工成本与计划人工成本发生差异，则可用此法分析三个因素各有多少影响。计算时先列式计算计划数，再用实际的工程量代替计划工程量计算，得数与前者相减，即得出工程量对人工成本偏差的影响。然后依次替代人工数、单价数进行计算，并各与前者相减，得出人工的影响数和单价的影响数。利用此法的关键是要排好替代的顺序，规则是：先替代绝对数，后替代相对数；先替代物理量，后替代价值量。连环替代法的计算步骤如下：

1）确定分析对象，并计算出实际数与目标数的差异。

2）确定该指标是由哪几个因素组成的，并按其相互关系进行排序。

3）以目标数为基础，将各因素的目标数相乘，作为分析替代的基数。

4）将各个因素的实际数按照上面的排列顺序进行替换计算，并将替换后的实际数保留下来。

5）将每次替换计算所得的结果与前一次的计算结果相比较，两者的差异即为该因素对成本的影响程度。

6）各个因素的影响程度之和应与分析对象的总差异相等。

（3）差额计算法

此法与连环替代法本质相同，也可以说是连环替代法的简化计算法，是直接用因素的实际数与计划数相减的差额计算对成本的影响量分析的方法。

（4）挣值法

此法又称费用偏差分析法或盈利值法，可用来分析项目在成本支出和时间方面是否符合原计划要求。它要求计算 3 个关键数值，即计划工作成本（BCWS）、已完工作实际成本（ACWP）和已完工作计划成本（BCWP）（即"挣值"），然后用这 3 个数进行以下计算：

$$成本偏差\ CV = BCWP\text{-}ACWP\ （CV > 0\ 表示项目未超支） \tag{5-1}$$
$$进度偏差\ SV = BCWP\text{-}BCWS\ （SV > 0\ 表示项目进度提前） \tag{5-2}$$
$$成本实施指数\ CPI = BCWP\ /\ ACWP\ （CPI > 1\ 表示项目成本未超支） \tag{5-3}$$
$$进度实施指数\ SPI = BCWP\ /\ BCWS\ （SPI > 1\ 表示项目进度正常） \tag{5-4}$$

2. 综合成本的分析方法

所谓综合成本，是指涉及多种生产要素，并受多种因素影响的成本费用，如分部分项工程成本、月（季）度成本、年度成本等。由于这些成本都是随着项目施工的进展而逐步形成的，与生产经营有着密切的关系。因此，做好上述成本的分析工作，无疑将促进项目的生产经营管理，提高项目的经济效益。

（1）分部分项工程成本分析

分部分项工程成本分析是施工项目成本分析的基础。分部分项工程成本分析的对象为已完成分部分项工程。分析的方法是：进行预算成本、目标成本和实际成本的"三算"对比，分别计算实际偏差；分析偏差产生的原因，为今后的分部分项工程成本寻求节约途径。

分部分项工程成本分析的资料来源是：预算成本来自投标报价成本；目标成本来自施工预算；实际成本来自施工任务单的实际工程量、实耗人工和限额领料单的实耗材料。

由于施工项目包括很多分部分项工程，不可能也没有必要对每一个分部分项工程都进行成本分析，特别是一些工程量小、成本费用微不足道的零星工程。但是，对于那些主要分部分项工程则必须进行成本分析，而且要做到从开工到竣工都要进行系统的成本分析，这是一项很有意义的工作。因为，通过主要分部分项工程成本的系统分析可以基本上了解项目成本形成的全过程，为竣工成本分析和今后的项目成本管理提供一份宝贵的参考资料。

（2）月（季）度成本分析

月（季）度成本分析是施工项目定期的、经常性的中间成本分析。对于具有一次性特点的施工项目来说，有特别重要的意义。因为，通过月（季）度成本分析可以及时发现问题，以便按照成本目标指定的方向进行监督和控制，保证项目成本目标的实现。月（季）度成本分析的依据是当月（季）的成本报表。通常从以下几个方面进行分析：

1）通过实际成本与预算成本的对比，分析当月（季）的成本降低水平；通过累计实际成本与累计预算成本的对比，分析累计的成本降低水平，预测实际项目成本目标的前景。

2）通过实际成本与目标成本的对比，分析目标成本的落实情况，以及目标管理中的问题和不足，进而采取措施，加强成本管理，保证成本目标的落实。

3）通过对各成本项目的成本分析，可以了解成本总量的构成比例和成本管理的薄弱环节。例如，在成本分析中，若发现人工费、机械费和间接费等项目大幅度超支，就应该对这些项目费用的收支关系进行认真研究，并采取对应的增减收支措施，防止今后再超支。如果属于规定的"政策性"亏损，则应从控制支出着手，把超支额压缩到最低限度。

4）通过主要技术经济指标实际与目标的对比，分析产量、工期、质量、"三材"（水泥、钢材、木材）节约率、机械利用率等对成本的影响。

5）通过对技术组织措施执行效果的分析，寻求更加有效的节约途径。

6）分析其他有利条件和不利条件对成本的影响。

（3）年度成本分析

企业成本要求一年结算一次，不得将本年成本转入下一年度。而项目成本则以项目的寿命周期为结算期，要求从开工到竣工到保修结束连续计算，最后结算出成本总量及其盈亏。由于项目的施工周期一般较长，除进行月（季）度成本核算和分析外，还要进行年度成本的核算和分析。这不仅是为了满足企业汇编年度成本报表的需要，同时更是项目成本管理的需要。因为通过年度成本的综合分析，可以总结一年来成本管理的成绩和不足，为今后的成本管理提供经验和教训，从而可对项目成本进行更有效的管理。

年度成本分析的依据是年度成本报表。年度成本分析的内容除了月（季）度成本分析的六个方面以外，重点应针对下一年度的施工进展情况制定切实可行的成本管理措施，以保证施工项目成本目标的实现。

（4）竣工成本的综合分析

凡是有几个单位工程而且是单独进行成本核算（即成本核算对象）的

施工项目，其竣工成本分析应以各单位工程竣工成本分析资料为基础，再加上项目经理部的经营效益（如资金调度、对外分包等所产生的效益）进行综合分析。如果施工项目只有一个成本核算对象（单位工程），就以该成本核算对象的竣工成本资料作为成本分析的依据。

单位工程竣工成本分析应包括以下三方面内容：

1）竣工成本分析。

2）主要资源节超对比分析。

3）主要技术节约措施及经济效果分析。

3. 成本项目的分析方法

（1）人工费分析

在实行管理层和作业层分离的情况下，项目施工所需要的人工和人工费，由项目经理部与劳务分包企业签订劳务承包合同，明确承包范围、承包金额和双方的权利、义务。对项目经理部来说，除了按合同规定支付劳务费以外，还可能发生一些其他人工费支出，如因工程量增减而调整的人工和人工费、定额以外的估点工工资、对班组或个人的奖励费用等。项目经理部应根据具体情况，结合劳务合同的管理进行分析。

（2）材料费分析

材料费分析包括主要材料、周转材料使用费的分析以及材料储备的分析。

1）主要材料费用的高低主要受价格和消耗数量的影响，而材料价格的变动又要受采购价格、运输费用、路途损耗等因素的影响，材料消耗数量的变动也要受操作损耗、管理损耗和返工损失等因素的影响，可在价格变动较大和数量超用异常时再作深入分析。为了分析材料价格和消耗数量的变化对材料费用的影响程度，可按下列公式计算：

$$因材料价格变动对材料费的影响 =$$
$$（预算单价 - 实际单价）\times 消耗数量 \tag{5-5}$$
$$因消耗数量变动对材料费的影响 =$$
$$（预算用量 - 实际用量）\times 预算价格 \tag{5-6}$$

2）对于周转材料使用费主要是分析其利用率和损耗率。实际计算中可采用差额分析法来计算周转率对周转材料使用费的影响程度。

3）材料储备分析主要是对采保费和材料储备资金占用的分析。具体可用因素分析法来进行。

（3）机械使用费分析

影响机械使用费的因素主要是机械利用率。造成机械利用率不高的因素是机械调度不当和机械完好率不高。因此在机械设备使用中，必须充分发挥机械的效用，加强机械设备的平衡调度，做好机械设备平时的维修保养工作，提高机械的完好率，保证机械的正常运转。

（4）施工间接费分析

施工间接费就是施工项目经理部为管理施工而发生的现场经费。因此，进行施工间接费分析，需要运用计划与实际对比的方法。施工间接费实际发生数的资料来源为工程项目的施工间接费明细账。通过以上分析，可以全面了解单位工程的成本构成和降低成本的来源，对今后同类工程的成本管理具有参考价值。

🔑 **特别提示**

明确施工项目成本管理分析的依据、达成施工项目成本考核的目的。

5.4.3　成本考核

1. 成本考核的目的、内容及要求

施工项目成本考核是贯彻项目成本责任制的重要手段，也是项目管理激励机制的体现。施工项目成本考核的目的是通过衡量项目成本降低的实际成果，对成本指标完成情况进行总结和评价。

项目成本考核的内容应包括责任成本完成情况考核和成本管理工作业绩考核。

施工项目成本考核是分层进行的，企业对项目经理部进行成本管理考核，项目经理部对项目内部各岗位及各作业队进行成本管理考核。因此，企业和项目经理部都应建立健全项目成本考核的组织，公正、公平、真实、准确地评价项目经理部及管理人员的工作业绩和问题。

项目成本考核应按照下列要求进行：

（1）企业对施工项目经理部进行考核时，应以确定的责任目标成本为依据。

（2）项目经理部应以控制过程的考核为重点，控制过程的考核应与竣工考核相结合。

（3）各级成本考核应与进度、质量、安全等指标完成情况相联系。

（4）项目成本考核的结果应形成文件，为奖惩责任人提供依据。

2. 成本考核的实施

（1）施工项目成本考核采取评分制

具体方法为：先按考核内容评分，然后按一定的比例（假设为 7∶3）加权平均。即责任成本完成情况的评分占 70%，成本管理工作业绩占 30%。

（2）施工项目成本考核要与相关指标的完成情况相结合

成本考核的评分是奖罚的依据，相关指标的完成情况为奖罚的条件。与成本考核相关的指标一般有进度、质量、安全和现场管理等。

（3）强调项目成本的中间考核

施工项目成本的中间考核分为月度成本考核和阶段成本考核。在月度成本考核时，不能单凭报表数据，要结合成本分析资料和施工生产、成本管理的实际情况，然后做出正确评价，带动今后的成本管理工作，保证项目成本目标的实现。

施工项目一般分为基础、结构主体、装饰装修、总体四个阶段，高层结构可对结构主体分层进行成本考核。

在施工告一段落后的成本考核，可与施工阶段其他指标的考核结合得更好，也更能反映施工项目的管理水平。

（4）正确考核施工项目的竣工成本

施工项目的竣工成本是在工程竣工和工程款结算的基础上编制的，它是竣工成本考核的依据。

施工项目的竣工成本是项目经济效益的最终反映。它既是上缴利税的依据，又是进行职工分配的依据。由于施工项目竣工成本关系到企业和职工的利益，必须做到核算清楚、考核正确。

（5）施工项目成本的奖罚

对施工项目成本考核的结果必须要有一定的经济奖罚措施，这样才能调动职工的积极性，才能发挥全员成本管理的作用。

施工项目成本奖罚的标准，应通过经济合同的形式明确规定。一方面，经济合同规定的奖罚标准具有法律效力，任何人无权中途变更，或者拒不执行；另一方面，通过经济合同明确奖罚标准以后，职工就有了争取的目标，能在实现项目成本目标中发挥更积极的作用。

在确定施工项目成本奖罚标准时，必须从本项目的实际情况出发，既要考虑职工的利益，又要考虑项目成本的承受能力。

此外，企业领导和项目经理还可以对完成项目成本目标有突出贡献的部门、班组和个人进行随机奖励。这是项目成本奖励的另一种形式，这种形式往往更能起到立竿见影的效果。

综合应用案例

某钢筋混凝土框架剪力墙结构工程施工，采用 C40 的商品混凝土，其中标准层一层的目标成本为 166860 元，而实际成本为 176715 元，比目标成本增加了 9855 元，其他有关资料见表 5-1。试用因素分析法分析成本增加的原因。

目标成本与实际成本对比表　　　　　　　　　　表 5-1

项目	单位	计划	实际	偏差
产量	m³	600	630	+30
单价	元 /m³	270	275	+5
损耗率	%	3	2	−1
成本	元	166860	176715	9855

【解析】

（1）分析对象是一层结构商品混凝土的成本，实际成本与目标成本的差额为 9855 元。

（2）该指标是由产量、单价、损耗率三个因素组成的，其排序情况见表 5-1。

（3）目标数 166860（$600 \times 270 \times 1.03$）为分析替代的基础。

（4）第一次替换：产量因素，以 630 替代 600，得 $630 \times 270 \times 1.03 = 175203$ 元。

第二次替换：单价因素，以 275 替代 270，并保留上次替换后的值，得 $630 \times 275 \times 1.03 = 178447.5$ 元。

第三次替换：损耗率因素，以 1.02 替代 1.03，并保留上两次替换后的值，得 $630 \times 275 \times 1.02 = 176715$ 元。

（5）计算差额：第一次替换与目标数的差额 $= 175203 - 166860 = 8343$ 元。

第二次替换与第一次替换的差额 $= 178447.5 - 175203 = 3244.5$ 元。

第三次替换与第二次替换的差额 $= 176715 - 178447.5 = -1732.5$ 元。

产量增加使成本增加了 8343 元，单价提高使成本增加了 3244.5 元，损耗率下降使成本减少了 1732.5 元。

（6）各因素和影响程度之和 $= 8343 + 3244.5 - 1732.5 = 9855$ 元，与实际成本和目标成本的总差额相等。

本章小结

本章详细介绍了建筑装饰工程施工项目成本管理的相关概念、施工项目成本预测与计划的作用、过程和方法，并就施工项目成本控制与核算的原则及其运行机制进行了详细讲述，最后对施工项目成本管理分析的依据、考核的目的进行了总结。

 推荐阅读资料

1. 田振郁 . 工程项目管理实用手册 [M]. 北京：中国建筑工业出版社，2010.

2. 丛培经 . 实用工程项目管理手册 [M]. 北京：中国建筑工业出版社，1999.

3. 住房和城乡建设部 . 建设工程项目管理规范：GB/T 50326—2017[S]. 北京：中国建筑工业出版社，2017.

4. 蒲建明 . 建筑工程施工项目管理总论 [M]. 北京：机械工业出版社，2013.

5. 项建国 . 建筑工程施工项目管理 [M]. 北京：中国建筑工业出版社，2015.

6. 缪长江 . 建设工程项目管理 [M]. 北京：中国建筑工业出版社，2017.

最新标准

《建设工程项目管理规范》GB/T 50326—2017

习 题

1. 简答题

（1）何谓施工项目成本，由哪些构成？

（2）施工项目成本管理的任务是什么？

（3）施工项目成本预测分为哪些过程？

（4）简述施工项目成本控制的原则。

（5）施工项目成本控制有哪些具体措施？

（6）如何进行施工项目成本核算？

（7）简述施工项目成本管理分析的方法。

（8）简述施工项目成本考核的内容。

2. 案例题

某工程项目部 4 月份的实际成本降低额比目标值提高了 4.4 万元，其他有关资料见表 5-2。试用差额计算法分析预算成本、成本降低率对成本降低额的影响程度。

14- 习题参考答案

降低成本计划与实际对比表　　　表 5-2

项目	单位	计划	实际	差异
预算成本	万元	240	280	+40
成本降低率	％	4	5	+1
成本降低额	万元	9.6	14	+4.4

综合实训

1. 根据施工工程的实际情况对某个分部分项工程进行成本分析。

2. 某工程单位建筑面积材料费见表 5-3。

建筑面积材料费　　　表 5-3

材料名称	每平方米建筑面积材料的用量		材料单价	
	计划	实际	计划	实际
A	0.60m³	0.55m³	410 元 /m³	400 元 /m³
B	0.40m³	0.45m³	200 元 /m³	210 元 /m³
C	3.50kg	3.20kg	15 元 /kg	16 元 /kg

问题：试对材料费项目进行成本分析。

第 6 章

建筑装饰工程采购与合同管理

要求学生了解工程项目采购应遵循的原则、合同类型和组成内容、合同的跟踪与控制方法、合同索赔的原因和分类；掌握采购计划的编制流程、合同的订立原则和方法、合同的变更原因和程序、索赔的依据和证据、索赔的程序。

教学要求

能力目标	知识要点	权重	自测分数
能够依据采购的原则进行采购计划的编制	了解工程项目采购应遵循的原则；了解采购的分类及方式；掌握采购计划的编制流程	15%	
能够进行建设工程项目施工合同的编制	了解合同类型和组成内容；掌握合同的订立原则和方法	30%	
能够对工程合同的履约进行管理	了解合同的跟踪与控制方法；掌握合同的变更原因和程序	20%	
能够对工程合同进行索赔管理	了解合同索赔的原因和分类；掌握索赔的依据和证据；掌握索赔的程序	20%	
能够对货物采购合同进行管理	了解材料、设备采购合同的主要内容；掌握材料设备采购合同的履行管理	15%	

6.1 建筑装饰工程采购管理

6.1.1 采购管理概述

1. 工程项目采购准备阶段

在工程项目招标采购的准备阶段应做好以下工作。

（1）工程项目采购应遵循的原则

在工程项目采购过程中应该遵循公开透明、平等竞争、诚实守信、清正廉洁和讲究效率的基本原则。这些基本原则是工程项目采购工作应该遵循的准则，还应将其转化为一定的具体措施，以便在实际工作中加以运用，并在此基础上建立起相应的激励与约束机制，来加强公共工程项目的管理。

（2）工程项目采购管理的工作流程

工程项目的采购管理都具有一定的共性，并包含以下工作流程：

1）工程项目采购计划的编制：决定何时采购何物，形成工程产品需求文书，并列举可能的承包或供应方。

2）工程项目采购询价方案：针对承包或供应方可能提出的报价单、投标、出价以及建议书，提出应对措施。

3）工程项目采购承包或供应方的选择：通过在公开媒体发布采购招标信息，从其响应中进行筛选。

4）工程项目采购合同管理：通过招标投标和谈判，与中标者签订书面合同并监督履行。

5）工程项目采购合同实施：根据合同条款共同组织实施，对于合同实施阶段出现的问题及时解决。

以上工程项目采购管理的工作流程既是相互独立的，又是相互统一的，它们之间是相互影响和制约的。所以站在公共工程项目采购买方（建设管理方或业主）的立场上来看，它们都是非常重要的，必须加以重视和层层落实。

（3）工程项目采购模式与合同管理

由于工程项目涉及的参与单位或利益主体众多，各参与方之间会形成一定的利益关系和权利与义务链条，所以对于工程项目采购管理方或建设单位而言，必须根据不同的采购模式和形成的合同关系加强管理。一般对于工程项目采购管理方或建设单位而言，工程项目采购的模式主要有三种，即工程发包、咨询服务采购和设备材料采购，从而形成相应的工程项目合同关系，如图 6-1 所示。图中所指的工程发包属于工程施工任务的委托代理模式，委托方式包括平行承发包、施工总承包、施工总承包管理、项目总承包、CM 模式等，并产生相应的项目合同；咨询服务采购模式其实也是一种委托代理关系，包括设计委托、项目管理委托、监理委托、招标代理委托、造价审计委托等，并产生相应的项目合同；设备材料采购模式是一种纯粹的买卖关系，它既可以由建设单位采购，也可以由施工单位采购，包括购买大理石、商品混凝土、玻璃幕墙、电梯、智能控制系统等，并产生相应的项目合同。工程项目采购模式与合同管理以工程发包模式及项目合同管理为主体，咨询服务采购和设备材料采购及其合同管理属于工程项目采购及合同管理的配套和重要组成部分。

2. 工程项目采购招标必备条件

目前，工程项目采购一般都需要采用招标投标的方式，而实施公开招标投标采购之前必须具备以下基本条件。

（1）工程建设项目已获批准

我国任何工程建设项目在实施采购或施工之前都必须获得相关主管部门的批准，或者说已经进行了备案才能进入招标采购阶段，这是必需的环

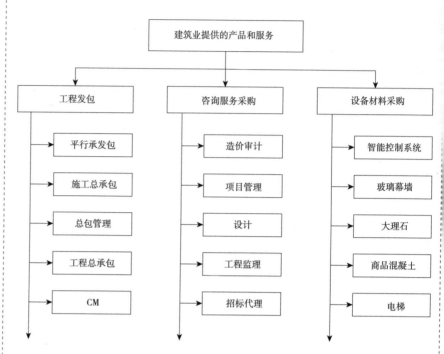

图 6-1 **工程项目采购模式及其合同关系示意图**

节或基本条件。我国虽然已经由计划经济过渡到市场经济，但主要基本建设项目仍然要列入国家或地区的基建规划计划，以便国家（地区）做好城市和产业规划，以及优化配置重要的经济资源。

（2）工程项目设计文件已获批准

在工程建设项目获得批准后，按照工程建设程序，许多工程项目设计文件还需要获得相关主管部门的批准后才能进行招标投标采购，这也是必备的条件之一。

（3）工程项目建设资金已经落实

虽然一个工程项目已经立项获批，但如果基建预算没有批准或资金还没有到位，也不能进行招标或进行资格预审，这同样也是必备条件之一。其主要目的是预防工程建设项目出现合同纠纷和其他投资风险。

（4）工程项目招标文件编写完成

在其他条件已经具备的基础上，工程建设单位应开始着手编写工程项目采购招标文件，这是实施公开招标投标采购的基础性工作，也是招标前的必备条件。招标文件的编写应根据工程建设项目的具体情况和采购模式，参照权威部门提供的招标文件范本结合实际进行，完成后有的还需要经过主管部门的审查或批准。

（5）工程项目施工准备已经就绪

一般工程项目在招标采购前还有许多准备工作要做，比如征地拆迁、移民安置、环保措施、施工场地的三通（通路、通电、通水）和施工许可证的办理等。在这些施工准备工作都已经就绪后，就可以开始招标投标、选择承包人或施工方以及签订工程项目合同等工作。

3. 工程项目采购决标成交阶段

任何一个工程建设招标采购项目都需要经历招标、投标和决标成交三个阶段，决标成交就意味着该工程项目正式进入签约与合同管理阶段。在此阶段，我们主要应做好以下几方面工作。

（1）组织开标

由工程项目建设方招标人或招标代理人主持，邀请所有投标人参加，评标委员会专家和其他有关单位受委托代表也应出席开标现场。开标时，由投标人或代表检查投标文件的密封情况，也可由招标人委托公证机构进行检查并公证。经确认无误后，由有关工作人员当众拆封，宣读各投标人名称、投标价格和其他主要内容，并由现场工作人员逐个登记造册，在投影屏幕上显示出来。经各方当事人认可后，开标行为即告结束。

（2）专家评标

工程项目投标文件开标后，由工程建设项目主管部门或招标方在规定的专家库中现场随机抽取若干专家组成评标委员会，并由这些专家进行客观公正的评议。评标专家可以要求投标人对投标文件中含意不明确或需要进一步说明的问题进行澄清或者说明，但这些澄清或说明不应改变投标文件的实质内容。评标委员会应该遵照相关法律法则和评标步骤与方法，对每份投标文件进行认真细致的审查、评审和比较，并得出独立的评审意见。

（3）决标谈判

为了提高工程建设项目合同管理的效率，以及确保合同得以顺利履行，在专家评标初步结论出来后，便于最终确定中标人或者是一些资金较小的工程设备材料和服务采购项目，在决标前可以分别与评标委员会推荐的中标候选人就投标书中涉及但又不够明确的某些内容进行商谈，以便定标。决标谈判应当采取自愿互利的原则，既不能损害招标人的利益，也不能将评标专家的意见强加给投标人，或硬性要求投标人接受其不愿意接受的条件。

（4）中标签约

工程建设项目经过开标、评标与决标谈判，最终确定合同中标人后，以下就进入合同的正式签订阶段。中标人接到中标通知书后，应当在30天内与建设单位或业主方签订工程项目采购或施工合同，并履行当事人代表的审批手续。如果中标人拒绝签约，招标方有权没收其投标保证金，并与其他投标人签订项目合同。

6.1.2 采购计划

采购计划是指企业管理人员在了解市场供求情况和掌握物料消耗规律的基础上，在企业生产经营活动过程中对计划期内的物料采购管理活动所作的预见性的安排和部署。采购计划是根据生产部门或其他使用部门的计划制定的包括采购物料、采购数量、需求日期等内容的计划表格。

1. 采购分类

（1）按计划期的长短分，可以把采购计划分为年度物料采购计划、季度物料采购计划、月度物料采购计划等。

（2）按物料的使用方向分，可以把采购计划分为生产产品用物料采购计划、维修用物料采购计划、基本建设用物料采购计划、技术改造措施用物料采购计划、科研用物料采购计划、企业管理用物料采购计划等。

（3）按自然属性分类，可以把采购计划分为金属物料采购计划、机电产品物料采购计划、非金属物料采购计划等。

2. 采购作用

（1）可以有效地规避风险，减少损失。

（2）为企业组织采购提供了依据。

（3）有利于资源的合理配置，以取得最佳的经济效益。

3. 采购目的

企业经营是指自购入商品/物料后，经加工制成或经组合配制成为主推商品，再通过销售获取利润。其中如何获取足够数量的物料，即是采购计划的重点所在。因此，采购计划是为维持正常的产销活动，在某一特定期间内，应在何时购入何种物料以及订购的数量是多少的估计作业。采购计划目的如下：

（1）预估商品/物料采购需用的数量及时间，防止供应中断，影响产销活动。

（2）避免采购商品/物料储存过多，积压资金，占用堆积的空间。

（3）配合公司的生产/采购计划与资金用量。

（4）让采购部门事先准备，选择有利时机购入商品和物料。

（5）确立商品及物料合理耗用标准，以便控制采购商品和物料的成本。

4. 采购计划编制流程

采购计划（预算）属于生产/销售计划中的一部分，也是公司年度计划与目标的一部分。通常销售部门的计划（即销售收入预算）是公司年度营业计划的起点，然后生产/销售计划才随之确定。生产/销售计划包括采购预算（直接原料/商品采购成本）、直接人工预算及制造/销售费用预算。由此可见，采购预算是采购部门为配合年度销售预测或采购数量，对所需要的原料、物料、零件等的数量及成本作出的详细计划，以便整个企业目标的达成。采购预算是采购计划以金额来表达的形式，它的编制必须以整个企业的预算制度为基础，并且遵循一定的流程。

（1）拟订采购计划

由销售预测加上人为判断，即可拟订销售计划或目标。销售计划是各种产品在不同时间的预期销售数量，而生产计划即是依据销售数量加上预期的期末存货减去期初存货来拟订的。

（2）列出采购商品／物料清单

采购计划只列示产品的数量，并无法直接知道某一产品需用哪些物料以及数量多少，因此必须借助采购商品和物料清单。清单是由公司市场部配合采购部门所拟订的，内容列示各种产品由哪些基本的商品所制造或组合而成。根据清单可以精确计算某种商品及组合库存的安全数量。清单所列的基本安全量，即通称的标准用量（以 15 日或 30 日为一个周期），与实际用量相互比较，作为成本控制的依据。

（3）制定存量管制卡

若商品有存货，则采购数量不一定要等于销售数量。所以商品的采购数量也不一定要等于根据清单所计算的基本商品需用量。采购员应依据实际和计划商品需求数量，并考虑采购的安全在途时间和安全存量水准，算出正确的采购数量，然后开具请购单进行采购活动。

5. 采购注意问题

（1）在制订采购计划时，要把货物、工程和咨询服务分开。编制采购计划应注意的问题有：采购设备、工程或服务的规模和数量，以及具体的技术规范与规格、使用性能要求；采购时分几个阶段或步骤，哪些安排在前面，哪些安排在后面，要有先后顺序，且要对每批货物或工程从准备到交货或竣工需要多长时间作出安排；一般应以重要的控制日期做横条图或类似图表，如开标日、签约日、开工日、交货日、竣工日等，并应定期予以修订；货物和工程采购中的衔接；如何进行分包分段，分几个包／合同段，每个合同段中包含哪些具体工程或货物品目。

（2）实际工作中应该注意的有关事项：为了更好地组织好采购工作，要建立强有力的管理机构，并保持领导班子的稳定性和连续性；切实加强领导，保证项目采购工作的顺利进行；要根据市场结构、供货能力或施工力量，以及潜在的竞争性来确定采购批量安排、打捆分包及合同段划分；土建合同采用 ICB 方式招标时，规模过小则不利于吸引国际上实力雄厚的承包人和供货人投标，合同太多、太小也不便于施工监理和合同管理；在确定采购时间表时，要根据项目实施安排权衡贷款成本，采购过早、提前用款要支付利息，过迟会影响项目执行。因此，项目采购部门及采购人员要权衡利弊，作出统筹安排。

（3）及早做好采购准备工作。根据采购周期以及项目周期和招标采购安排的要求，一般来说，在采购计划制订完毕之后，下一步要做的工作就是编制招标文件（包括在此之前的资格预审文件），进入正式采购阶段。通常最理想的安排是，在项目准备和评估阶段就要开始准备招标文件，同时进行资格预审，到贷款协议生效之前就完成开标、评标工作，待协议一生效就可以正式签订合同。这样做可以避免因采购前期准备工作不充分而影响采购工作如期进行。

（4）选择合适的采购代理机构。采购代理机构的选择要根据项目采购的内容、采购方式以及国家的有关规定来确定。通常属于国际竞争性招标的，要选择国家批准的有国际招标资格的公司承担。对属于询价采购、国内竞争性招标、直接采购的，要视情况而定，可以选择国际招标公司，也可以选择外贸公司作为代理，还可以由项目单位自行组织采购。

6.1.3　采购方式

采购方式是各类主体（包括政府、企业、事业单位、个人、组织、团体等）在采购中运用的方法和形式的总称。

1.按招标范围分类

根据招标范围可将采购方式分为公开招标采购、选择性招标采购和限制性招标采购。世界贸易组织的政府采购协议就是按这种方法对政府采购方式进行分类的。

2.按是否具备招标性质分类

按是否具备招标性质可将采购方式分为招标性采购和非招标性采购两大类。采购金额是确定招标性采购与非招标性采购的重要标准之一。

（1）招标性采购

一般来说，达到一定金额以上的采购项目应采用招标性采购方式。

（2）非招标性采购

不足一定金额的采购项目应采用非招标性采购方式。如需要紧急采购或者采购来源单一等，招标方式并不是最经济的，需要采用招标方式以外的采购方法，即非招标性采购方式。另外，在招标限额以下的大量采购活动也需要明确采购方法。非招标性采购方法很多，通常使用的主要有国内或国外询价采购、单一来源采购、竞争性谈判采购、自营工程等。

1）询价采购是指采购人向有关供应商发出询价单让其报价，在报价基础上进行比较并确定最优供应商的一种采购方式。采购的货物规格、标准统一、现货货源充足且价格变化幅度小的政府采购项目可以采用询价方式采购。

2）单一来源采购即没有竞争的采购，它是指达到了竞争性招标采购的金额标准，但所购商品的来源渠道单一，或属专利、首次制造、合同追加、原有项目的后续扩充等特殊情况。在此情况下，只能由一家供应商供货。

3）竞争性谈判采购是指采购实体通过与多家供应商进行谈判，最后从中确定中标供应商的一种采购方式。这种方法适用于紧急情况下的采购或涉及高科技应用产品和服务的采购。

4）自营工程是在土建项目中采用的一种采购方式，它是指采购实体或当地政府不通过招标或其他采购方式而直接使用当地的施工队伍来承建的土建工程。采取自营工程方式有其严格的前提条件：一是事先无法确定工程量有多大；二是工程小而分散或工程地点较远，使承包人要承担过高的动员费用；三是必须在不干扰正在进行的作业的情况下完成的工程；四是没有一个承包人感兴趣的工程；五是如果工程不可避免地要出现中断，在此情况下，其风险由采购实体承担比承包人承担更为妥当。对自营工程必须严格控制，否则会出现地区保护的问题。

3. 按采购规模分类

按采购规模分类可将采购方式分为小额采购方式、批量采购方式和大额采购方式。

（1）小额采购是指对单价不高、数量不大的零散物品的采购。具体采购方式可以是询价采购，也可以直接到商店或工厂采购。

（2）批量采购即小额物品的集中采购，其适用条件是：在招标限额以下的单一物品由个别单位购买，而且数量不大，但本级政府各单位经常需要；单一物品价格不高但数量较大。其具体采购方式可以是询价采购、招标采购或谈判采购等。

（3）大额采购是指单项采购金额达到招标采购标准的采购。适用的具体采购方式有招标采购、谈判采购等。

4. 按采购手段分类

按运用的采购手段可将采购方式分为传统采购方式和现代化采购方式。

（1）传统采购方式是指依靠人力来完成整个采购过程的一种采购方式，如通过报刊杂志公开发布采购信息，采购实体和供应商直接参与采购每个环节的具体活动等。

（2）现代化采购方式是指主要依靠现代科学技术的成果来完成采购过程的采购方式，如采购卡采购方式和电子采购方式。采购卡类似于信用卡，与信用卡的不同在于，采购卡由财政部门统一发放给采购实体，采购实体的采购官员在完成采购后付款时只需划卡就行。划卡记录包括付款时间、付款项目、付款单价和总价等信息，这些信息将报送财政部门备案审查。采购卡一般适用于小额采购，由于这种采购方式不需要签订合同，对于每年数以万计的采购来说，能够节约大量的文书费用。

6.2 建设工程合同概述

6.2.1 建设工程合同主要内容

1. 建设工程合同的概念

合同是指平等主体的法人、自然人、其他组织之间设立、变更、终止民事权利义务关系的协议。

根据《中华人民共和国合同法》（以下简称《合同法》）的规定，建设工程合同适用于勘察、设计、施工，是承包人进行工程建设、发包人支付价款的依据。由工程建设项目业主（投资方）与项目设计、施工、供货承包人签署，也可以由上述承包人与其合法分包人签署。

2. 建设工程中的主要合同关系

建设工程项目是个极其复杂的社会生产过程。完成一个建设工程项目，依次要经历可行性研究、勘察设计、工程施工和运行等阶段，涉及建筑工程、装饰工程、安装工程、水电工程、机械设备、通信等专业设计和施工活动，在这些活动中需要消耗大量的劳动力、材料、设备以及资金。由于现代的社会化大生产和专业化分工，参与工程项目建设的单位有十几个、几十个，甚至成百上千个。它们之间形成各式各样的经济关系，而维系这种关系的纽带就是合同，所以就有各式各样的合同形成一个复杂的合同网络。因此，工程项目的建设过程实质上又是一系列经济合同的签订和履行过程。在这个网络中，业主和工程承包人是两个最主要的节点。

在工程实践中，业主与承包人之间存在着复杂的合同关系。无论是主动还是被动，业主与众多的承包人、设备供应商之间都会签订许多合同，形成相应的合同关系。

（1）业主的主要合同关系

业主作为建筑产品（服务）的买方，是工程最终的所有者，它可能是政府、企业、其他投资者，或几个企业的联合体、政府与企业的联合体。业主投资一个项目，通常委派一个代理人或代表以业主的身份进行工程项目的经营管理。

业主根据对工程的需求，确定工程项目的整体目标。这个目标是所有相关工程合同的核心。要实现工程目标，业主必须将建设工程的勘察设计、各专业工程施工、设备和材料供应等工作委托出去，需与有关单位签订如下合同：

1）咨询（监理）合同，即业主与咨询（监理）公司签订的合同。咨询合同签订后，咨询公司负责承担工程项目建设过程中的可行性研究、设计、招标投标和施工阶段监理等某一项或几项工作。

2）咨询（造价）合同，即业主与造价（或投资）咨询公司签订的合同。此合同签订后，咨询公司负责承担工程项目建设过程中的可行性研究、工程概预算、工程招标与投标、工程结算、竣工决算编制和审计等某一项或几项工作。

3）勘察设计合同，即业主与勘察设计单位签订的合同。由勘察设计单位负责工程的地质勘察和技术设计等工作。

4）工程施工合同，即业主与工程承包人签订的工程施工合同。由一个或几个承包人承包或分别承包建筑工程、装饰工程、机械设备安装工程等的施工。

5）供应合同，即业主与材料或设备供应商（厂家）签订的材料和设备供应合同。由各供应商向业主进行材料、设备供应。

6）贷款合同，即业主与金融机构签订的合同。后者向业主提供资金保证。按照资金来源的不同，可能有贷款合同、融资合同、合资合同或BOT 合同等。

在建筑工程中，业主的主要合同关系如图 6-2 所示。

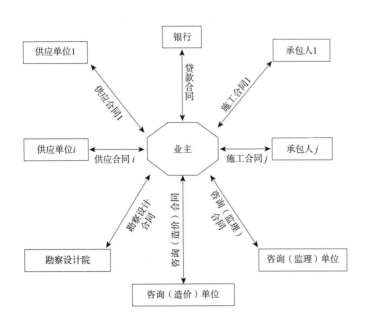

图 6-2　业主的主要合同关系

（2）承包人的主要合同关系

承包人作为工程承包合同的履行者，要完成承包合同的责任包括由工程量表所确定的工程范围的施工、竣工和保修，以及为完成这些工程提供的劳动力、施工设备、材料等，有时也包括项目立项、技术设计等，每个承包人可能不具备所有专业工程的施工能力、材料和设备的生产和供应能力，其可以通过签订合同将工程承包合同中所确定的工程设计、施工、设备材料采购等部分任务委托给其他相关单位来完成。承包人的主要合同关系包括：

1）分包合同，即承包人与分包人签订的合同。对于大中型工程的承包人，常常必须与其他承包人合作才能完成施工总承包责任。承包人把从业主那里承接到的工程中的某些分项工程或工作分包给另一承包人来完成，则与其签订分包合同。

2）供应合同，即承包人与供应商签订的合同。承包人在进行工程施工中，对由自己进行采购和供应的材料和设备，必须与相应的供应商签订供应合同。

3）运输合同，即承包人与运输单位签订的合同。如果承包人在与供应商签订合同时，对所采购的材料、设备由承包人自己进行运输，则承包人须与运输单位签订运输合同。

4）加工合同，即承包人将建筑构配件、特殊构件的加工任务委托给加工单位而签订的合同。

5）租赁合同，即承包人与租赁单位签订的合同。在建筑工程施工中，需要大量的施工设备、运输设备和周转材料，当承包人没有这些东西而又不具备经济实力进行购置时，可以采用租赁的方式，与租赁单位签订租赁合同。

6）劳务供应合同，即承包人与劳务供应商签订的合同。现在的许多承包人大部分没有属于自己的施工队伍，在承揽工程时，与劳务供应商签订劳务合同，由劳务供应商向其提供劳务。

7）担保或保险合同，即承包人按施工合同要求对工程进行担保或保险，与担保或保险公司签订担保或保险合同。

上述承包人的主要合同关系如图 6-3 所示。

由于建设工程项目合同关系明确，从而确定了建设工程项目施工和管理的主要目标，确定了建设工程项目所要达到的进度、质量、成本方面的目的以及目标。建设工程项目合同一经签订，合同双方就结成一定的经济关系。合同规定了双方在合同实施过程中的经济责任、权利、利益和义务。如果任何一方不能认真履行自己的责任和义务，就要承担相应的违约责任和经济赔偿。

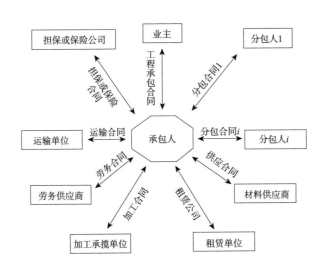

图 6-3　承包人的主要合同关系

（3）建设工程合同体系

建设工程项目的合同体系在项目管理中是一个非常重要的概念，它从一个重要角度反映了项目的形象，对整个项目管理的作用很大。建设工程合同体系如图 6-4 所示。

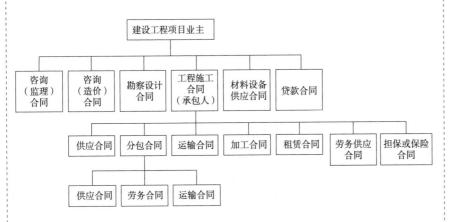

图 6-4　建设工程合同体系

建立这些关系有如下方面的作用：

1）将整个项目划分为相对独立的、易于管理的较小的单位。

2）将这些单位与参加项目的组织相联系，将这些组织需完成的工作用合同形式加以确定。

3）对每一单位作出详细的时间与费用估计，形成进度目标和费用目标。

4）确定项目需要完成的工作内容、质量标准和各项工作的顺序，制订项目质量控制计划。

5）估计项目全过程的费用，制订项目成本控制计划。

6）预计项目的完成时间，制订项目进度控制计划。

3.合同文件主要组成内容及解释顺序

组成合同的各项文件应互相解释,互为说明。除专用合同条款另有约定外,解释合同文件的优先顺序如下:

(1) 合同协议书。

(2) 中标通知书(如果有)。

(3) 投标函及其附录(如果有)。

(4) 专用合同条款及其附件。

(5) 通用合同条款。

(6) 技术标准和要求。

(7) 图纸。

(8) 已标价工程量清单或预算书。

(9) 其他合同文件。

上述各项合同文件包括合同当事人就该项合同文件所作出的补充和修改,属于同一类内容的文件,应以最新签署的为准。

在合同订立及履行过程中形成的与合同有关的文件均构成合同文件组成部分,并根据其性质确定优先解释顺序。

4.建设工程施工合同的内容

《合同法》规定,施工合同的内容包括工程范围、建设工期、中间交工工程的开工和竣工时间、工程质量、工程造价、技术资料交付时间、材料和设备供应责任、拨款和结算、竣工验收、质量保修范围和质量保证期、双方相互协作等条款。

(1) 工程范围

工程范围是指施工的界区,是施工人员进行施工的工作范围。

(2) 建设工期

建设工期是指施工人员完成施工任务的期限。在实践中,有的发包人常常要求缩短工期,施工人员为了赶进度,往往导致严重的工程质量问题。因此,为了保证工程质量,双方当事人应当在施工合同中确定合理的建设工期。

(3) 中间交工工程的开工和竣工时间

中间交工工程是指施工过程中的阶段性工程。为了保证工程各阶段的交接,顺利完成工程建设,当事人应当明确中间交工工程的开工和竣工时间。

(4) 工程质量

工程质量条款是明确施工人员施工要求、确定施工人员责任的依据。施工人员必须按照工程设计图纸和施工技术标准施工,不得擅自修改工程设计,不得偷工减料。发包人也不得明示或者暗示施工人员违反工程建设强制性标准，降低建设工程质量。

（5）工程造价

工程造价是指进行工程建设所需的全部费用，包括人工费、材料费、施工机械使用费、措施费等。在实践中，有的发包人为了获得更多的利益，往往压低工程造价，而施工人员为了盈利或不亏本，不得不偷工减料、以次充好，结果导致工程质量不合格，甚至造成严重的工程质量事故。因此，为了保证工程质量，双方当事人应当合理确定工程造价。

（6）技术资料交付时间

技术资料主要是指勘察、设计文件以及其他施工人员据以施工所必需的基础资料。当事人应当在施工合同中明确技术资料的交付时间。

（7）材料和设备供应责任

材料和设备供应责任是指由哪一方当事人提供工程所需材料设备及其应承担的责任。材料和设备可以由发包人负责提供，也可以由施工人员负责采购。如果按照合同约定由发包人负责采购建筑材料、构配件和设备的，发包人应当保证建筑材料、构配件和设备符合设计文件和合同要求。施工人员则须按照工程设计要求、施工技术标准和合同约定，对建筑材料、构配件和设备进行检验。

（8）拨款和结算

拨款是指工程款的拨付。结算是指施工人员按照合同约定和已完工程量向发包人办理工程款的清算。拨款和结算条款是施工人员请求发包人支付工程款和报酬的依据。

（9）竣工验收

竣工验收条款一般应当包括验收范围与内容、验收标准与依据、验收人员组成、验收方式和日期等内容。

（10）质量保修范围和质量保证期

建设工程质量保修范围和质量保证期，应当按照《建设工程质量管理条例》的规定执行。

（11）双方相互协作条款

双方相互协作条款一般包括双方当事人在施工前的准备工作，如施工人员及时向发包人提交开工通知书、施工进度报告书、对发包人的监督检查提供必要协助等。

15-《建设工程施工合同（示范文本）》GF—2017—0201

16-《建设项目工程总承包合同（示范文本）》GF—2020—0216

6.2.2　建设工程项目合同类型（含按计价方式分类及选择）

根据不同的分类标准，建设工程合同可以划分为不同的类型。

1. 根据合同计价形式划分

（1）单价合同。单价合同是最常见的合同种类，适用范围广。我国的建设工程施工合同也主要是这一类合同。在这种合同中，承包人仅需按合同规定承担报价（单价）的风险，而工程量变化的风险由业主承担。由于风险分配比较合理，能够适应大多数工程，能调动承包人和业主双方的管理积极性。单价合同又分为固定单价合同和可调单价合同等形式。

（2）固定总价合同。固定总价合同以"一次包死"的总价委托，价格不因环境的变化和工程量增减而变化，所以在这类合同中承包人承担了全部的工作量和价格风险。除了设计有重大变更，一般不允许调整合同价格。但由于承包人承担了全部风险，报价中不可预见风险费用较高。承包人报价的确定必须考虑施工期间物价变化以及工程量变化带来的影响。

（3）成本加酬金合同。成本加酬金合同是与固定总价合同截然相反的合同类型。工程最终合同价格按承包人的实际成本加一定比例的酬金计算。在合同签订时不能确定一个具体的合同价格，只能确定酬金的比例。由于合同价格按承包人的实际成本结算，所以在这类合同中，承包人不承担任何风险，而业主承担了全部的工作量和价格风险，所以承包人在工程中没有成本控制的积极性，常常不仅不愿意压缩成本，相反期望提高成本以提高自己的工程经济效益，这样会损害工程的整体效益。所以这类合同的使用应受到严格限制，通常应用于如下情况：

①投标阶段依据不准，工程范围无法界定，无法准确估价，缺少工程的详细说明。

②工程特别复杂，工程技术、结构方案不能预先确定。

③时间特别紧急，要求尽快开工。

2. 根据完成承包的内容划分

（1）勘察合同。

（2）设计合同。

（3）施工承包合同。

（4）材料、设备供货合同。

（5）建设监理合同。

（6）咨询（造价）合同。

3. 根据承包的范围划分

（1）建设全过程承包合同。建设全过程承包合同也叫工程项目总承包合同，即通常所说的"交钥匙"合同。采用这种合同的工程项目主要是大型工业、交通和大型设施项目。

（2）阶段承包合同。阶段承包合同是以建设过程中某一阶段或某些阶段的工作为标的的承包合同。

（3）专项承包合同。专项承包合同是以建设过程中某一阶段某一专业性项目为标的的承包合同。这种合同通常由总承包单位与相应的专业分包单位签订，有时也可由建设单位与专业承包人直接签订。

（4）建设—运营—转让承包合同，简称 BOT 合同，是 20 世纪 80 年代新兴的一种带资承包方式，主要适用于大型基础设施项目，如高速公路、地下铁道、海底隧道、发电厂等基础设施项目。

6.2.3　建设工程项目合同的订立

1. 建设工程项目合同订立的原则

《合同法》的基本原则是合同当事人在合同签订、执行、解释和争执过程中应当遵守的基本原则，也是人民法院、仲裁机构在审理、仲裁合同时应当遵循的原则，主要包括以下内容。

（1）自愿原则

合同当事人的地位平等，一方不得将自己的意志强加给另一方。订立合同时应当在自愿的基础上充分协调，使合同能反映当事人的意愿表示。

自愿原则是《合同法》重要的基本原则，也是一般国家法律的准则。自愿原则体现了签订合同作为民事活动的基本特征。

（2）诚实信用原则

合同的订立应当在相互信任的基础上完成，不能进行欺诈。

（3）合法原则

合法的合同才是有效合同。订立合同应当遵守国家法律和行政法规，尊重社会公德，不得扰乱社会，损害社会公共利益。

2. 合同谈判与订立

任何单位要取得工程项目的主动权，订立一份好的合同是十分重要的。在签订合同前应做好相应谈判工作。

（1）谈判的准备工作

1）组织谈判代表组。谈判代表在很大程度上决定了谈判是否能够取得成功。谈判代表必须具备业务精、能力强、基本素质好、有经验等优势。

2）分析和确定自己的谈判基础和谈判目标。谈判目标直接关系到谈判的态度、动机和诚意，也明确了谈判的基本立场。对业主而言，有的项目侧重于工期，有的侧重于成本，有的侧重于质量，不同的侧重点使业主的立场不同。对承包人来说，也有不同的侧重点。同样，不同的目的会使其在谈判中的立场有所不同。

3）分清与摸清对方情况。谈判要做到"知己知彼"，才能"百战百胜"。

因此，在谈判之前应当摸清对方谈判的目标和人员情况，找出关键人物和关键问题。

4）估计谈判与签约结果。准备有关的文件和资料，包括合同稿、自己所需的资料和对方将要索取的资料。准备几个不同的谈判方案，并研究和考虑哪个方案较好，以及对方可能会倾向于哪个方案。这样当对方不愿接受某一方案时，就可以改换另一方案。谈判时切忌只有一种方案，如果对方不接受则容易使谈判陷入僵局。

（2）合同谈判与签订

合同谈判一般分为初步接洽、实质性谈判和合同拟定与签约三个阶段。

1）初步接洽阶段：双方当事人一般是为了达到预期的效果，就双方各自最感兴趣的事情，相互向对方提出，澄清一些问题，如果双方了解的信息同各自所要达到的预期目标相符合，就可以为实质性谈判作准备。

2）实质性谈判阶段：该阶段是双方在广泛取得相互了解的基础上进行的，主要就建设工程项目合同的主要条款进行具体商谈。工程项目合同的主要条款一般包括标的、数量和质量、价款、履行、违约责任、验收等条款。

3）合同拟定与签约：建设工程项目合同必须尽可能明确、具体、条款完备，避免使用含糊不清的词语。一般应严格控制合同中的限制条款，明确规定合同生效条件、合同有效期以及延长的条件、程序、合同的变更、纠纷处理等。另外，在签订正式合同前，应组织有经验的专业人员对合同进行仔细推敲，在双方达成一致意见后进行签字盖章。同时应注意，承包人在签订建设工程项目施工合同时常常会犯以下错误，例如，由于长期承接不到工程而急于承接工程，从而盲目签订合同；初到一个地方，为急于打开局面而承接工程，草率签订合同；由于竞争激烈，怕丧失承包资格而接受苛刻的合同。

以上这些情况很少有不失败的。所以作为承包人应牢固地确立宁可不承接工程，也不能签订不利于自己、明显导致亏损的合同。"利益原则"不仅是合同谈判和签订的基本原则，而且是整个合同管理和工程项目管理的基本原则。

6.3 工程合同的履约管理

6.3.1 合同的跟踪与控制

1. 合同跟踪

在工程实施过程中，由于实际情况千变万化，导致合同实施与预期目标(计划和设计)偏离。如果不采取措施,日积月累,这种偏差常常由小到大。这就需要对合同实施情况进行跟踪,以便及时发现偏差,不断调整合同实施,使之与总目标一致。

合同签订以后,合同中各项任务的执行要落实到具体的项目经理部或具体的项目参与人员身上。承包单位作为履行合同义务的主体,必须对合同执行者(项目经理部或项目参与人)的履行情况进行跟踪、监督和控制,确保合同义务的完全履行。

(1) 合同跟踪的定义

将收集到的工程资料和实际数据进行整理,得到能够反映工程实施状况的各种信息,如各种实际进度报表、各种成本和费用收支报表等。将这些信息与工程目标(如合同文件、合同分析文件、计划、设计等)进行对比分析,就可以发现工程实施偏离目标的程度。如果没有差异或差异较小,则可以按原计划继续实施工程。

合同跟踪有两个方面的含义:一是承包单位的合同管理职能部门对合同执行者(项目经理部或项目参与人)的履行情况进行的跟踪、监督和检查;二是合同执行者(项目经理部或项目参与人)本身对合同计划的执行情况进行的跟踪、检查和对比。在合同实施过程中二者缺一不可。

(2) 合同跟踪的依据

1) 合同以及依据合同而编制的各种计划文件,如各种计划、方案、变更文件、合同分析的资料、设计等。

2) 各种实际工程文件,如原始记录、工程报表、验收报告等。

3) 管理人员对现场情况的直观了解,如现场巡视、交谈、会议、质量检查等。

(3) 合同跟踪的对象

合同实施情况追踪的对象主要有如下几个方面。

1) 承包的任务

①工程施工的质量,包括材料、构件、制品和设备等的质量,以及施工或安装质量,是否符合合同要求等。

②工程进度,是否在预期期限内施工,工期有无延长,延长的原因是什么等。

③工程数量,是否按合同要求完成全部施工任务,有无合同规定以外的施工任务等。

④成本的增加和减少。

2) 工程小组或分包人的工程和工作

可以将工程施工任务分解交由不同的工程小组或发包给专业分包完

成，在实际工程中常常因为某一工程小组或分包人的工作质量不高或进度拖延而影响整个工程施工。合同管理人员必须对这些工程小组或分包人及其所负责的工程进行跟踪检查，协调关系，提出意见、建议或警告，保证工程的总体质量和进度。

对专业分包人的工作和负责的工程，总承包人负有协调和管理的责任，并承担由此造成的损失，所以总承包人要严格控制分包人的工作，监督他们按分包合同完成工程，并随时注意将专业分包人的工作和负责的工程纳入总承包工程的计划和控制中，防止因分包人的工程管理失误而影响全局。

3）业主和其委托的监理工程师的工作

业主和监理工程师是承包人的主要工作伙伴，对他们的工作进行监督和跟踪十分重要。

①业主和监理工程师必须正确、及时地履行合同责任，及时提供各种工程实施条件，如及时发布图纸、提供场地、及时下达指令、作出答复、及时支付工程款等。

②业主和监理工程师是否及时给予了指令、答复和确认等。

2. 合同控制

（1）合同控制概述

合同控制是指承包人的合同管理组织为保证合同所约定的各项义务的全面完成及各项权利的实现，以合同分析的成果为基准，对整个合同实施过程进行全面监督、检查、对比和纠正的管理活动。

工程施工合同定义了承包人项目管理的四大目标，即进度目标、质量目标、成本目标和安全目标。承包人最根本的合同责任是实现这四大目标。由于工程施工过程中各种干扰因素的作用，常常使工程实施过程偏离总目标。为了顺利地实现既定的目标，整个项目需要实施控制，而合同控制是进度控制、质量控制、成本控制、安全控制的保障。通过合同控制可以使进度控制、质量控制、成本控制和安全控制协调一致，形成一个有序的项目管理过程。

（2）合同控制内容表

从表6-1可以看出，合同控制的目的是按合同的规定，全面完成承包人的义务，防止违约。合同控制的目标就是合同规定的各项义务。承包人在施工过程中必须按合同规定的进度、质量、成本、安全等要求完成既定目标，履行合同规定的各项义务和享有合同规定的各项权利。这一切都必须通过合同控制来实施和保障。

此外，合同控制的范围不仅包括与业主之间的工程承包合同、分包合同、供应合同、担保合同等，而且还包括总合同与各分合同、各分合同之间的协调控制。

可见，合同控制的内容较进度控制、质量控制、成本控制、安全控制广得多；而且合同实施易受到外界干扰，常常偏离目标，合同实施必须随项目变化的情况和目标不断调整，因此合同控制又是动态的。

工程项目实施控制的内容　　　　表 6-1

序号	控制内容	控制目的	控制目标	控制依据
1	成本控制	保证按计划成本完成工程，防止成本超支和费用增加	计划成本	各分部分项工程、总工程计划成本，人力、材料、资金计划，计划成本曲线等
2	质量控制	保证按合同规定的质量完成工程，使工程顺利通过验收、交付使用，达到预期的功能	合同规定的质量标准	施工说明、规范、图纸等
3	进度控制	按进度计划进行施工，按期交付工程，防止因工程拖延受到罚款	合同规定的工期	合同规定的总工期计划，业主批准的详细施工进度计划、网络图、横道图等
4	安全控制	保证按合同规定完成工程，杜绝伤亡事故的发生，保证安全生产工作顺利开展	合同规定的安全生产控制目标	安全交底，安全生产目标责任书等
5	合同控制	按合同规定全面完成承包人的义务，防止违约	合同规定的各项义务	合同范围内的各种文件，合同分析资料等

6.3.2　合同的变更与管理

1. 合同变更定义

合同的变更是指在工程建设项目合同履行过程中，由于施工条件和发包人要求变化以及承包人的合理化建议、暂列金额、计日工、暂估价等原因，导致合同约定的工程材料性质和品种、结构形式、施工工艺和方法以及施工工期等变动而引起的合同调整。

工程变更是一种特殊的合同变更。工程变更一般是指在工程施工过程中，根据合同的约定对施工的程序、工程的数量、质量要求及标准等作出的变更。

合同变更主要是由于工程变更引起的，合同变更的管理也主要是进行工程变更的管理。

2. 合同变更的原因

合同内容频繁变更是工程合同的特点之一。一个工程合同变更的次数、范围和影响的大小，与该工程招标文件（特别是合同条件）的完备性、技术设计的正确性以及实施方案和实施计划的科学性直接相关。合同变更主要有以下几方面原因：

（1）业主新的变更指令对工程项目的新要求。如业主有新的意图，业主修改项目总计划、削减预算等。

（2）由于设计人员、承包人事先没能很好地理解业主的意图，或设计错误，导致的图纸修改。

（3）工程环境的变化，预定的工程条件不准确，要求实施方案或实施计划变更。

（4）由于产生新的技术和工艺，有必要改变原设计、实施方案或实施计划，或由于业主指令及业主责任的原因造成承包人施工方案的改变。

（5）政府部门对工程项目新的要求，如国家计划、环境保护要求、城市规划改变等。

（6）由于合同实施出现问题，必须调整合同目标或修改合同条款。

3.合同变更的范围和内容

合同变更的范围很广，一般在合同签订后所有工程范围、进度、工程质量要求、合同条款内容、合同双方责权利关系的变化等都可以被看作为合同变更。最常见的变更有如下两种：

（1）涉及合同条款的变更，合同条件和合同协议书所定义的双方责权利关系或一些重大问题的变更。这是狭义的合同变更。

（2）工程变更，即工程的质量、数量、性质、功能、施工次序和实施方案的变化。

1）根据《标准施工招标文件》（2007）中通用合同条款的规定，除专用合同条款另有约定外，在履行合同中发生以下情形之一的，应按照以下约定进行变更：

①取消合同中任何一项工作，但被取消的工作不能转由发包人或其他人实施。

②改变合同中任何一项工作的质量或其他特性。

③改变合同工程的基线、标高、位置或尺寸。

④改变合同中任何一项工作的施工时间或改变已批准的施工工艺或顺序。

⑤为完成工程需要追加的额外工作。

2）根据《建设工程施工合同（示范文本）》（GF—2017—0201），除专用合同条款另有约定外，合同履行过程中发生以下情形的，应按照以下约定进行变更：

①增加或减少合同中任何工作，或追加额外的工作。

②取消合同中任何工作，但转由他人实施的工作除外。

③改变合同中任何工作的质量标准或其他特性。

④改变工程的基线、标高、位置和尺寸。

⑤改变工程的时间安排或实施顺序。

4. 合同变更的程序

根据《标准施工招标文件》（2007）中通用合同条款的规定，变更指示只能由监理人发出。变更指示应说明变更的目的、范围、变更内容以及变更的工程量及其进度和技术要求，并附有关图纸和文件。在履行合同过程中，经发包人同意，监理人可按合同约定的变更程序向承包人作出变更指示，承包人收到变更指示后，应按变更指示进行变更工作。没有监理人的变更指示，承包人不得擅自变更。

（1）工程变更的提出

承包人、发包人、监理人都可以提出工程变更。

1）承包人提出工程变更

承包人收到监理人按合同约定发出的图纸和文件，经检查认为存在变更时，可向监理人提出书面变更建议。变更建议应阐明要求变更的依据，并附必要的图纸和说明。监理人收到承包人的书面建议后，应与发包人共同研究，确认存在变更的，应在收到承包人书面建议后的 14 天内作出变更指示。经研究后不同意作为变更的，应由监理人书面答复承包人。

若承包人收到监理人的变更意向书后认为难以实施此项变更，应立即通知监理人，说明原因并附详细依据。监理人与承包人和发包人协商后确定撤销、改变或不改变原变更意向书。

2）发包人提出工程变更

发包人提出变更的，应通过监理人向承包人发出变更指示，变更指示应说明计划变更的工程范围和变更内容。

3）监理人提出工程变更

监理人提出变更建议的，需要向发包人以书面形式提出变更计划，说明计划变更的工程范围和变更内容、理由，以及实施该变更对合同价格和工期的影响。发包人同意变更的，由监理人向承包人发出变更指示。发包人不同意变更的，监理人无权擅自发出变更指示。

（2）变更估价原则

除专用合同条款另有约定外，变更估价可按照此约定处理：

1）已标价工程量清单或预算书中有相同项目的，按照相同项目的单价认定；

2）已标价工程量清单或预算书中无相同项目，但有类似项目的，参照类似项目的单价认定；

3）变更导致实际完成的变更工程量与已标价工程量清单或预算书中列明的该项目工程量的变化幅度超过 15% 的，或已标价工程量清单或预算书中无相同项目及类似项目单价的，按照合理的成本与利润构成原则，由合同当事人按照相关商定确定变更工作的单价。

（3）变更估价程序

承包人应在收到变更指示后 14 天内，向监理人提交变更估价申请。监理人应在收到承包人提交的变更估价申请后 7 天内审查完毕并报送发包人，监理人对变更估价申请有异议的，通知承包人修改后重新提交。发包人应在承包人提交变更估价申请后 14 天内审批完毕。发包人逾期未完成审批或未提出异议的，视为认可承包人提交的变更估价申请。

承包人提出合理化建议的，应向监理人提交合理化建议说明，说明建议的内容和理由，以及实施该建议对合同价格和工期的影响。合理化建议降低了合同价格或者提高了工程经济效益的，发包人可对承包人给予奖励，奖励的方法和金额可在专用合同条款中进行约定。

6.4 工程合同的索赔管理

6.4.1 索赔的概念与分类

1.合同索赔的定义与原因

（1）合同索赔的定义

合同索赔是指在合同实施过程中，当事人一方不履行或未正确履行其义务，而使另一方受到损失，受损失的一方向违约方提出的赔偿要求。在施工承包中，工程项目合同索赔是指承包人由于非自身原因发生了合同规定之外的额外工作或损失，而向业主要求费用和工期方面的补偿。换言之，凡超出原合同规定的行为给承包人带来的损失，无论是时间上的还是经济上的，只要承包人认为不能从原合同规定中获得支付的额外开支，但应得到经济和时间补偿的，均有权向业主提出索赔。因此索赔是一种合理要求，是应取得的补偿。

在工程项目合同实施过程中，既包括承包人向业主的索赔，也包括业主向承包人的索赔。人们通常把索赔理解为承包人对业主的一种损失补偿要求，而把业主对承包人的索赔称之为反索赔。由于承包人向业主索赔的发生率较高，而且承包人的索赔处理较难，因而成为工程项目合同索赔管理的重点。当然，有索赔就有理赔。索赔与理赔是一个事物的两个方面。

（2）合同索赔的原因

在工程项目合同实施过程中，引起承包人向业主索赔的原因多种多样，主要有：

1）业主违约。在施工招标文件中规定了业主应承担的义务，承包人正是在此基础上投标和报价的。若开始施工后业主没有按合同文件（包括招标文件）的规定如期提供必要条件，势必造成承包人工期的延误或费用的损失，这就可能引起索赔。如应由业主提供的施工场内外交通道路没有达到合同规定的标准，造成承包人运输机械效率降低或磨损增加，这时承包人就有可能提出补偿要求。

2）不利的自然条件。施工合同规定，一个有经验的承包人无法预料到的不利的自然条件，如遇超标准的洪水、地震等，承包人就可提出索赔。

3）合同文件缺陷。合同文件缺陷表现为合同文件规定不严谨甚至矛盾、合同中有遗漏或错误。其缺陷既可能包括在商务条款中，也可能包括在技术规程和图纸中。对合同缺陷，监理工程师有权作出解释，但承包人在执行监理工程师的解释后引起施工成本增加或工期延长的，则有权提出索赔。

4）设计图纸或工程量清单中的错误。这种错误包括：

①设计图纸与工程量清单不符。

②现场条件与图纸要求相差较大。

③工程量计算错误。

因这些错误引起承包人施工费用增加或工期延长，则承包人可提出索赔。

5）计划不周或不适当的指令。承包人按施工合同规定的计划和规范施工，对任何因计划不周而影响工程质量的问题不承担责任，因弥补这种质量问题而影响的工期和增加的费用应由业主承担；由于业主和监理工程师不适当的指令而引发的工期拖延和费用增加也应由业主承担。

向承包人索赔的原因主要包括：工程建设失误的索赔；承包人拖延工期引起的索赔；承包人未能履行的保险费用索赔；对超额利率的索赔；对指定分包人的付款索赔；建设单位合理终止合同或承包人无正当理由放弃工程的索赔等。

2. 索赔的分类

（1）按索赔依据分类

按索赔依据分类是指根据工程项目合同条款，分析承包人的索赔要求是否有合同文字依据，将合同索赔分为以下三种：

1）合同内索赔，这种索赔涉及的内容可以在合同内找到依据。如工程量的计算、变更工程的计量和价格、不同原因引起的延期等。

2）合同外索赔，亦称超越合同规定的索赔。这种索赔在合同内找不到直接依据，但承包人可根据合同文件某些条款的含义，或可从一般的民法、经济法或政府有关部门颁布的其他法规中找到依据，并提出索赔要求。

3）道义索赔，亦称通融索赔或优惠索赔。这种索赔在合同内或在其他法规中均找不到依据，从法律角度讲没有索赔要求的基础，但承包人确实蒙受损失，并在满足业主要求方面也做了最大努力，因而认为自己有提出索赔的道义基础。因此，对其损失寻求优惠性质的补偿，有的业主通情达理，出自善良和友好，给承包人以适当补偿。

(2) 按索赔涉及的当事人分类

每一索赔均涉及双方当事人，即要求索赔者和被索赔者。在工程项目合同中，按索赔所涉及的当事人，可将其分为以下三种：

1）承包人与业主之间的索赔。这是工程项目中最普遍的索赔形式，所涉及的内容大都和工程量计算、工程变更、工期、质量和价格等方面有关，也有关于违约、暂停施工等的补偿问题。

2）总承包人与分包人之间的索赔。这种索赔的内容范围与承包人和业主间索赔的内容范围基本相同，但它的形式为分包人向总承包人提出补偿要求，或总承包人向分包人罚款或扣留支付款。这种索赔的依据是总承包人和分包人间的分包合同。

3）业主或承包人与供货人之间的索赔。这种索赔的依据是供货合同。若供货人违反供货合同，给业主或承包人造成经济损失时，业主或承包人有权向供货人提出索赔。

(3) 按索赔的目的分类

在工程项目合同中，索赔按其目的可分为延长工期索赔和费用索赔。

1）延长工期索赔，简称工期索赔。这种索赔的目的是承包人要求业主延长施工期限，使原合同中规定的竣工日期顺延，以避免承担拖期损失赔偿的风险，如遇特殊风险、变更工程量或工程内容等，使得承包人不能按合同规定工期完工。为避免追究违约责任，承包人在事件发生后就会提出顺延工期的要求。

2）费用索赔，亦称经济索赔。它是承包人向业主要求补偿自己额外费用支出的一种方式，以挽回不应由他负担的经济损失。

6.4.2 索赔的依据和证据

1. 索赔的依据

为了达到索赔的目的，承包人要进行大量的索赔论证工作，来证明自己拥有索赔的权利，而且所提出的索赔款额要准确、依据要充分，即论证索赔权和索赔款额索赔的依据主要有以下几个方面：

(1) 招标文件、工程合同及附件，业主认可的施工组织设计、工程图纸、技术规范等。招标文件是工程项目合同文件的基础，包括通用条款、专用条款、施工技术规程、工程量表、工程范围说明、现场水文地质资料等文本，都是工程成本的基础资料。它们不仅是承包人投标报价的依据，也是索赔时计算附加成本的重要依据。

（2）投标报价文件。在投标报价文件中，承包人对各主要工种的施工单价进行分析计算，对各主要工程量的施工效率和进度进行分析，对施工所需的设备和材料列出数量和价值，对施工过程中各阶段所需的资金数额提出要求等。所有这些文件，在中标及签订施工协议书以后，都成为正式合同文件的组成部分，也成为施工索赔的基本依据。

（3）施工协议书及其附属文件。在签订施工协议书以前，在合同双方对于中标价格、施工计划、合同条件等问题的讨论纪要文件中，如果对招标文件中的某个合同条款作了修改或解释，则这个纪要就是将来索赔计价的依据。其他的文件还包括工程各项有关设计交底记录、变更图纸、变更施工指令等。

（4）工程往来信件、指令、信函、通知答复等（往来书信也可）。工程来往信件主要包括：工程师（或业主）的工程变更指令、口头变更确认函、加速施工指令、施工单价变更通知、对承包人问题的书面回答等。这些信函（包括电传、传真资料）都具有与合同文件同等的效力，是结算和索赔的依据。

（5）工程会议纪要。工程会议纪要在索赔中也十分重要。它包括标前会议纪要、施工协调会议纪要、施工进度变更会议纪要、施工技术讨论会议纪要、索赔会议纪要等。会议纪要要有台账，对于重要的会议纪要，要建立审阅制度，即由做纪要的一方写好纪要稿后，送交对方传阅核签，如有不同意见，可在纪要稿上修改，也可规定一个核签期限，如纪要稿送出后 7 天内不返回核签意见，即视为同意。这对会议纪要稿的合法性是很必要的。

（6）施工现场记录。施工现场记录主要包括施工日志、施工检查记录、工时记录、质量检查记录、设备或材料使用记录、录像、施工进度记录或者工程照片等。对于重要记录，如质量检查、验收记录，还应该由业主派遣的监理工程师签名确认。

17- 施工日志的编制

（7）工程供水供电、道路开通、封闭的日期及数量记录。

（8）工程预付款、进度款拨付情况。

（9）气候记录情况。许多工期拖延索赔都与气象条件有关，施工现场应注意记录和收集气象资料，如每月降水量、风力、气温、河水位、河水流量、洪水位等，必要时还需要提供气象部门的资料作依据。

18- 施工日志

（10）工程验收报告及技术鉴定报告等。

（11）工程材料采购、订货、运输、进场、验收、使用等方面的凭据。对于大中型建设工程项目，工期甚至长达数年，对物价变动等报道资料应系统地收集整理，这对于工程款的调价计算是必不可少的，对索赔亦同等重要。如工程所在国官方出版的物价报道（包括主管部门的材料价格信息）、外汇兑换率行情、工人工资调整文件等。

（12）工程财务资料。其主要包括记录工程进度款每月支付申请表，工人劳动计时卡和工资单，设备、材料和零配件采购单、付款收据，工程开支月报等。在索赔计价工作中，财务单证十分重要。

（13）国家、省、市有关工程造价与工期的文件及规定等。

2. 索赔的证据

（1）索赔证据

索赔证据是当事人用来支持其索赔成立或和索赔有关的证明文件和资料。任何索赔事件的确立，其前提条件是必须有正当的索赔理由。对正当索赔理由的说明必须具有证据，没有证据或证据不足，索赔是难以成功的。因此索赔证据在很大程度上关系到索赔的成功与否。

对索赔证据的要求有以下几点：

1）真实性。索赔证据必须是在实施合同过程中确定存在和发生的，必须完全反映实际情况，能经得住推敲。

2）全面性。所提供的证据应能说明事件的全过程。索赔报告中涉及的索赔理由、事件过程、影响、索赔值等都应有相应证据。

3）关联性。索赔的证据应当能够互相说明，相互具有关联性，不能互相矛盾。

4）及时性。索赔证据的取得及提出应当及时。

5）具有法律证明效力。一般要求证据必须是书面文件，有关记录、协议、纪要必须是双方签署的，工程中重大事件、特殊情况的记录、统计必须由工程师签证认可。

（2）证据的种类

在工程项目的实施过程中，会产生大量的工程信息和资料，这些信息和资料是开展索赔的重要依据。如果项目资料不完整，索赔就难以顺利进行。因此在施工过程中应始终做好资料积累工作，建立完善的资料记录和科学管理制度，认真系统地积累和管理施工合同文件、质量、进度及财务收支等方面的资料。对于可能会发生索赔的工程项目，从开始施工时就要有目的地收集证据资料，系统地拍摄施工现场，妥善保管开支收据，有意识地为索赔文件积累必要的证据材料。

在工程项目实施过程中，常见的索赔证据主要有以下种类：

1）各种工程合同文件。招标文件、合同文本及附件、其他各种签约（备忘录、修正案等）、业主认可的工程实施计划、各种工程图纸（包括图纸修改指令）、技术规范等。

2）施工日志。

3）工程照片及声像资料。照片上应注明日期。索赔中常用的有：表示工程进度的照片、隐蔽工程覆盖前的照片、业主责任造成返工和工程损坏的照片等。

4）来往信件、电话记录。如业主的变更指令，各种认可信、通知、对承包人问题的答复信等。

5）会谈纪要。在标前会议上和在决标前的澄清会议上，业主对承包人问题的书面答复，或双方签署的会谈纪要；在合同实施过程中，业主、工程师和各承包人定期会商，以研究实际情况作出的决议或决定，它们可作为合同的补充，但会谈纪要须经各方签署才有法律效力。

6）气象报告和资料。

7）工程进度计划。其主要包括总进度计划、开工后业主和监理工程师批准的详细进度计划、每月进度修改计划、实际施工进度记录、月进度报表等。

8）投标前业主提供的参考资料和现场资料。

9）工程备忘录及各种签证。其主要包括施工现场的工程文件，如施工记录、施工备忘录、施工日报、工长或检查员的工作日记、监理工程师填写的施工记录和各种签证等。

10）工程结算资料和有关财务报告。

11）各种检查验收报告和技术鉴定报告。其主要包括隐蔽工程验收报告、材料试验报告、材料设备进场验收报告、工程验收报告等。

12）其他。其主要包括分包合同、订货单、采购单、工资单、官方的物价指数、国家法律、法规等。

13）市场行情资料。其主要包括市场价格、官方的物价指数、工资指数、中央银行的外汇比率等公布材料。

14）各种会计核算资料。其主要包括工资单、工资报表、工程款账单、各种收付款原始凭证、总分类账、管理费用报表、工程成本报表等。

15）国家法律、法令、政策文件。如因工资税增加提出索赔，索赔报告中只需引用文号、条款号即可，并在索赔报告后附上复印件。

3.索赔文件

索赔文件也称索赔报告，它是合同一方向另一方提出索赔的正式书面文件。它全面反映了一方当事人对一个或若干个索赔事件的所有要求和主张。

索赔文件通常包括三个部分，即索赔信、索赔报告、附件。

（1）索赔信

索赔信是一封承包人致业主或其代表的简短的信函，应包括说明索赔事件、列举索赔理由、提出索赔金额与工期、附件说明。

（2）索赔报告

索赔报告是索赔材料的正文，一般包含报告的标题、事件、理由、结论及详细计算书。

1）标题。索赔报告的标题应该能够简要准确地概括索赔的中心内容。

2）事件。详细描述事件过程，主要包括：事件发生的工程部位、发生的时间、原因和经过、影响的范围以及承包人当时采取的防止事件扩大的措施、事件持续时间、承包人已经向业主或工程师报告的次数及日期、最终结束影响的时间、事件处置过程中的有关主要人员办理的有关事项等。

3）理由。理由是指索赔的依据，主要是法律依据和合同条款的规定。合理引用法律和合同的有关规定，建立事实与损失之间的因果关系，说明索赔的合理合法性。

4）结论。结论应指出事件造成的损失或损害及其大小，主要包括要求补偿的金额及工期，这部分只需列举各项明细数字及汇总数据即可。

5）详细计算书（包括损失估价和延期计算两部分）。为了证实索赔金额和工期的真实性，必须指明计算依据及计算资料的合理性，包括损失费用、工期延长的计算基础、计算方法、计算公式及详细的计算过程及计算结果。

（3）附件

附件包括索赔报告中所列举事实、理由、影响等的证明文件和证据。

4. 索赔文件编写要求

索赔文件是双方进行索赔谈判或调解、仲裁、诉讼的依据，因此索赔文件的表达与内容对索赔的解决有重大影响，索赔方必须认真编写索赔文件。

编写索赔文件的基本要求有以下几点。

（1）符合实际

索赔事件要真实、证据确凿。索赔的依据和款额应符合实际情况，不能虚构和扩大，更不能无中生有，这是索赔的基本要求。

（2）说服力强

1）索赔文件中责任分析应清楚、准确。在索赔报告中要善于引用法律和合同中的有关条款，详细、准确地分析并明确指出索赔事件的发生应由对方负全部责任，并附上有关证据材料，不可在责任分析上模棱两可、含糊不清。

2）强调事件的不可预见性和突发性。说明即使是一个有经验的承包人对它的发生也不可能有预见或有准备，也无法制止，并且承包人为了避免和减轻该事件的影响和损失已尽了最大的努力，采取了能够采取的措施，从而使索赔理由更加充分，更易于对方接受。

3）论述要有逻辑。明确阐述由于索赔事件的发生和影响，使承包人的工程施工受到严重干扰，并为此增加了支出、拖延了工期。着重强调索赔事件、对方责任、工程受到的影响和索赔之间有直接的因果关系。

（3）计算准确

索赔文件中应完整列入索赔值的详细计算资料，指明计算依据、计算原则、计算方法、计算过程及计算结果的合理性，必要的地方应作详细说明。

（4）简明扼要

索赔文件在内容上应组织合理、条理清楚，各种定义、论述、结论应正确，逻辑性强，既能完整地反映索赔要求，又要简明扼要，使对方很快地理解索赔的本质。

6.4.3　索赔程序

由于索赔工作涉及双方的众多经济利益，因而是一项繁琐、细致、耗费精力和时间的工作。因此，合同双方必须严格按照合同规定办事，按合同规定的索赔程序工作才能获得成功的索赔。

索赔程序是指从索赔事件产生到最终处理全过程所包括的工作内容和工作步骤。

我国《建设工程施工合同（示范文本）》GF—2017—0201 对索赔的程序和时间要求有明确和严格的限定。

1. 承包人的索赔程序

（1）承包人的索赔

业主未能按合同约定履行自己的各项义务或发生错误以及应由业主承担责任的其他情况，根据合同约定，承包人认为有权得到追加付款和（或）延长工期的，应按以下程序向发包人提出索赔：

1）承包人应在知道或应当知道索赔事件发生后 28 天内，向监理工程师递交索赔意向通知书，并说明发生索赔事件的事由。承包人未在前述 28 天内发出索赔意向通知书的，丧失要求追加付款和（或）延长工期的权利。

2）承包人应在发出索赔意向通知书后28天内，向监理工程师正式递交索赔通知书。索赔通知书应详细说明索赔理由以及要求追加的付款金额和（或）延长的工期，并附必要的记录和证明材料。

3）索赔事件具有连续影响的，承包人应按合理时间间隔继续递交延续索赔通知，说明连续影响的实际情况和记录，列出累计的追加付款金额和（或）工期延长天数。

4）在索赔事件影响结束后的28天内，承包人应向监理工程师递交最终索赔通知书，说明最终要求索赔的追加付款金额和（或）延长的工期，并附必要的记录和证明材料。

（2）对承包人索赔的处理

1）监理工程师应在收到索赔报告后14天内完成审查并报送发包人。监理工程师对索赔报告存在异议的，有权要求承包人提交全部原始记录副本。

2）发包人应在监理工程师收到索赔报告或有关索赔的进一步证明材料后的28天内，由监理工程师向承包人出具经发包人签认的索赔处理结果。发包人逾期答复的，则视为认可承包人的索赔要求。

3）承包人接受索赔处理结果的，索赔款项在当期进度款中进行支付；承包人不接受索赔处理结果的，按照对争议解决的约定进行处理。

（3）承包人提出索赔的期限

1）承包人按合同约定接受了竣工付款证书后，应被认为已无权再提出在合同工程接收证书颁发前所发生的任何索赔。

2）承包人按合同约定提交的最终结清申请单中，只限于提出工程接收证书颁发后发生的索赔。提出索赔的期限自接受最终结清证书时终止。

2. 发包人的索赔程序

（1）发包人的索赔

根据合同约定，发包人认为有权得到赔付金额和（或）延长缺陷责任期的，监理工程师应向承包人发出通知并附有详细的证明。

发包人应在知道或应当知道索赔事件发生后28天内通过监理工程师向承包人提出索赔意向通知书，发包人未在前述28天内发出索赔意向通知书的，丧失要求赔付金额和（或）延长缺陷责任期的权利。发包人应在发出索赔意向通知书后28天内，通过监理工程师向承包人正式递交索赔报告。

（2）对发包人索赔的处理

1）承包人收到发包人提交的索赔报告后，应及时审查索赔报告的内容、查验发包人证明材料。

2）承包人应在收到索赔报告或有关索赔的进一步证明材料后 28 天内，将索赔处理结果答复发包人。如果承包人未在上述期限内作出答复，则视为对发包人索赔要求的认可。

3）承包人接受索赔处理结果的，发包人可从应支付给承包人的合同价款中扣除赔付的金额或延长缺陷责任期；承包人不接受索赔处理结果的，按照对争议解决的约定进行处理。

3. 索赔工作程序实例

具体工程的索赔工作程序，应根据双方签订的施工合同产生。图 6-5 给出了国内某工程项目承包人的索赔工作程序，供参考。

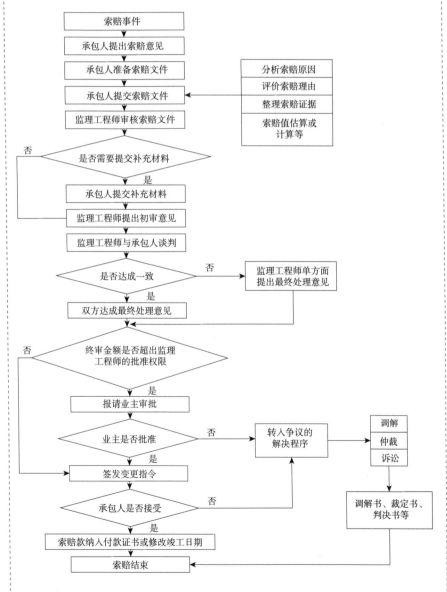

图 6-5　国内某工程项目承包人的索赔工作程序

6.5 货物采购合同管理

建设工程物资采购合同是指具有平等主体的自然人、法人、其他组织之间为实现建设工程物资买卖,设立、变更、终止相互权利义务关系的协议。依照协议,出卖人转移建设工程物资的所有权于买受人,买受人接受该项建设工程物资并支付价款。建设工程物资采购合同一般分为材料采购合同和设备采购合同。

建设工程物资采购合同属于买卖合同,它具有买卖合同的一般特点。买卖合同是双务、有偿合同;买卖合同是诺成合同;买卖合同是不要式合同,即当事人对买卖合同的形式享有很大的自由,除法律有特别规定外,买卖合同的成立和生效并不需要具备特别的形式或履行审批手续。

值得注意的是,建设工程物资采购合同应依据施工合同订立;建设工程物资采购合同以转移财物和支付价款为基本内容;建设工程物资采购合同的标的品种繁多,供货条件复杂;建设工程物资采购合同是依据施工合同订立的,物资采购合同的履行直接影响施工合同的履行;建设工程物资采购合同采用书面形式。

6.5.1 材料采购合同管理

材料采购合同是指平等主体的自然人、法人、其他组织之间,以工程项目所需材料为标的、以材料买卖为目的,出卖人(简称卖方)转移材料的所有权于买受人(简称买方),买受人支付材料价款的合同。

1.材料采购合同的订立方式

(1)公开招标

与工程招标相似(也属于工程招标的一个部分),需方提出招标文件,详细说明供应条件、品种、数量、质量要求、供应地点等,由供方报价,通过竞争签订供应合同。这种方式适用于大批量采购。

(2)询价—报价

需方按要求向几个供应商发出询价函,由供应商作出答复(报价)。需方经过对比分析,选择一个符合要求、资信好、价格合理的供应商签订合同。

(3)直接采购

需方直接向供方采购,双方商谈价格,签订供应合同。另外,还有大量的零星材料(品种多、价格低)以直接采购方式购买,不需签订书面的供应合同。

2. 材料采购合同的主要内容

（1）标的

标的是材料供应合同的主要条款。供应合同的标的主要包括购销物资的名称（注明牌号、商标）、品种、型号、规格、等级、花色、技术标准或质量要求等。

（2）数量

供应合同标的数量的计量方法要按照国家或主管部门的规定执行，或按供需双方商定的方法执行，不可以用含糊不清的计量单位。对于某些材料，还应在合同中写明交货数量的正负尾数差、合理磅差和运输途中的自然损耗及计算方法。

（3）包装

包装包括包装的标准和包装物的供应和回收。产品的包装标准是指产品包装的类型、规格、容量以及印刷标记等。根据《工矿产品购销合同条例》第七条规定：产品包装按国家标准或专业标准规定执行。没有国家标准或专业标准的，可按承运、托运双方商定并在合同中写明的标准进行包装。包装物除国家明确规定由需方供应的以外，应由材料的供方负责供应。包装费用一般不得向需方另外收取。如果需方有特殊要求，双方应在合同中商定。如果包装超过规定的标准，超过部分由需方负担费用；如果低于原标准，应相应降低产品价格。

（4）运输方式

运输方式可分为铁路、公路、水路、航空、管道运输及海上运输等。一般由需方在签订合同时提出采取哪一种运输方式。供方代办发运，运费由需方负担。

（5）价格

有国家定价的材料，应按国家定价执行；按规定应由国家定价，但国家尚未定价的，其价格应报请物价主管部门批准；不属于国家定价的产品，可由供需双方协商确定价格。

（6）结算

我国现行结算方式分为现金结算和转账结算两种。转账结算在异地之间进行，有托收承付、委托收款、信用证、汇兑或限额结算等方法；转账结算在同城进行，有支票、付款委托书、托收无承付和同城托收承付等方法。

（7）违约责任

违约责任是指合同当事人违反合同约定，造成一方或各方利益损失时，应当依法承担弥补利益损失的责任。

（8）特殊条款

如果供需双方有特殊要求或条件，可通过协商，经双方认可后作为合同的一项条款，在合同中明确列出。

3. 材料采购合同的履行

（1）计量方法

材料数量的计量方法一般有理论换算计量、检斤计量和计件三种。合同中应注明采用的计量方法，并明确规定计量单位。

供方发货时所采用的计量单位与计量方法，应与合同中所列计量单位和计量方法一致，并在发货明细表或质量证明书上注明，以便需方检验，运输中转单位也应按供货方发货时所采用的计量方法进行验收和发货。

（2）验收依据

1）供应合同的具体规定。

2）供方提供的发货单、订量单、装箱单及其他凭证。

3）国家标准或专业标准。

4）产品合格证、化验单。

5）图纸及其他技术文件。

6）当事人双方共同封存的样品。

（3）验收内容

1）查明产品的名称、规格、型号、数量、质量是否与供应合同及其他技术文件相符。

2）检查设备的主机及配件是否齐全。

3）检查包装是否完整，外表有无损坏。

4）对需要化验的材料进行必要的物理和化学检验。

5）合同规定的其他需要检验的事项。

（4）验收方式

1）驻厂验收。即在制造时期，由需方派人员在供应的生产厂家进行材质检验。

2）提运验收。对于加工定制、市场采购和自提自运的物资，由提货人在提取产品时检验。

3）接运验收。由接运人员对到达的物资进行检查，发现问题，当场作出记录。

4）入库验收。这是大量采用的正式的验收方式，由仓库管理人员负责数量和外观检验。

（5）验收中发现数量不符的处理

1）供方交付的材料多于合同规定的数量，需方不同意接收，如在托收承付期可以拒付超量部分的贷款和运杂费。

2）供方交付的材料少于合同规定的数量，需方可凭有关合法证明，在到货后 10 天内将详细情况和处理意见通知供方，否则被视为数量验收合格；供方应在接到通知后 10 天内作出答复，否则即被视为认可需方的处理意见。

3）发货数与实际验收数的差额不超过有关主管部门规定的正、负尾差、合理磅差、自然减量范围的，则不按多交或少交论处，双方互不退补。

（6）验收中发现质量不符的处理

如果在验收中发现材料不符合合同规定的质量要求，需方应将它们妥善保管，并向供方提出书面异议。通常应按如下规定办理：

1）材料的外观、品种、型号、规格不符合合同规定，需方应在到货后 10 天内提出书面异议。

2）材料的内在质量不符合合同规定，需方应在合同规定的条件和期限内检验，提出书面异议。

3）对某些只有在安装后才能发现内在质量缺陷的产品，除另有规定或当事人双方另有商定的期限外，一般在运转之日起 6 个月以内提出异议。

4）在书面异议中应说明合同号和检验情况，提出检验证明，对质量不符合合同规定的产品提出具体处理意见。

（7）验收中供需双方责任的确定

1）凡所交货物的原包装、原封记、原标志完好无异状，而产品数量短少，应由生产厂家或包装单位负责。

2）凡由供方组织装车或装船、凭封印交接的产品，需方在卸货时车、船封印完整无其他异状，但件数缺少，应由供方负责。这时需方应向运输部门取得证明，凭运输部门提供的记录证明，在托收承付期内可以拒付短缺部分的货款，并在到货后 10 天内通知供方，否则即被认为验收无误。供方应在接到通知后 10 天内答复，提出处理意见，逾期不作答复，即按少交论处。

3）凡由供方组织装车或装船，凭现状或件数交接的产品，而需方在卸货时无法从外部发现产品丢失、短缺、损坏的情况，需方可凭运输单位的交接证明和本单位的验收书面证明，在托收承付期内拒付丢失、短缺、损坏部分的货款，并在到货后 10 天内通知供方，否则即被视为验收无误。供方应在接到通知后 10 天内作出答复，提出处理意见，否则按少交货论处。

（8）验收后提出异议的期限

需方提出异议的通知期限和供方答复期限，应按有关部门规定或当事人双方在合同中商定的期限执行。这里要特别重视交（提）货日期的确定标准：

1）凡供方自备运输工具送货的，以需方收货戳记的日期为准。

2）凡委托运输部门运输、送货或代运的产品的交货日期，不是以向承运部门申请日期为准，而是以供方发运产品时承运部门签发戳记的日期为准。

3）合同规定需方自提的货物，以供方按合同规定通知的提货日期为准。供方的提货通知中，应给需方以必要的途中时间。实际交、提货日期早于或迟于合同规定的期限，即被视为提前或逾期。

6.5.2　设备采购合同管理

1.设备采购方式

（1）委托承包

由设备成套公司根据发包单位提供的成套设备清单进行承包供应，并收取设备价格一定百分比的成套业务费。

（2）按设备包干

根据发包单位提出的设备清单及双方核定的设备预算总价，由设备成套公司承包供应。

（3）招标投标

发包单位对需要的成套设备进行招标，设备成套公司参加投标，按照中标结果承包供应。

除了上述三种方式外，设备成套公司还可以根据项目建设单位的要求以及自身能力，联合科研单位、设计单位、制造厂家和设备安装企业等，对设备进行从工艺、产品设计到现场设备安装、调试总承包。

2.设备采购合同的主要内容

成套设备采购合同的一般条款可参照前述材料采购合同的一般条款，主要包括：产品（成套设备）的名称、品种、型号、规格、等级、技术标准或技术性能指标；数量和计量单位；包装标准及包装物的供应与回收的规定；交货单位、交货方式、运输方式、到货地点（包括专用线、码头等）、接（提）货单位；交（提）货期限；验收方法；产品价格；结算方式、开户银行、账户名称、账号、结算单位；违约责任。

3.设备采购合同的履行

（1）设备价格

设备合同价格应根据承包方式确定。按设备费包干的方式以及招标方式确定合同价格较为简捷，而按委托承包方式确定合同价格较为复杂。若在签订合同时确定价格有困难，可由供需双方协商暂定价格，并在合同中注明"按供需双方最后商定的价格（或物价部门批准的价格）结算，多退少补"。

（2）设备数量

除列明成套设备名称、套数外，还要明确规定随主机的辅机、附件、易损耗备用、配件和安装修理工具等，并于合同后附详细清单。

（3）技术标准

除应注明成套设备系统的主要技术性能外，还要在合同后附有关部分设备主要技术标准和技术性能的文件。

（4）现场服务

供方应派技术人员进行现场服务，并要对现场服务的内容进行明确规定。合同中还要对供方技术人员在现场服务期间的工作条件、生活待遇及费用出处作明确规定。

（5）验收和保修

成套设备的安装是一项复杂的系统工程。安装成功后，试车是关键。需方应在项目成套设备安装后才能验收，因此合同中应详细注明成套设备验收方法。

对某些必须在安装运转后才能发现内在质量缺陷的设备，除另有规定或当事人另行商定提出异议的期限外，一般可在运转之日起 6 个月内提出异议。

成套设备是否保修、保修期限、费用负担者都应在合同中明确规定，不管设备制造企业是谁，保修都应由设备供应方负责。

4.设备采购合同供方的责任

（1）组织有关生产企业到现场进行技术服务，处理有关设备技术方面的问题。

（2）掌握进度，保证供应。供方应了解、掌握工程建设进度和设备到货、安装进度，协助处理设备的交、到货等工作，按施工现场设备安装的需要保证供应。

（3）参与验收。参与大型、专用、关键设备的开箱验收工作，配合建设单位或安装单位处理在接运、检验过程中发现的设备质量和缺损件等问题，以明确设备质量问题的责任。

（4）处理事故。及时向有关主管单位报告重大设备质量问题，以及项目现场不能解决的其他问题。当出现重大意见分歧或争执时，应及时写备忘录备查。

（5）参加工程的竣工验收，处理在工程验收中发现的有关设备的质量问题。

（6）监督和了解生产企业派驻现场的技术服务人员的工作情况，并对他们的工作进行指导和协调。

（7）做好现场服务工作日记，及时记录日常服务工作情况及现场发生的设备质量问题和处理结果，定期向有关单位抄送报表，汇报工作情况，做好现场工作总结。

（8）成套设备生产企业的责任，具体包括：

1）按照现场服务组的要求，及时派出技术人员到现场，并在现场服务组的统一领导下开展技术服务工作。

2）对本厂供应的产品的技术、质量、数量、交货期、价格等全面负责。配套设备的技术、质量等问题应由主机生产厂统一负责联系和处理解决。

3）及时答复或解决现场服务组提出的有关设备的技术、质量、缺损件等问题。

5.设备采购合同需方的责任

（1）建设单位应向供方提供设备的详细技术设计资料和施工要求。

（2）应配合供方做好设备的计划接运（收）工作，协助驻现场的技术服务组开展工作。

（3）按合同要求参与并监督现场的设备供应、验收、安装、试车等工作。

（4）组织有关各方进行工程设备验收，提出验收报告。

6.6 建筑装饰工程采购与合同管理案例

6.6.1 采购方法应用

 **综合应用案例1**

某装饰公司业主由于装饰工程施工需要，需采购一批装饰材料，经过一系列考察之后，最后锁定了乙厂家，双方经过商谈，业主与乙厂家签订了材料采购相关合同，并在合同中约定将装饰材料由乙厂家的 B 市陆运至业主所在的 A 市。但由于单方原因，乙厂家将材料由 B 市运至 C 市并通知业主到 C 市取货。业主要求乙厂家承担材料由 C 市到 A 市的运输费用，乙厂家同意后，业主并没有按要求如约取货，故乙厂家将材料运回 B 市，途中装饰材料发生了部分损坏。

【问题】

（1）此材料采购合同，属于什么合同类型？

（2）业主要求乙厂家承担材料货物由 C 市到 A 市的运输费用是否合理？

（3）乙厂家将材料货物运回 B 市途中发生损坏,责任在哪一方？为什么？

【解析】

（1）属于买卖合同。

（2）合理。供货方应按合同规定的路线发运货物，如未经对方同意而擅自变更运输路线，则要承担由此增加的费用。

（3）责任在业主。出卖人按约定将标的物置于交付地点，买受人违反约定没有收取导致标的物损坏，灭失的风险自违反约定之日起需由买受人来承担。

6.6.2　工程合同的履约管理方法应用

综合应用案例 2

某建设单位进行高层综合办公楼装饰项目，与某装饰公司 A 单位签订了施工总承包合同，并委托了工程监理单位。经总监理工程师审核批准，A 单位将外立面玻璃幕墙工程施工分包给 B 单位专业幕墙公司。B 单位将劳务分包给 C 劳务公司并签订了劳务分包合同。C 劳务公司进场后对外立面幕墙工程编制了施工方案，经 B 单位专业幕墙公司项目经理审批同意后即组织施工。由于外立面幕墙施工时总承包单位 A 未全部进场，B 幕墙公司要求 C 劳务公司自行解决施工中的用水、电、热及电信等施工管线和施工道路。

【问题】

（1）外立面幕墙施工方案的编制和审批是否符合要求，并说明理由。

（2）B 幕墙公司对 C 劳务公司的要求是否合理，并说明原因。

（3）外立面幕墙工程验收合格后，C 劳务公司向 B 幕墙公司递交了完整的结算资料，要求 B 单位按照合同约定支付劳务报酬的尾款，而 B 单位却以 A 单位未按时付工程款为由拒绝支付。请问 B 单位的做法是否符合要求，并说明理由。

【解析】

（1）不正确。外立面幕墙施工方案应由 B 单位的项目经理主持编制，并交由 A 总承包单位，经总监理工程师审批同意后才可实施。

（2）不合理。按照《建设工程施工劳务分包合同（示范文本）》GF—2003—0214 的规定，工程承包人应完成水、电、热及电信等施工管线和施工道路，并满足完成本合同劳务作业所需的能源供应、通信及施工道路畅通。所以 B 单位要求 C 单位自行解决施工用水、电、热及电信等施工管线和施工道路的要求是不合理的。

（3）不正确。按照《建设工程施工劳务分包合同（示范文本）》GF—2003—0214 的规定，全部工作完成，经工程承包人认可后 14 天内，劳务分包人向工程承包人递交完整的结算资料，双方按照合同约定的计价方式进行劳务报酬的最终支付。工程承包人收到劳务分包人递交的结算资料后

14天内进行核实，给予确认或者提出修改意见。工程承包人确认结算资料后14天内向劳务分包人支付劳务报酬尾款。所以B单位以A单位未付工程款为由而拒绝支付劳务报酬尾款的做法是不正确的。

6.6.3 工程合同的索赔管理方法应用

综合应用案例3

施工总承包单位与建设单位于2019年3月20日签订了某二十层医院医疗综合楼装饰工程施工合同。合同中约定：

（1）人工费综合单价为86元/工日。

（2）一周内非承包方原因停水、停电造成的停工累计达8h可顺延工期一天。

（3）施工总承包单位须配有应急备用电源。

工程于3月25日开工，施工过程中发生以下事件：

事件1：4月29日和30日遇罕见台风暴雨迫使外立面装饰施工暂停，造成人员窝工30工日。

事件2：6月10日上午进行走廊天棚吊顶施工时，监理工程师口头紧急通知停工，6月11日监理工程师发出因设计修改而暂停施工令；6月14日施工总承包单位接到监理工程师要求6月15日复工的指令。期间共造成人员窝工60工日。

事件3：6月30日卫生间墙面砖铺贴施工时，因供电局检修线路停电导致工程停工8h。

针对事件1、事件2，施工总承包单位及时向建设单位提出了工期索赔和费用索赔。

【问题】

（1）分析事件1、事件2中，施工总承包单位提出的工期索赔和费用索赔是否成立，并说明理由。

（2）事件1、事件2中，施工总承包单位可获得的工期索赔和费用索赔各是多少？

（3）分析事件3中施工总承包单位是否可以获得工期顺延，并说明理由。

【解析】

（1）分析如下：

1）事件1：工期索赔成立，人员窝工费用索赔不成立。

理由：事件1为遇罕见台风暴雨迫使停工，属于不可抗力导致的工程暂停，不可抗力因素造成的工期可以顺延，而导致的人员窝工费用不予补偿。

2）事件2：工期索赔成立，人员窝工费用索赔成立。

理由：因设计变更导致的工期延误和费用增加的责任应由建设单位承担。

（2）分析如下：

1）事件1：可索赔工期2天。

2）事件2：可索赔工期5天，人员窝工费用为60×86=5160元。

工期共计7天，费用共计5160元。

（3）事件3中，施工总承包单位可以获得工期顺延。

理由：合同中约定，一周内非承包方原因停水、停电造成的停工累计达8h可顺延工期一天。事件3中因供电局检修线路停电导致工程停工8h，非承包方原因，故施工总承包单位可以获得工期顺延一天。

本章小结

本章通过对建筑装饰工程采购与合同管理知识进行系统地介绍，使学生能够掌握建筑装饰工程采购与合同管理的方法，胜任其工作岗位。本章主要内容包括工程项目采购应遵循的原则、采购的分类、采购计划的编制流程、采购的方式；建设工程合同主要组成内容、合同类型及合同的订立原则；合同的跟踪、控制及合同的变更管理；合同的索赔原因、索赔分类、索赔的依据和证据及索赔的程序；材料及设备采购合同的主要内容和履行管理等知识。

习　题

1.工程项目采购应遵循的基本原则是什么？

2.采购计划的编制流程是什么？

3.建设工程施工合同的组成内容有哪些？

4.按计价方式划分合同的类型有哪些？

5.合同跟踪的依据是什么？

6.合同变更的范围和内容有哪些？

7.对索赔证据的要求有哪些？

8.承包人的索赔程序是什么？

9.发包人的索赔程序是什么？

10.什么是建设工程物资采购合同？

11.设备采购合同的主要内容有哪些？

19- 习题参考答案

第 7 章

建筑装饰工程安全管理

教学目标

通过对本章内容的学习，使学生了解施工项目职业健康安全与环境管理的概念、体系产生的背景及具体内容；掌握职业健康安全管理的具体措施；熟悉项目职业健康安全隐患和安全事故的分类及事故处理的程序；熟悉施工项目文明施工和现场管理的要求及具体内容。

教学要求

能力目标	知识要点	权重	自测分数
了解施工项目职业健康安全与环境管理概述	项目职业健康安全与环境管理的概念、体系产生的背景及具体内容	10%	
掌握施工项目职业健康安全管理措施	项目职业健康安全生产教育、安全生产责任制、安全技术交底以及项目职业健康安全技术检查的内容	30%	
熟悉施工项目职业健康安全隐患和事故	安全隐患和安全事故的定义、分类及事故处理的程序	25%	
熟悉施工项目文明施工	项目文明施工的基本条件、基本要求及具体内容	20%	
熟悉施工项目现场管理	项目现场管理以及环境保护的内容及防治措施	15%	

引例

人是自然界的产物，在漫长的人类发展过程中，人类向所依赖的自然界索取各种资源。但是随着科学技术和经济建设的发展，资源的大量开发和利用导致的森林面积锐减、土地严重沙化、水资源污染和淡水日益缺乏、废水、废气和固体废弃物排放增加、自然灾害频发，都将对人类的健康、安全和环境造成严重威胁，对全球范围的环境产生重大影响。此外，根据国际劳工组织的统计，全球每年发生各类生产事故和劳动疾病约为2.5亿起，平均每天有68.5万起，每分钟就发生475起，其中每年死于职业安全事故和劳动疾病的人数多达110万人，远多于一般交通事故、暴力死亡、局部战争及艾滋病死亡的人数。

严峻的职业健康安全和环境问题不但严重制约了经济的稳定持续增长，还影响了人们生活水平的提高和社会的和谐发展，职业健康安全和环境问题的解决不能单单依靠技术手段，而应该重视生产过程中的管理以及对人们职业健康安全和环境意识的教育。

工程建设是一项劳动密集型的生产活动，施工场地狭小、施工人员众多、各工种交叉作业、机械施工与手工操作并进、高空作业多，而且施工现场又是在露天和野外，环境复杂、劳动条件差、不安全、不卫生的因素多，更容易引发各种疾病、产生安全事故和造成环境问题。因此，在工程施工过程中，加强施工项目的职业健康安全和环境管理就显得尤为重要。

施工项目职业健康安全管理的目的是保护产品生产者和使用者的健康与安全，控制影响工作场所内的员工、临时工作人员、合同方人员、访问者和其他有关部门人员健康和安全的条件和因素，考虑和避免因使用不当对使用者造成的健康和安全危害。

施工项目环境管理的目的是保护生态环境，使社会的经济发展与人类的生存环境相协调。控制作业现场的各种粉尘、废水、废气、固体废弃物以及噪声、振动对环境的污染和危害，考虑能源节约和避免资源的浪费。

7.1　职业健康安全与环境概述

7.1.1　职业健康安全与环境管理的含义及特点

1. 职业健康安全与环境管理的含义

职业健康安全管理就是在生产活动中组织安全生产的全部管理活动，通过对生产因素具体状态的控制，使生产因素的不安全行为和状态减少或消除，并不引发事件，尤其是不引发使人受到伤害的事故，以保证生产活动中人的安全和健康。

环境管理就是在生产活动中，通过对环境因素的管理活动，使环境不受污染，使资源得到节约。

🔑 特别提示

环境管理与职业健康安全管理是密切联系的两个管理方向。如果环境管理工作做得好，会对安全管理工作有很大的促进作用。相反，如果没有做好环境管理工作，则会对安全管理产生很大的负面影响。同时，安全管理工作做的好，也会给工程项目带来很好的施工环境和生活环境。

2. 职业健康安全与环境管理的特点

（1）建筑产品的固定性、生产的流动性及外部环境影响因素多决定了职业健康安全与环境管理的复杂性。稍有考虑不周就会出现问题。

（2）产品的多样性和生产的单件性决定了职业健康安全与环境管理的多样性。由于每一个建筑产品都要根据其特定要求进行施工，因此，对于每个施工项目都要根据其实际情况制订健康安全与环境管理计划，不可相互套用。

（3）产品生产过程的连续性和分工性决定了职业健康安全与环境管理的协调性。在职业健康安全与环境管理中要求各单位和各专业人员横向配合和协调，共同注意产品生产过程接口部分的健康安全和环境管理的协调性。

（4）产品的委托性决定了职业健康安全与环境管理的不符合性。要求建设单位和生产组织都必须重视对健康安全和环保费用的投入，不可不符合健康安全与环境管理的要求。

（5）产品生产的阶段性决定职业健康安全与环境管理的持续性。施工项目从立项到投产所经历的各个阶段都要十分重视项目的安全和环境问题，持续不断地对项目各个阶段可能出现的安全和环境问题实施管理。

7.1.2 职业健康安全与环境管理体系简介

1.职业健康安全与环境管理体系的背景

职业健康安全管理体系（英文简写为"OHSMS"）是20世纪80年代后期在国际上兴起的现代安全生产管理模式，制定职业健康安全标准是出于两方面的要求：一方面是企业自身发展的要求。随着企业规模扩大和生产集约化程度的提高，对企业的质量管理和经营模式提出了更高的要求。企业必须采用现代化的管理模式，使包括安全生产管理在内的所有生产经营活动科学化、规范化和法制化。职业健康安全管理体系产生的另外一个重要原因是世界经济全球化和国际贸易发展的需要。WTO的最基本原则是"公平竞争"，其中包含环境和职业健康安全问题。我国已经加入世界贸易组织（WTO），在国际贸易中享有与其他成员国相同的待遇，职业健康安全问题对我国社会与经济发展产生的潜在影响巨大。因此，在我国必须大力推广职业健康安全管理体系。

环境管理是随着科学技术的发展而产生的。科学技术的发展既带来了繁荣，也带来了环境保护问题。1993年国际标准化组织成立了环境管理技术委员会，开始了对环境管理体系国际通用标准的制定工作。1996年公布了《环境管理体系规范及使用指南》（ISO 14001），此后又陆续颁布了其他有关标准，均作为我国的推荐性标准，便于与国际接轨。

🔑 **特别提示**

职业健康安全管理体系、环境管理体系（ISO 14000）与质量管理体系（ISO 9000）并列为三大管理体系，是目前世界各国广泛推行的一种先进的现代化的生产管理方法。

2. 职业健康安全与环境管理体系目标的建立

通过建立职业健康安全管理体系，使施工现场人员面临的安全风险减小到最低程度，实现预防和控制伤亡事故、职业病等；通过改善劳动者的作业条件，提高劳动者的身心健康和劳动效率，直接或间接地使企业获得经济效益；实现以人为本的安全管理，人力资源的质量是提高生产率水平和促进经济增长的重要因素，安全管理体系将是保护和发展生产力的有效方法；此外，通过建立安全管理体系，将提升企业的品牌和市场竞争力，促进项目管理现代化，增强对国家经济发展的贡献能力。

通过建立项目环境管理体系，规范企业和社会团体等所有组织的环境表现，使之与社会经济发展相适应，并且对生态环境质量加以改善，减少人类各项活动造成的环境污染，节约能源，从而促进经济的可持续发展。

3. 职业健康安全与环境管理体系的建立和实施

为了适应现代职业健康安全和环境管理的需要，达到预防和减少生产事故及劳动疾病、保护环境的目的，职业健康安全与环境管理体系的运行模式采用了动态循环并螺旋上升的系统化管理模式，该模式的规定为职业健康安全与环境管理体系提供了一套系统化的方法，指导其组织合理有效地推行职业健康安全与环境管理工作。该模式分为五个过程，即制定职业健康安全（环境）方针、规划（策划）、实施与运行、检查与纠正措施以及管理评审。这五个基本部分包含了职业健康安全与环境管理体系的建立过程和建立后有计划地评审及持续改进的循环，以保证组织内部职业健康安全与环境管理体系的不断完善和提高。具体运行模式如图7-1所示。

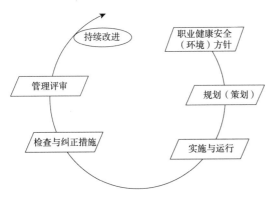

图 7-1 职业健康安全与环境管理体系运行模式图

7.2 安全事故与隐患

7.2.1 事故定义

生产安全事故是指生产经营单位在生产经营活动（包括与生产经营有关的活动）中突然发生的，伤害人身安全和健康的，或者损坏设备设施的，或者造成经济损失的，导致原生产经营活动（包括与生产经营活动有关的活动）暂时中止或永远终止的意外事件。

20- 质量事故分类及处理

7.2.2 事故分类

人类在生产、生活、生存实践活动中创造大量物质财富和精神财富的同时，事故也随之而来，给人们的生命和财产带来了重大损失。事故作为安全科学的研究对象，主要是指那些可能带来人员伤亡、物质损失或环境污染的意外事件。为了对事故进行科学的研究，探索事故的发生规律和预防措施，需要对事故进行分类，事故按不同的分类方法有不同的种类。

1. 按事故中人的伤亡情况进行分类

以人为中心考查事故结果时，可以把事故分为伤亡事故和一般事故。

伤亡事故是指造成人身伤害或急性中毒的事故。其中，在生产区域中发生的和生产有关的伤亡事故称为工伤事故。工伤事故包括工作意外事故和职业病所致的伤残及死亡。

按人员遭受伤害的严重程度，可以把伤害划分为以下四类：

（1）暂时性失能伤害。受伤害者或中毒者暂时不能从事原岗位工作的伤害。

（2）永久性部分失能伤害。受伤害者或中毒者的肢体或某些器官功能不可逆丧失的伤害。

（3）永久性全失能伤害。受伤害者完全残废的伤害。

（4）死亡。

《企业职工伤亡事故分类》GB 6441—86 把受伤害者的伤害分为以下三类：

（1）轻伤。损失工作日低于 105 天的失能伤害。

（2）重伤。损失工作日等于或大于 105 天的失能伤害。

（3）死亡。发生事故后当即死亡，包括急性中毒死亡，或受伤后在 30 天内死亡的事故损失工作日为 6000 天。

一般事故是指人身没有受到伤害或受伤轻微，或没有形成人员生理功能障碍的事故。通常把没有造成人员伤亡的事故称为无伤害事故或未遂事故，也就是说，未遂事故的发生原因及其发生、发展过程与某个会造成严重后果的特定事故是完全相同的，只是由于某个偶然因素，没有造成该类事故的严重后果。

2. 按事故类别分类

《企业职工伤亡事故分类》GB 6441—86 综合考虑起因、引起事故发生的诱导性原因、致害物、伤害方式等将事故分为二十类。

3. 按事故严重程度分类

为了研究事故发生原因，便于对伤亡事故进行统计分析和调查处理，《生产安全事故报告和调查处理条例》（国务院令第 493 号）将事故按严重程度分为以下四类：

（1）特别重大事故。特别重大事故是指造成 30 人以上死亡，或者 100 人以上重伤（包括急性工业中毒，下同），或者 1 亿元以上直接经济损失的事故。

（2）重大事故。重大事故是指造成 10 人以上 30 人以下死亡，或者 50 人以上 100 人以下重伤，或者 5000 万元以上 1 亿元以下直接经济损失的事故。

（3）较大事故。较大事故是指造成 3 人以上 10 人以下死亡，或者 10 人以上 50 人以下重伤，或者 1000 万元以上 5000 万元以下直接经济损失的事故。

（4）一般事故。一般事故是指造成 3 人以下死亡，或者 10 人以下重伤，或者 1000 万元以下直接经济损失的事故。

4. 按是否由事故原因引起的事故分类

根据引起事故的原因分类，可以将事故分为一次事故和二次事故。

（1）一次事故。一次事故是指由人的不安全行为或物的不安全状态引起的事故。

（2）二次事故。二次事故是指在事故发生后，由于事故本身产生其他危害或事故导致其他事故的发生（如火灾引起房屋的倒塌），引起事故范围进一步扩大的事故。

二次事故具有以下特点：

1）二次事故往往比一次事故的危害更大。

2）二次事故形成的时间往往难以控制。

因此，必须正确认识二次事故的危害性，采取相应的管理和技术措施，避免二次事故发生，或者使损失减至最小。

5. 按事故是否与工作有关分类

根据事故与工作的关系，可以将事故分为工作事故和非工作事故。

（1）工作事故。工作事故是指员工在工作过程中或从事与工作有关的活动中发生的事故。

（2）非工作事故。非工作事故是指员工在非工作环境中，如旅游、娱乐、体育活动及家庭生活等诸方面活动中发生的人身伤害事故。

虽然这类事故大部分不在工伤范围之内，但是由于这类事故引起的员工缺工对于企业的劳动生产率是有很大影响的，因失去关键岗位的员工所需的再培训对于企业来说损失将会更大。对于这类事故，一个最值得关注的因素就是员工在企业安全管理制度的约束下，有较好的安全意识，但在非工作环境中，他会产生某种"放纵"，加上对某些环境的不熟悉、操作的不熟练，都成了事故滋生的土壤。

7.2.3 事故调查

1. 准备工作

为了能够及时、有效地进行事故现场的调查工作，调查人员必须做好平时和调查前的准备工作。调查人员应根据现场调查工作的需要学习有关建筑、化工、电工、燃烧、爆炸等方面的知识及现场勘察和物证鉴定的新方法和新成果，以适应不同事故现场勘察的需要。此外，还要努力提高绘图、照相、录像等专业技能。配备必要的勘察工具，如现场勘察箱、照相器材、录像器材等，要保证仪器及工具处于完好状态，做到经常检查，有故障及时修理或调换。此外，对于手电筒、胶卷等常用的物品一定要准备好，车辆和通信联络工具也要保证处于完好状态。为了勘察安全，应配备好必要的防护用品。

调查人员到达事故现场以后，应在统一指挥下抓紧做好以下几项勘察准备工作：

（1）事故调查组。根据《生产安全事故报告和调查处理条例》（国务院令第 493 号）规定，按照"政府统一领导，分级负责"原则，按事故严重程度组成调查组（见图 7-2），对事故进行调查和分析。

（2）现场询问。现场勘察前应向了解事故现场情况的人员询问有关事故和现场的情况，为进行现场勘察提供可靠线索。有疑难问题，可直接邀请有关专家。应了解的情况如下：

1）可能的事故初始事件、事故源。

2）事故发生、发展的过程。

3）现场有什么危险情况，如高压电源线落地、泄漏可燃气体、建筑物有倒塌危险等。

4）索取建筑物原来的工程图、设备目录、说明书等。

5）了解事故现场保护情况及发生事故时的气象情况。

（3）勘察器材。常用的勘察器材有勘察箱、照相器材、绘图器材、清

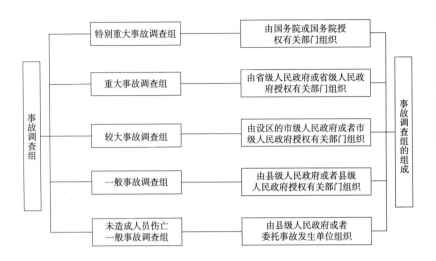

图 7-2　事故调查组的组成

理工具、提取痕迹物证的仪器和工具、检验仪器等。

（4）排除险情。排除事故现场可能对调查人员造成人身危害的潜在险情，保证现场勘察安全、顺利地进行。

2. 调查原则

事故调查处理应当按照实事求是、尊重科学的原则，及时、准确地查清事故原因，查明事故性质和责任，总结事故教训，提出整改措施，并对事故责任者提出处理意见。具体原则如下：

（1）事故是可以调查清楚的，这是调查事故最基本的原则。

（2）调查事故应实事求是，以客观事实为根据。

（3）坚持做到"四不放过"原则，即事故原因未查清不放过，当事人和群众没有受到教育不放过，没有制定切实可行的预防措施不放过，事故责任人未受到处理不放过。

（4）一方面，事故调查成员要有调查的经验或某一方面的专长；另一方面，不应与事故有直接利害关系。

3. 事故调查的基本步骤

有了充分的准备，可以说事故调查工作有了一个好的开始，为事故调查过程奠定了良好的基础。事故调查的基本步骤一般包括事故现场处理、事故现场勘察、人证问询、物证收集与保护等主要工作。由于这些工作时间性极强，有些信息、证据是随时间的推移而逐步消亡的，有些信息则有着极大的不可重复性，因而对于事故调查人员来讲，实施调查过程的速度和准确性显得更为重要。只有把握住每一个调查环节的中心工作，才能使事故调查过程进展顺利。事故调查程序如图 7-3 所示。

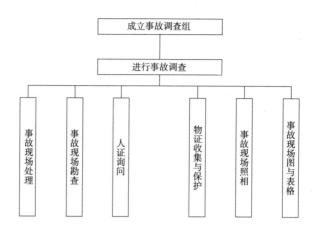

图 7-3 事故调查程序

7.2.4 事故处理与调查报告

1.事故处理

伤亡事故发生后应按照"四不放过"原则进行调查处理，对于事故责任者的处理应坚持思想教育从严、行政处理从宽的原则。但是对于情节特别恶劣、后果特别严重及构成犯罪的责任者，要坚决依法惩处。

（1）事故批复及其执行

重大事故、较大事故、一般事故，负责事故调查的人民政府应当自收到事故调查报告之日起 15 日内作出批复；特别重大事故，30 日内作出批复，特殊情况下，批复时间可以适当延长，但延长的时间最长不超过 30 日。有关机关应当按照人民政府的批复，依照法律、行政法规规定的权限和程序，对事故发生单位和有关人员进行行政处罚，对负有事故责任的国家工作人员进行处分。事故发生单位应当按照负责事故调查的人民政府的批复，对本单位负有事故责任的人员进行处理。负有事故责任的人员涉嫌犯罪的，依法追究刑事责任。

（2）结案类型

在事故处理过程中，无论事故大小都要查清责任、严肃处理，并注意区分责任事故、非责任事故和破坏事故。

1）责任事故：因有关人员的过失而造成的事故。

2）非责任事故：由于自然界的因素而造成的不可抗拒的事故，或由于未知领域的技术问题而造成的事故。

3）破坏事故：为达到一定目的而蓄意制造的事故。

（3）事故责任

对于责任事故，应区分事故的直接责任者、领导责任者和主要责任者。其行为与事故的发生有直接因果关系的，为直接责任者；对事故的发生负有领导责任的，为领导责任者；在直接责任者和领导责任者中，对事故的发生起主要作用的为主要责任者。

1）领导者的责任

有下列情形之一的，应当追究有关领导者的责任：

①由于安全生产规章制度和操作规程不健全，职工无章可循，造成伤亡事故的。

②对职工不按规定进行安全技术教育或职工未经考试合格就上岗操作，造成伤亡事故的。

③由于设备超过检修期限运行或设备有缺陷，又不采取措施，造成伤亡事故的。

④作业环境不安全，又不采取措施，造成伤亡事故的。

⑤由于用安全技术措施经费，造成伤亡事故的。

2）肇事者和有关人员的责任

有下列情况之一的，应追究肇事者或有关人员的责任：

①由于违章指挥或违章作业及冒险作业，造成伤亡事故的。

②由于玩忽职守、违反安全生产责任制和操作规程，造成伤亡事故的。

③发现有发生事故危险的紧急情况，不立即报告且不积极采取措施，因而未能避免事故或减轻伤亡的。

④由于不服从管理、违反劳动纪律、擅离职守或擅自开动机器设备，造成伤亡事故的。

3）重罚的条件

有下列情形之一的，应当对有关人员从重处罚：

①对发生的重伤或死亡事故隐瞒不报、虚报或故意拖延报告的。

②在事故调查中，隐瞒事故真相、弄虚作假甚至嫁祸于人的。

③事故发生后，由于不负责任、不积极组织抢救或抢救不力，造成更大伤亡的。

④事故发生后，不认真吸取教训和采取防范措施，致使同类事故重复发生的。

⑤滥用职权，擅自处理或袒护、包庇事故责任者的。

2. 事故调查报告

事故调查报告是事故调查分析研究成果的文字归纳和总结，其结论对事故处理及事故预防都有非常重要的作用。因此，调查报告的撰写一定要在掌握大量实际调查材料并对其进行研究的基础上完成。

（1）写作要求

事故调查报告的撰写应注意满足以下要求：

1）深入调查，掌握大量的具体材料。这是写作调查报告的基础。调查报告主要靠实际材料反映内容，要凭事实说话，这是衡量事故调查报告写得是否成功的关键要求。从写作方法上来讲，要以客观叙述为主，分析议论要少而精，点到为止。能否做到这一点，取决于调查工作是否深入、了解情况是否全面及掌握材料是否充分。

2）反映全面、揭示本质且不做表面或片面文章。事故调查报告不能满足于罗列情况及列举事实，而要对情况和事实加以分析，得出令人信服、给人启示的相应结论。为此，要对调查材料认真鉴别分析，力求去粗取精、去伪存真、由此及彼、由表及里，从中归纳出若干规律性的东西。

3）善于选用和安排材料，力求内容精练且富有吸引力。只有选用最关键、最能说明问题、最能揭示事故本质的典型材料，才能使报告内容精练、富有说服力。写作调查报告要以客观叙述为主，不能对事实和情况进行文学加工，但不等于不能运用对比、衬托等修辞方法，关键要看作者如何运用。某一事实、某个数据放在哪里叙述、从什么角度叙述、何处详叙及何处略叙，都是需要仔细考虑的。

（2）报告格式

事故调查报告与一般文章相同，有标题、正文和附件三大部分。

1）标题

作为事故调查报告，其标题一般都采用公文式，即"关于×××事故的调查报告"或"×××事故的调查报告"，如"江苏省响水市3.21特大化工爆炸事故的调查报告""关于江苏省响水市3.21特大化工爆炸事故的调查报告"等。

2）正文

正文一般可分为前言、主体和结尾三部分。

①前言：前言部分一般要写明调查简况，包括调查对象、问题、时间、地点、方法、目的和调查结果等，一般不设子标题或以"事故概况"等为子标题，例如，"2016年11月24日，江西丰城发电厂三期扩建工程发生冷却塔施工平台坍塌特别重大事故，造成73人死亡、2人受伤，直接经济损失10197.2万元"。

②主体：主体是调查报告的主要部分。这一部分应详细介绍调查中的情况和事实，以及对这些情况和事实所作的分析。

事故调查报告的主体一般应采用纵式结构，即按事故发生的过程和事实、事故或问题的原因、事故的性质和责任、处理意见、建议的整改措施的顺序编写。这种写法使阅读人员对事故的发展过程有清楚的了解后再阅读和领会所得出的相应结论，顺畅自然。正文部分的子标题，如事故发生发展过程及原因分析，事故性质和责任，结论，教训与改进措施等。

③结尾：调查报告的结尾也有多种写法。一般是在写完主体部分之后，总结全文，得出结论。这种写法能够深化主题，加深人们对全篇内容的印象。当然，也有的事故调查报告没有单独的结尾，主体部分写完，就自然地结束。

3）附件

事故调查报告的最后一部分内容是附件。在事故调查报告中，为了保证正文叙述的完整性和连贯性及有关证明材料的完整性，一般采用附件的形式将有关照片、鉴定报告、各种图表附在事故调查报告之后；也有的将事故调查组成员名单，或在特大事故中的死亡人员名单等作为附件列于正文之后，供有关人员查阅。

3. 事故资料归档

事故资料归档是伤亡事故处理的最后一个环节。事故档案是记载事故的发生、调查记录及处理全过程的全部文字材料的总和。一般情况下，事故处理结案后，应归档的事故资料如下：

（1）职工伤亡事故登记表。

（2）职工死亡、重伤事故调查报告书及批复。

（3）现场调查记录、工程图和照片。

（4）技术鉴定和试验报告。

（5）物证、人证材料。

（6）直接经济损失和间接经济损失材料。

（7）事故责任者的自述材料。

（8）医疗部门对伤亡人员的诊断书。

（9）发生事故时的工艺条件、操作情况和设计资料。

（10）处分决定和受处分人员的检查材料。

（11）有关事故的通报、简报及文件。

（12）调查组成人员的姓名、单位及职务。

7.2.5　事故隐患

1. 事故隐患定义

安全生产事故隐患即事故隐患，俗称安全隐患。安全隐患是指生产经营单位违反安全生产法律、法规、规章、标准、规程、安全生产管理制度的规定，或者其他因素在生产经营活动中存在的可能导致不安全事件或事故发生的物的不安全状态、人的不安全行为、生产环境的不良和生产工艺、管理上的缺陷。

2. 事故隐患分类

按危害程度和整改难度分类，事故隐患分为一般事故隐患和重大事故隐患。

（1）一般事故隐患

危害和整改难度较小，发现后能够立即整改排除的隐患为一般事故隐患。

（2）重大事故隐患

危害和整改难度较大，应当全部或者局部停产停业，并经过一定时间整改治理方能排除的隐患，或者因外部因素影响致使生产经营单位自身难以排除的隐患为重大事故隐患。

3. 隐患特征

事故隐患是客观存在的，存在于企业的生产全过程，而且对职工的人身安全、国家的财产安全和企业的生存、发展都直接构成威胁。正确认识隐患的特征对熟悉和掌握隐患产生的原因，及时研究并落实防范对策是十分重要的。

安全工作中出现的事故隐患通常是指在生产、经营过程中有可能造成人身伤亡或者经济损失的不安全因素，包含人的不安全因素、物的不安全状态和管理上的缺陷。事故隐患主要有以下十个特征。

（1）隐蔽性

隐患是潜藏的祸患，它具有隐蔽、藏匿、潜伏的特点，是不可明见的灾祸，是埋藏在生产过程中的隐形炸弹。它在一定的时间、一定的范围、一定的条件下，显现出好似静止、不变的状态，往往使人一时看不清楚、意识不到、感觉不出它的存在。正由于"祸患常积于疏忽"，才使隐患逐步形成，发展成事故。在企业生产过程中，常常遇到认为不该发生事故的区域、地点、设备、工具，却发生了事故。这都与当事者不能正确认识隐患的隐蔽、藏匿、潜伏特点有关。事故带来的鲜血告诫我们：隐患就是隐患，不及时认识和发现隐患，迟早要演变成事故。

（2）危险性

俗话说："蝼蚁之穴，可以溃堤千里"，在安全工作中小小的隐患往往引发巨大的灾害。无数血与泪的历史教训都反复证明了这一点。1987 年 5 月 6 日大兴安岭特大森林火灾，就因为一个烟头烧了一个月，死亡 193 人，经济损失数亿元；1994 年 12 月 8 日克拉玛依友谊宾馆惨烈的大火，就因为舞台纱幕后 7 号光柱灯离纱幕 23cm，灯柱温度过高，引发火灾，无情地吞噬 325 人的生命，其中有 287 人是 8 ~ 14 岁的儿童；1995 年 9 月 24 日首钢炼铁厂，由于二位"行家里手"，一位粗心大意、一位擅离岗位，几分钟内酿成 6 号过滤池检修人员 2 死 6 伤的悲剧。以上事实说明，在安全上哪怕一个烟头、一盏灯、一颗螺钉、一个小小的疏忽，都有可能发生危险。

（3）突发性

任何事都存在量变到质变、渐变到突变的过程，隐患也不例外。集小变而为大变、集小患而为大患是一条基本规律，所谓"小的闹、大的到"，就是这个道理。如在化工企业生产中，常常要与易燃易爆物质打交道，有些原辅燃材料本身的燃点、闪点很低，爆炸极限范围很宽，稍不留意，随时都有可能造成事故的突然发生。

（4）因果性

某些事故的突然发生是会有先兆的，正如"燕子低习鸡晚归、蚂蚁搬家蛇过道"是雷雨到达的先兆一样，隐患是事故发生的先兆，而事故则是隐患存在和发展的必然结果。俗话说："有因必有果，有果必有因"，在企业组织生产的过程中，每个人的言行都会对企业安全管理工作产生不同的效果，特别是企业领导对待事故隐患所持的态度不同，往往会导致安全生产的结果截然不同，所谓"严是爱，宽是害，不管不问遭祸害"，就是这种因果关系的体现。

（5）连续性

实践中，常常遇到一种隐患掩盖另一种隐患、一种隐患与其他隐患相联系而存在的现象。例如：在产成品运转站，如果装卸搬运机械设备、工具发生隐患故障，就会引起产品堆放超高、安全通道堵塞、作业场地变小，并造成调整难、堆放难、起吊难、转运难等方面的隐患，这种连带的、持续的、发生在生产过程的隐患，对安全生产构成的威胁很大，说不定就会导致"拔出萝卜带出泥，牵动荷花带动藕"的现象发生，而使企业出现祸不单行的局面。

（6）重复性

事故隐患治理过一次或若干次后，并不等于隐患从此销声匿迹、永不发生了，也不会因为发生一两次事故，就不再重复发生类似隐患和重演历史的悲剧。只要企业的生产方式、生产条件、生产工具、生产环境等因素未改变，同一隐患就会重复发生，甚至在同一区域、同一地点发生与历史惊人相似的隐患、事故，这种重复性也是事故隐患的重要特征之一。

（7）意外性

这里所指的意外性不是天灾人祸，而是指未超出现有安全、卫生标准的要求和规定以外的事故隐患。这些隐患潜伏于人—机系统中，有些隐患超出人们的认识范围，或在短期内很难为劳动者所辨认，但由于它具有很大的巧合性，因而容易导致一些意想不到的事故发生。例如：飞轮外侧装防护罩、内侧未装而造成人身伤亡事故；2m 以上高度会造成坠落伤亡事故，1.5m 高度有时同样也会坠落死亡；36V 是安全电压，然而夏季在劳动作业者有汗的情况下，照样会发生触电伤亡事故；劳动者在作业现场易发生伤亡事故，而在职工更衣室内也会因更衣橱柜的倾倒而发生事故。这些隐患引发的事故带有很大的偶然性、意外性，往往是我们在日常安全管理中始料不及的。

（8）时效性

尽管隐患具有偶然性、意外性，但如果从发现到消除过程中讲求时效，是可以避免隐患演变成事故的；反之，时至而疑、知患而处，不能在初期有效地把握隐患治理，必然会导致严重后果。鞍山市消防部门两年前对鞍山商场进行了 4 次检查，提出 6 条隐患整改意见，隐患却一直未按期整改，并在 1996 年 3 月造成火灾事故，使 35 个活生生的生命被烈火吞噬；沈阳一家机器厂的主厂房两年前定为危房，一拖再拖，结果一面墙突然倒塌，7 名工人被夺去宝贵的生命，损失达百万元之多。鞍山商场、沈阳机器厂主厂房的隐患，从发现到事故发生两年多的时间就是这两起事故隐患的时效期，它随着火灾、坍塌事故的发生而结束，然而这两起隐患留给人们的教训是极其深刻的，它告诫人们，对隐患治理不讲时效，拖得越久代价越大。

（9）特殊性

隐患具有普遍性，同时又具有特殊性。由于人工、机器、物料、法则、环境的本质安全水平不同，其隐患属性、特征是不尽相同的。在不同的行业、不同的企业、不同的岗位，其表现形式和变化过程更是千差万别。即使同一种隐患，在使用相同的设备、相同的工具、从事相同性质的作业时，其隐患存在也会有差异。例如，某厂在用的 18 台行车，所使用的钢丝绳、吊具规格、质量等方面要求基本相同，周期性出现断毛等隐患是其共性，但由于各台行车使用的频率、作业环境、作业内容、操作者的技术素质程度不同，其使用周期、断毛磨损的部位、程度是不同的，其中特别是 4、9 出钢主车由于其钢丝绳有一段被固定在中间定滑轮组的位置上，它的一个端面始终与高温接触，并处于受力点，极易引起脆断。如果在实践中认识不到这种隐患存在的特殊性，及时采取定期抽出检查、适时移动受力位置等措施，而运用与其他钢丝绳相同的监控管理办法，就很难发现成股脆断，由此所造成的后果必然是非常严重的。

（10）季节性

某些隐患带有明显的季节性和特点，它随着季节的变化而变化。一年四季，夏天由于天气炎热、气温高、雷雨多、食物易腐烂变质等情况的出现，必然会带来人员中暑、食物中毒、洪涝、雷击，使用、维修电器的人员又会因为汗水过多而产生触电等事故隐患；冬季又会由于天寒地冻、风干物燥而极易产生火灾、冻伤、煤气中毒等事故隐患。充分认识各个季节的特点，适时地、有针对性地做好隐患季节性防治工作，对于企业的安全生产也是十分重要的。

4. 事故与隐患的关系

根据安全冰山理论，事故的发生是由隐患所致（隐患是事故之根源）。所谓"隐患"，是指导致约束、控制能量的措施失效或破坏的各种不安全因素，包括人的不安全行为、物的不安全状态、环境的不安全因素和管理缺陷等方面的问题。由于隐患决定事故发生的可能性，因此日常安全工作的重点是隐患的控制问题。

隐患本身不等于事故，但隐患通过一段时间的积累和恶化，当突破临界或者意外事件触发时，就必然导致事故（必然性）。而意外触发具有偶然性（机会性），这也决定了隐患转变为事故在时间上的不确定性。因此对隐患处理必须遵循"立即处理"原则。

7.2.6　事故预防与控制

1. 安全教育

安全教育是通过各种形式的学习和培养，努力提高人的安全意识和素质，学会从安全的角度观察和理解所从事的活动和面临的形势，用安全的观点解释和处理自己遇到的新问题。从事故致因理论中的瑟利模型可以看出，要达到控制事故的目的，首先，要通过技术手段用某种信息交流方式告知人们危险的存在或发生；其次，要求人们感知到有关信息后能够正确理解信息的意义，例如，能否正确判断何种危险发生或存在，该危险对人、设备或环境会产生何种伤害，是否有必要采取措施，应采取何种应对措施等。而这些有关人员对信息的理解认识和反应的部分均需要通过安全教育的手段来实现。

安全教育可以分为安全教育和安全培训两大部分。安全教育是一种意识的培养，是长时间的甚至贯穿于人的一生，并在人的所有行为中体现出来，与人们所从事的职业没有直接关系；安全培训虽然也包含有关教育的内容，但其内容相对于安全教育要具体得多，范围要小得多，主要是一种技能的培训。安全培训的主要目的是，使人具有在某种特定的作业或环境下准确并安全地完成其应完成的任务的能力，故也称生产领域的安全培训为安全生产教育。在这个层面上，安全培训主要是指企业为提高职工的安全技术水平和防范事故能力而进行的教育培训工作，也是企业安全管理的主要内容，在消除和控制事故措施中有重要的作用。

（1）安全教育的内容

1）安全思想教育

安全思想教育是从人们的思想意识方面进行的培养和学习，包括安全意识教育、安全生产方针教育和法纪教育。

安全意识是人们在长期生产、生活等各项活动中逐渐形成的对安全问题的认识程度，安全意识的高低直接影响安全效果。因此，在生产和社会活动中要通过实践活动加强对安全问题的认识，并使其逐步深化形成科学的安全观，这也是安全意识教育的根本目的。

安全生产方针教育是对企业的各级领导者和广大工人进行有关安全生产方针、政策和制度的宣传教育。我国的安全生产方针是"安全第一，预防为主，综合治理"。只有充分认识和理解其深刻含义，才能在实践中处理好安全与生产的关系。特别是当安全与生产发生矛盾时，应首先解决好安全问题，切实把安全工作提高到关系全局及稳定的高度来认识，把安全视作企业的头等大事，从而提高企业安全生产的责任感与自觉性。

法纪教育是安全法规、规章制度、劳动纪律等方面的教育。安全生产法律、法规是方针、政策的具体化和法律化。通过法纪教育使人们懂得安全法规和安全规章制度是实践经验的总结，它们反映出安全生产的客观规律。自觉地遵守法律法规，安全生产就有了基本保证。同时，通过法纪教育还要使人们懂得法律带有强制的性质，如果违章违法，造成严重的事故后果，就要受到法律的制裁。

2）安全技术知识教育

安全技术知识教育包括一般生产技术知识教育、一般安全技术知识教育和专业安全技术知识教育。

一般生产技术知识教育主要包括：企业的基本生产概况、生产技术过程、作业方式或工艺流程；与生产技术过程和作业方法相适应的各种机器设备的性能和相关知识；工人在生产中积累的生产操作技能和经验；产品的构造、性能、质量和规格等。

一般安全技术知识是企业所有职工都必须具备的安全技术知识。它主要包括：企业内危险设备的区域及其安全防护的基本知识和注意事项；有关电器设备（动力及照明）的基本安全知识；生产中使用的有毒有害原材料或可能散发有毒有害物质的安全防护基本知识；企业中一般消防制度和规划；个人防护装备的正确使用；事故应急方法以及伤亡事故报告等。

专业安全技术知识是指某一作业的职工必须具备的专业安全技术知识。它主要包括安全技术知识、工业卫生技术知识和根据这些技术知识和经验制定的各种安全操作技术规程等。

3）典型经验和事故教训教育

先进的典型经验具有现实的指导意义，通过学习使职工受到启发，对照先进找出差距，促进安全生产工作的进一步发展。

4）现代安全管理知识教育

"安全学""安全科学原理""安全系统工程""安全人机工程""安全心理学"及"劳动生理学"等知识随着安全管理的深入开展而被广泛应用。这些理论为辨识危险、预防事故发生、提出有效对策提供了系统的理论和方法，并能够设计系统使其达到最优。

（2）安全教育培训的组织与实施

针对建筑工程特点，根据《中华人民共和国安全生产法》《建设工程安全生产管理条例》等法律、法规、规范，施工单位应对从业人员进行安全教育，安全教育应覆盖所有从业人员。安全教育培训需要分层次逐级进行，主要包括：三级安全教育；现场安全教育；节假日、季节性等专项安全教育等。

1）三级安全教育

项目部组织开展二级教育。教育内容应包括：安全生产法律法规；安全生产方针、目标；现场安全生产、文明施工管理制度与要求。教育时间累计应达到 15 个学时。

分包队负责班组级安全教育。教育内容应包括：本工种安全技术操作规程；现场安全纪律、个人防护用品正确使用方法；"四不伤害"意识能力；安全用电知识及文明施工。教育时间应达到 20 学时。

特种作业人员需持有特种作业操作证，并对其进行有针对性的专业安全操作技术方面的教育。

2）现场安全教育

项目部按每月不少于一次召开由项目经理组织全员参与的安全教育大会。

每日各班组进行班前安全教育会。对昨日的安全生产进行总结讲评，布置当天的安全生产管理和安全防护要点。表彰安全生产好人好事，批评违章违纪行为及当事人，并进行处罚。

采用交叉作业进行施工时，由责任工程师负责组织，分包队施工负责人配合开展安全教育。

采用新技术、新工艺、新材料时，需对操作人员的相关安全操作规程进行专门培训。

3）节假日、季节性等专项安全教育

季节性施工安全教育主要是指雨季施工和冬季施工教育。应由项目总工、执行经理负责，可逐级开展。要使现场管理人员和所有施工作业人员都受到教育并了解、熟悉安全防范要点、对策措施及必须遵守的相关规定与要求。

节假日前要对现场所有员工组织专门教育，将节假日安排公布于众，提高节假日期间安全施工的意识，并应着重进行应急预案的普及教育和专门人员的培训与演练。

涉及国家重大政治活动以及具有重大影响的事件，国家、政府号召开展的相关活动，项目部主要负责人要向员工贯彻政府有关精神和公司要求，布置本项目贯彻确保安全生产、预防事故、事件的措施和规定。

2. 安全技术交底

根据《建设工程安全生产管理条例》第二十七条：建设工程施工前，施工单位负责项目管理的技术人员应当对有关安全施工的技术要求向施工作业班组、作业人员作出详细说明，并由双方签字确认，即进行安全技术交底。

施工现场的所有施工活动都必须进行安全技术交底。安全技术交底必须用专用交底用纸书面完成，书写工整、字迹清晰或按规定格式用计算机打印完成。交底人与被交底人必须亲笔签字，并各自持有一套书面资料。

安全技术交底必须贯彻项目工程施工组织设计、专项安全技术措施方案和工人安全技术操作规程，并结合施工环境、条件及工程特点，同时具有针对性。

安全技术交底必须按工种分部分项交底。施工条件发生变化时，应有针对性地补充交底内容，冬雨季节施工应有针对季节气候特点的安全技术交底。工程因故停工，复工时应重新进行安全技术交底。

无论采取何种承包形式，必须保证安全技术交底逐级下达到施工作业班组。

施工组织设计（施工方案）交底顺序为：项目总工程师—项目技术人员—责任工程师；分部分项施工方案（或操作手册）交底顺序为：项目技术人员—责任工程师—班组长；分项施工方案（作业指导书）交底顺序为：责任工程师—班组长—作业人员。

安全技术交底文字资料来源于施工组织设计和专项施工方案，交底资料应接受项目专职安全管理人员监督。专职安全管理人员应审核安全技术交底的准确性、全面性和针对性，并存档。

3. 安全检查

安全检查是对施工项目贯彻安全生产法律法规的情况、安全生产状况、劳动条件、事故隐患等所进行的检查，其主要内容包括：查安全思想、查安全责任、查安全制度、查安全措施、查安全防护、查设备设施、查教育培训、查操作行为、查劳动防护用品使用、查伤亡事故处理等。

根据《建筑施工安全检查标准》JGJ 59—2011,制定以下安全检查细则。

(1) 安全检查的目的和内容

对建筑施工中易发生危险或伤害事故的施工部位、施工过程、现场防护设施、施工机械设备、防护装置以及季节性特殊防护措施等进行检查,督促现场安全防护及安全管理执行相关规范与标准,对施工中的违章指挥、违章作业、违反劳动纪律的行为与活动进行监督检查与处置,推广先进安全防护技术与安全管理。

安全生产检查执行《建筑施工安全检查标准》JGJ 59—2011,对施工过程安全管理、文明施工、脚手架、"三宝""四口"防护、施工用电、物料提升机、吊篮、施工机具等进行检查。检查时,应按照检查表所列项目,并结合现场实际做全面检查。

项目部安全生产文明施工检查由项目经理带队,各管理人员、劳务班组等人员参加。查出的安全隐患以及文明施工问题,应下达整改指令。必要时,可责令停工整改。各级安全检查应有主要负责人参加,有特殊要求的安全检查应按具体要求实施。

(2) 安全检查方法

1) 常规检查

常规检查是常见的一种检查。通常是由专职安全员作为检查主体,到作业场所的现场,通过感观或辅助一定的简单工具、仪表等,对作业人员的行为、作业场所的环境条件、生产设备设施等进行的定性检查。安全检查人员通过这一手段,可及时发现现场存在的安全隐患并采取措施予以消除,纠正施工人员的不安全行为。

2) 安全检查表法

安全检查表(SCL)是事先把系统加以剖析,列出各层次的不安全因素,确定检查项目,并把检查项目按系统组成顺序编制成表,以便及时进行检查或评审。安全检查表是进行安全检查,发现和查明各种危险和隐患,监督各项安全规章制度的实施,及时发现事故隐患并制止违章行为的一个有力工具。

21- 安全检查表

安全检查表应列举需查明的所有可能会导致事故的不安全因素。每个检查表均需注明检查时间、检查者、直接负责人等,以便分清责任。安全检查表的设计应做到系统、全面,检查项目应明确。

(3) 安全检查评价

安全检查后要进行认知分析及安全评价,具体分析哪些项目没有达标,存在哪些需要整改的问题,填写安全检查评分表、事故隐患通知书、违章处罚通知书或停工通知书等。安全检查评分表分保证项目和一般项目。保证项目包括：安全生产责任制、施工组织设计或专项施工方案、安全技术交底、安全检查、安全教育、应急救援等。一般项目包括：分包单位安全管理、持证上岗、生产安全事故处理、安全标志等。

存在隐患的单位必须按照检查人员提出的隐患整改意见和要求落实整改。检查人员对整改落实情况进行复查，获得整改效果的信息，以实现安全检查工作的闭环。

对安全检查中发现的问题和隐患，应定人、定时间、定措施组织整改，并跟踪复查。企业和项目部应依据安全检查结果定期组织实施考核，落实奖罚，以促进安全生产管理。

4. 安全生产责任制

根据《建设工程安全生产管理条例》，施工单位应当建立健全安全生产责任制度，安全生产责任制度是指导各岗位履行安全生产职责的指导性标准，也是责任追究的依据。工程项目应当建立以项目经理为第一责任人的安全生产责任制，常见岗位的安全生产责任制内容如下。

（1）项目经理

1）是项目安全生产第一责任人，对项目的安全生产工作负全面责任。

2）认真贯彻、严格执行《中华人民共和国建筑法》《中华人民共和国安全生产法》等国家、地方政府和行业有关安全生产法律法规、标准规范，组织落实集团和公司的安全生产规章制度。

3）组织制定项目安全生产管理目标和安全保证措施计划，并贯彻落实。实施过程中严格执行公司安全生产奖罚办法。

4）按照相关规定建立项目安全生产、消防管理、文明施工管理小组，配备专职安全管理人员，依据企业相关管理制度，建立和完善项目相关制度。

5）落实安全生产管理责任，组织与项目管理人员、劳务分包、专业分包等相关方签订安全生产责任书、协议书，督促和检查安全技术交底和安全防护设施的检查验收。

6）组织编制项目施工组织设计及专项方案，组织落实安全技术措施，重视改善作业人员劳动条件，保证作业人员的作业安全。

7）负责安全生产措施费用的及时投入，组织制订安全费用投入计划，每月按实统计上报，保证专款专用。

8）组织并参加对项目管理人员和作业工人的安全教育、培训和交底工作。

9）组织并参加项目每周定期的安全生产检查，落实隐患整改。督促和支持安全员及管理人员正常开展的安全检查和督促整改工作。

10）参加对现场大型机械设备、危险性较大的分部分项工程安全防护设施的验收。监督安全防护用品及涉及安全性能的物资的采购和使用，杜绝不合格品进入项目和投入使用。

11）组织召开安全生产例会，研究解决安全生产中的重大问题。

12）组织编制项目应急预案，并进行交底和演练。

13）组织编制和落实施工现场文明施工及环境保护措施，推进现场管理安全标准化。

14）及时、如实报告生产安全事故，负责事故现场的保护和伤员救护工作，配合事故调查和处理。

（2）项目副经理（执行经理）

1）组织项目施工生产，对项目的安全生产负主要领导责任。

2）认真贯彻、严格执行《中华人民共和国建筑法》《中华人民共和国安全生产法》等国家、地方政府和行业有关安全生产法律法规、标准规范，组织落实集团和公司的安全生产规章制度。

3）协助项目经理落实安全生产责任制，参与安全生产管理策划工作。

4）组织制定和实施安全专项方案和有针对性的安全技术措施，要经常性督促检查和指导分项工程、专项工程安全技术交底的落实。

5）负责组织施工现场危险源和环境因素的辨识和评价，对重大危险源进行公示。

6）组织对现场机械设备、安全设施和消防设施的验收。

7）组织进行施工现场日常安全生产和文明施工检查，对发现的问题落实整改。

8）负责安全设施所需的材料、设备采购计划的审核把关，并督促相关人员做好采购合格材料和进场验收工作。

9）积极应用"新技术、新工艺、新材料、新设备"四新技术，保障安全生产，遏制和减少安全事故的发生。

10）组织项目积极参加各项安全生产、文明施工达标活动。

11）负责编制项目应急预案，并组织交底和演练。

12）发生伤亡事故，按照应急预案处理，组织抢救人员、保护现场。

（3）项目技术负责人

1）对项目的安全生产负技术工作责任。

2）认真贯彻、严格执行《中华人民共和国建筑法》《中华人民共和国安全生产法》等国家、地方政府和行业有关安全生产法律法规、标准规范，组织落实集团和公司的安全生产规章制度。根据项目安全生产工作的需要，配备有关安全技术标准、规范，并组织培训和学习。

3）参与编制安全生产保证计划，并组织内部安全评估和审核，负责上报审批流程和反馈意见的落实。

4）组织施工组织设计（施工方案）的技术交底工作，检查施工组织设计或施工方案中安全技术措施的落实情况。对本项目中有区别于常规的施工工艺或是施工部位，提出补充性的安全技术措施。

5）负责督促对施工现场各阶段、各专业的针对性安全技术交底工作，负责对重点危险部位的安全技术方案进行交底。

6）组织编制危险性较大的分部分项工程安全专项施工方案，组织超过一定规模的危险性较大的分部分项工程的专项方案专家论证工作。

7）参加工程项目脚手架、模板支架、临时用电、大型机械设备及特殊部位安全防护的验收，履行验收手续。

8）对施工方案中安全技术措施的变更或采用"新技术、新工艺、新材料、新设备"四新技术要及时上报，审批后方可组织实施，并做好现场的培训和交底。

9）参加安全检查工作，对发现的重大隐患提出整改技术措施。

10）参与危险源的识别、分析和评价，编制危险源清单，协助对重大危险源进行公示。

11）参加事故应急和调查处理，分析技术原因，制定预防和纠正技术措施。

（4）项目商务经理

1）对项目安全生产中安全专项费用和安全技术措施费用的落实负责。

2）认真贯彻、严格执行《中华人民共和国建筑法》《中华人民共和国安全生产法》等国家、地方政府和行业有关安全生产法律法规、标准规范，组织落实集团和公司的安全生产规章制度。监督和落实项目安全生产费用的投入、使用和统计分析工作。

3）确定工程合同中的安全生产措施费，在业主支付工程款时确保安全生产措施费同时得到支付。

4）在组织工程合同交底、签订分包合同时，明确安全生产、文明施工措施费的范围、比例（或数量）及支付方式。

5）保证项目安全生产措施费的及时支付，做到专款专用，优先保证现场安全防护和安全隐患整改的资金。

6）负责项目部安全宣传、教育、培训所需费用落实到位，按需使用。

7）审核项目安全生产措施费清单，并对该费用的统筹、统计工作负责。

（5）项目安全总监/安全负责人

1）对项目的安全生产负监督检查、措施落实的责任。

2）认真贯彻、严格执行《中华人民共和国建筑法》《中华人民共和国安全生产法》等国家、地方政府和行业有关安全生产法律法规、标准规范，组织落实集团和公司的安全生产规章制度。监督项目安全管理人员的配备和安全生产费用的落实。

3）协助项目部制定有关安全生产管理目标、安全生产制度、生产安全事故应急预案等。

4）对危险源的识别进行审核，对项目安全生产监督管理进行总体策划并组织实施。

5）参与编制项目安全设施和消防设施方案，合理布置现场安全警示标志。

6）参与现场机械设备、安全设施、电力设施和消防设施的验收。

7）组织定期安全生产检查，组织安全管理人员每天巡查，督促隐患整改。对存在重大安全隐患的分部分项工程，有权下达停工整改决定。

8）落实施工人员安全教育、培训、持证上岗的相关规定，组织作业人员入场三级安全教育。

9）组织开展安全生产月、安全达标、文明工地创建活动，督促项目部及时上报有关活动资料。

10）发生事故应立即报告，并迅速参与抢救。

11）归口管理有关安全资料。

（6）项目专业工程师（专业工长）

1）根据"管生产必须管安全"的原则，对其管理的分部分项工程（施工区域或专业）范围内的安全生产、文明施工全面负责。

2）严格遵守建筑工程安全生产法律法规和标准规范，坚持"安全第一、预防为主、综合治理"的安全生产方针，认真执行集团和公司的各项安全生产规章制度。

3）按照安全生产保证计划要求，对所管辖施工区域进行全过程管理和监控，严格实施本工程安全操作规程和技术规范。

4）按照施工组织设计或施工专项方案和安全技术操作规程的要求，结合负责施工的工程特点，以书面方式逐条向施工班组全员进行安全技术交底，履行签字手续，做好交底记录并归档保管。

5）检查施工人员执行安全技术操作规程的情况，制止不顾人身安全、违章冒险蛮干的行为。

6）参加管辖范围内的机械设备、临时用电、安全防护设施和消防设施的验收，并负责对设施的完好情况进行过程监控。

7）负责临边、洞口、高处作业的安全防护措施以及特殊脚手架、施工用电、各项安全技术方案的落实。

8）参加项目组织的安全生产、文明施工检查，针对管辖范围内的安全隐患制定整改措施并落实。

9）有权拒绝不符合安全操作规程的施工任务。

10）在危险性较大的工程施工中，负责现场指导和监管。

11）发生生产安全事故时，要立即向项目经理报告，组织抢救伤员和人员疏散，并保护好现场，配合事故调查，认真落实防范措施。

（7）项目安全员

1）对项目安全生产、文明施工、消防管理和环境保护负监督检查责任，对施工现场实行全过程、全方位的进行巡查或旁站式监督，实施奖优罚劣。

2）贯彻执行建筑工程安全生产法律法规、标准规范，坚持"安全第一、预防为主、综合治理"的安全生产方针，具体落实公司的各项安全生产规章制度。协助上级部门和公司对项目的安全检查和督促工作。

3）参与制定项目有关安全生产管理制度、安全技术措施计划和安全技术操作规程，督促落实并检查执行情况。

4）参与项目危险源和环境因素的辨识，设立重大危险源告示牌，并根据施工变化动态调整、及时更新。

5）组织项目日常安全教育，督促班组开展班前安全活动。做好施工人员的入场安全教育、三级安全教育、节假日安全教育、各工种换岗教育和特殊工种培训取证以及安全规定、文明施工、法制教育等工作，并记录在案。

6）每天对施工现场进行安全巡查，及时纠正和查处违章指挥、违规操作、违反安全生产纪律的行为和人员，并填写安全日志。对施工现场存在的安全隐患有权责令纠正和整改，对重大安全隐患行使安全"一票否决制"，有权下达局部停工或是全部停工决定，并第一时间向公司主管部门和领导汇报。

7）监督检查施工人员的施工行为。制止违章作业，严格安全纪律，当安全与生产发生冲突时，有权制止冒险作业。监督特殊工种施工人员持证上岗，安全作业。

8）监督检查施工人员佩戴劳动防护用品的情况，及时纠正违章行为。参与、配合对进入现场的各种安全防护用品、劳动保护用品及机械设备的验收检查工作。

9）对危险性较大的工程安全专项施工方案的实施过程进行旁站式监督。

10）掌握项目安全生产动态，发现事故预兆及时采取预防措施，组织开展安全活动。对各类检查中发现的安全隐患督促落实整改，对整改结果进行复查。

11）参加现场机械设备、临时用电、安全防护设施和消防设施的验收。

12）参与编制应急预案，参与交底和演练活动。

13）建立项目安全管理资料档案，如实记录和收集安全检查、交底、验收、教育培训及其他安全活动的资料。

14）发生生产安全事故要立即向项目经理报告，参与抢救、保护现场，并对事故的发生经过、应急救援、处理过程做好详细记录。

(8) 项目质量员

1）遵守建筑工程安全生产法律法规，坚持"安全第一、预防为主、综合治理"的安全生产方针，认真执行集团和公司的各项安全生产规章制度。

2）认真执行项目施工组织设计，在检查工程质量的同时，严格要求安全技术措施到位。

3）参与制定并贯彻项目安全管理目标，组织实施安全生产保证体系。

4）严格按国家有关安全规程、规范要求把关，发现材料、构件、设备和施工工艺存在安全隐患的，有权及时制止。

5）对现场使用的安全用品、安全设施和配件定期进行质量检查和试验，对不合格和破损的要及时向项目部汇报。

6）参加各项安全生产检查，参加安全活动，积极提出安全合理化建议。

(9) 项目物资管理员

1）严格遵守现场安全生产、文明施工、消防管理和环境保护管理规定。

2）按照项目安全生产保证计划要求，组织各种安全防护、劳动保护、重要物资等的供应工作。

3）凡购置的各种机具设备、新型建筑装饰、防水等料具或直接用于安全防护的料具、设备，必须执行国家、地方政府有关规定，必须有产品介绍或说明的资料，严格审查其产品合格，必要时做抽样试验，回收后必须检修。

4）采购的劳动保护用品，必须符合国家标准及地方政府有关规定，并向主管部门提供情况，接受对劳动保护用品质量的监督检查，特种防护用品如安全网、安全带及漏电保护器的采购要经过有关部门审定认可后方可购买。

5）按照文明施工要求做好材料堆放和储存，加强对防火、防爆物品等危险物资的保管、发放和回收管理工作，对此类物资的运输加强安全管理和督促。

6）保障劳动保护用品、安全防护用品的按需供应和保管发放。

（10）项目资料员

1）严格遵守现场安全生产、文明施工、消防管理和环境保护管理规定。

2）负责和督促施工现场安全生产保证体系资料台账的收集、分类、整理、存放、借阅、移交等工作。

3）及时掌握施工管理信息，督促岗位人员做好安全记录，对安全资料的形成进行管理和监控。

4）安全生产管理资料应保管到工程竣工后，按档案管理要求整理，做好归档移交工作。

5）参与项目部安全管理制度建设工作，负责和配合上级单位及公司对项目部安全资料工作的检查。

6）未经许可任何人不得随意复印外传安全技术文件、保密文件及相关文件。

（11）劳务班组长

1）严格遵守现场安全生产、文明施工、消防管理和环境保护管理规定。

2）主动组织本班组作业人员接受安全教育和培训，学习安全操作规程和安全作业制度。

3）收集本班组作业人员身份证件，关注作业人员的来源、年龄和健康状况，对不适于项目现场施工的人员应及时告知并劝退。

4）教育本班组作业人员服从项目管理，不违章作业、违反劳动纪律，作业过程中做到"四不伤害"，但有权拒绝违章指挥行为。

5）听从专职安全员的检查和指导，接受改进措施，做好上下班的交接工作和自检工作。

6）发动全组职工，为促进安全生产和改善劳动条件提出合理化建议，并做好记录和汇报工作。

7）支持班组安全员工作，及时采纳安全员的正确意见，发动全组职工共同做好安全生产。

8）组织班组安全活动，开好班前安全生产会，并根据作业环境和作业人员的思想状态、身体素质、技术能力合理分配施工任务。

9）特种作业人员必须经考试合格取得资格证书，方可上岗作业。

10）上班前对所有的机具、设备、防护用具及作业环境进行安全检查，发现问题立即采取整改措施，及时消除隐患。正确使用安全防护品、机械设备等，正确识别现场的安全警示标志，严禁破坏安全设施。

11）发生工伤事故，及时向项目经理报告并保护好现场。

（12）劳务施工人员

1）自觉遵守有关安全生产法律法规、标准规程和劳动纪律，主动接受安全生产教育和培训。

2）特种作业人员必须接受专门的培训,经考试合格取得操作资格证书,方可上岗作业。

3）接受并严格按照安全操作规程和安全技术交底进行操作,不违章作业、违反劳动纪律,有权拒绝违章指挥行为,做到"四不伤害"(不伤害自己、不伤害他人、不被他人伤害、保护他人不受伤害)。

4）正确使用安全生产工具、佩带劳动保护用品。

5）正确识别现场的安全警示标志,严禁破坏安全防护设施和消防设施,及时向现场管理人员反映施工现场的不安全因素。

6）服从项目部的管理,接受专业工长、安全员和班组长的检查、督促和劝告,及时纠正违章和违规行为,以及其他不安全行为,避免人身受到伤害,减少安全事故的发生。

7）发生事故立即向班组长和项目经理报告,听从指挥,并积极参加抢险。

安全生产责任制建立后还应根据工程实际情况进行调整,具体以项目岗位安全生产责任书为准。

7.3　施工现场文明施工管理

文明施工是指保持施工场地整洁、卫生,施工组织科学,施工程序合理的一种施工活动。实现文明施工,不仅要着重做好现场的场容管理工作,而且还要相应做好现场材料、设备、安全、技术、保卫、消防和生活卫生等方面的管理工作。一个工地的文明施工水平是该工地乃至所在企业各项管理工作水平的综合体现。

1.文明施工基本条件

（1）有整套的施工组织设计（或施工方案）。

（2）有健全的施工指挥系统和岗位责任制度。

（3）工序衔接交叉合理,交接责任明确。

（4）有严格的成品保护措施和制度。

（5）有大小临时设施和各种材料。

（6）施工场地平整,道路畅通,排水设施得当,水电线路整齐。

（7）机具设备状况良好,使用合理,施工作业符合消防和安全要求。

2.文明施工基本要求

（1）施工现场要建立文明施工责任制,划分区域,明确管理负责人,实行挂牌制,做到现场清洁整齐。

（2）施工现场场地平整,道路坚实畅通,有排水措施,基础、地下管道施工完成后要及时回填平整，清除积土。

（3）现场施工临时水电要有专人管理，不得有长流水、长明灯。

（4）施工现场的临时设施，包括生产、办公、生活用房、仓库、料场、临时上下水管道以及照明、动力线路，要严格按施工组织设计确定的施工平面图布置、搭设或埋设整齐。

（5）工人操作地点和周围必须清洁整齐，做到活完脚下清、工完场地清，丢洒在楼梯、楼板上的杂物和垃圾要及时清除。

（6）要有严格的成品保护措施，严禁损坏污染成品、堵塞管道。

（7）建筑物内清除的垃圾渣土要通过临时搭设的竖井或利用电梯井或采取其他措施稳妥下卸，严禁从门窗口向外抛掷。

（8）施工现场不准乱堆垃圾及余物，应在适当地点设置临时堆放点，并定期外运。清运垃圾及流体物品要采取遮盖防漏措施,运送途中不得遗撒。

（9）根据工程性质和所在地区的不同情况，采取必要的围护和遮挡措施，并保持外观整洁。

（10）针对施工现场情况设置宣传标语和黑板报，并适时更换内容，切实起到表扬先进、促进后进的作用。

（11）施工现场严禁居住家属，严禁居民、家属、小孩在施工现场穿行、玩耍。

（12）施工现场应建立不扰民措施，针对施工特点设置防尘和防噪声设施，夜间施工必须有当地主管部门的批准。

企业应通过培训教育、提高现场人员的文明意识和素质，并通过建设现场文化，使现场成为企业对外宣传的窗口，树立良好的企业形象。项目经理部应按照文明施工标准，将文明施工工作进行分解，并定期进行评定、考核和总结。

本章小结

本章详细阐述了职业健康安全与环境管理的具体内容，包括概述、安全管理的具体措施、安全隐患和事故的处理、施工项目的文明施工和现场管理等。

概述中介绍了项目职业健康安全与环境管理体系产生的背景及体系的内容。

安全管理的具体措施有职业健康安全生产教育、安全生产责任制、安全技术交底以及项目职业健康安全技术检查的内容。

在项目职业健康安全隐患和安全事故中介绍了安全事故的分类以及项

目职业健康安全事故处理的程序。

　　施工项目文明施工的内容有文明施工的基本条件、基本要求以及文明施工的具体内容。

　　在项目现场管理中包括现场管理及现场环境保护、现场环境卫生管理、消防保安管理等。

　　本章的教学目标是使学生熟悉职业健康安全与环境管理的具体措施，通过案例来了解实践中编制相关内容的一些基本要求。

 推荐阅读资料

　　1. 住房和城乡建设部. 建设工程项目管理规范：GB/T 50326—2017[S]. 北京：中国建筑工业出版社，2017.

　　2. 蒲建明. 建筑工程施工项目管理总论 [M]. 北京：机械工业出版社，2013.

　　3. 项建国. 建筑工程施工项目管理 [M]. 北京：中国建筑工业出版社，2015.

 推荐观看视频

22-"交"你安全

23- 丰城发电厂"11.24"施工平台坍塌事故案例

习　题

1. 选择题

（1）单选题

①一次事故中死亡 3 人以上（含 3 人）的事故被称之为（　　）。

A. 重大伤亡事故　　　　　　　B. 特大伤亡事故

C. 死亡事故　　　　　　　　　D. 重大事故

②防止噪声污染的最根本措施是（　　）。

A. 从声源上降低噪声　　　　　B. 采用隔声装置

C. 从传播途径上控制　　　　　D. 对接收者进行防护

③施工安全技术措施可按施工准备阶段和施工阶段编写。其中，施工准备阶段主要包括技术准备、物资准备、施工现场准备和（　　）。

A. 设备准备　　　　　　　　　B. 施工队伍准备

C. 施工方案准备　　　　　　　D. 资料准备

④施工安全技术交底就是在建设工程施工前，由（　　）向施工班组和作业人员进行有关工程安全施工的详细说明，并由双方签字确认。

A. 项目部的技术人员　　　　　B. 设计单位代表

C. 监理工程师　　　　　　　　D. 项目部的预算人员

⑤下列关于现场文明施工基本要求的说明，不正确的是（　　）。

A. 在车辆、行人通行的地方施工，应当设置施工标志，并对沟、井、坎、穴进行覆盖

B. 施工现场的管理人员在施工现场应佩戴证明其身份的证卡

C. 施工现场必须设置明显的标牌，业主单位负责现场标牌的保护工作

D. 应当做好施工现场安全工作，采取必要的防盗措施，在现场周边设立围护

⑥发生安全事故后，首先应该做的工作是立即（　　）。

A. 进行事故调查　　　　　　　B. 对事故责任者进行处理

C. 编写事故调查报告并上报　　D. 抢救伤员，排除险情

⑦所有新员工必须经过三级安全教育，即（　　）。

A. 进厂教育、进车间教育、进班组教育

B. 进厂教育、进车间教育、上岗教育

C. 厂领导教育、项目经理教育、班组长教育

D. 厂领导教育、生产负责人教育、项目经理教育

（2）多选题

①职业健康安全管理体系的作用是（　　）。

A. 有助于推动职业健康安全法规和制度的贯彻执行

B. 能促进企业职业健康安全管理水平的提高

C. 能提高企业的全面管理水平

D. 可以使企业保质、保量完成施工任务

E. 可以促进我国职业健康安全管理标准与国际接轨，有助于消除贸易壁垒

②环境保护的主要内容有（　　）。

A. 预防和治理环境污染　　　　B. 防止环境破坏

C. 保护有特殊价值的自然环境　D. 提高居民健康水平

E. 防止气候变暖

③根据建设工程职业健康安全事故的处理，安全事故处理的原则包括（　　）。

A. 事故原因不清楚不放过

B. 事故责任者和员工没有受到教育不放过

C. 事故责任者没有处理不放过

D. 没有制定防范措施不放过

E. 事故没有受到调查不放过

④下列属于安全检查主要内容的选项有（　　）。

A. 查制度　　　　　　　B. 查思想　　　　　　　C. 查整改

D. 查施工现场　　　　　E. 查事故处理

⑤伤亡事故按受伤性质可分为（　　）。

A. 轻伤、重伤、死亡　　　　　B. 电伤、挫伤、割伤、擦伤

C. 刺伤、撕脱伤、扭伤　　　　D. 物体打击、火灾、机械伤害

E. 倒塌压埋伤、冲击伤

2. 简答题

（1）试述何为职业健康安全与环境管理以及它们的特点。

（2）事故预防与控制的措施有哪些？

（3）试述职业健康安全事故的处理程序。

（4）施工项目文明施工包括哪些内容？

3. 案例题

某综合楼为四层砖混结构。该工程施工时，在安装三层预制楼板时发生墙体倒塌，先后砸断部分三层和二层楼板共 12 块，造成三层楼面上的一名工人随倒塌物一起坠落而死亡，直接经济损失 1.2 万元。经调查，该工程设计没有问题。施工时按正常施工顺序，应先浇筑现浇梁，安装楼板后再砌三层的砖墙。实际施工中由于现浇梁未能及时完成，先砌了三层墙，然后预留楼板槽，槽内放立砖，待浇筑承重梁后再嵌装楼板，在嵌装楼板时，先撬掉槽内立砖，采用边安装楼板、边塞缝的施工方案。在实际操作中，工人以预留槽太小，楼板不好安装为由，把部分预留槽加大，并且也未按边装板、边塞缝的要求施工。

问题：

（1）简要分析这起事故发生的原因。

（2）这起事故可认定为哪种等级的重大事故？依据是什么？

（3）若需要对该事故进行事故现场勘察，应勘察哪些内容？

24- 习题参考答案

综合实训

1. 实训内容

为提高学生的实践能力，将理论知识运用于实际工程的操作技能，学生应参考《建设工程项目管理规范》GB/T 50326—2017 和教材的相关内容来练习编写某工程的安全文明施工方案。

2. 实训要求

方案中应包括的主要内容有：工程概况、安全生产责任制的建立、主要分部工程的安全生产施工方案及技术措施、现场文明施工管理。教师可将本实训内容安排在本章内容教学过程中或者学生实习过程中，教师要指导学生按照具体要求和格式来编写，尽量做到规范化、标准化。

第 8 章

建筑装饰工程 BIM 管理

教学目标

通过本章内容的学习，了解建筑装饰项目 BIM 技术的概念、BIM 技术的特点、BIM 技术的优势、BIM 技术产生的背景及具体内容；掌握 BIM 技术的特点；熟悉建筑装饰工程 BIM 创新工作模式和施工管理应用。

教学要求

能力目标	知识要点	权重	自测分数
了解 BIM 技术的概念	BIM 技术的概念、BIM 技术的特点	10%	
掌握 BIM 技术的优势和技术特点	BIM 技术在装饰工程施工中的优势、BIM 技术的特点	30%	
熟悉 BIM 技术的应用现状	BIM 技术的应用现状	25%	
熟悉建筑装饰工程技术 BIM 创新模式	建筑装饰工程技术 BIM 创新模式及具体内容	20%	
熟悉 BIM 技术在施工项目现场管理的应用	项目现场管理 BIM 技术应用	15%	

 引例

上海迪士尼乐园后勤区位于核心区内，建设内容包括总建筑面积 5 万 m^2 的 27 栋建筑物和占地面积 45.7 万 m^2 的室外工程。后勤区主要为为乐园提供服务的后勤功能区，包括办公楼、维修车间、巡游大楼、演职人员活动大楼等项目。在建设过程中，项目业主要求所有施工企业对项目的建设进行大数据管理，即对从深化设计到项目交底、方案优化、碰撞试验等过程进行建设项目信息化管理。BIM 技术的应用对工程施工精细化、过程可视化起到了非常重要的作用。

8.1　建筑装饰 BIM 技术概述

8.1.1　BIM 技术

1. BIM 技术的概念

近三十年来，工程建设行业由于产业结构分散、信息交流不畅、项目管理粗放、建造成本居高不下，严重影响整体发展水平。另外，由于世界范围内可持续发展的要求，需要工程建设行业进行技术革新。为解决上述问题，20 世纪 70 年代美国最早出现了相关技术的研究。2002 年，Jerry Laiserin 将 BIM 作为专业术语提出。随后，BIM 这一方法和理念被广泛推广应用，BIM 技术成为推动建筑业革命性发展的重要技术途径。

根据国标《建筑信息模型应用统一标准》GB/T 51212—2016、《建筑信息模型施工应用标准》GB/T 5125—2017 中的定义，建筑信息模型（Building Information Modeing，BIM）是指"在建设工程及设施全生命期内，对其物理和功能特性进行数字化表达，并依此设计、施工、运营的过程和结果的总称。简称模型"。

这个定义包含两层含义，第一层：建设工程及其设施的物理和功能特性的数字化表达，在全生命期内提供共享的信息资源，并为各种决策提供基础信息；第二层：BIM 的创建、使用和管理过程，即模型的应用。从定义可以看出，BIM 技术是一种应用于工程设计、建造、管理的信息化工具，通过参数化的模型整合各种项目的相关信息，在项目规划、设计、施工、运营的全生命期过程中进行共享和传递，使工程技术人员基于正确建筑信息高效应对各种工程问题，为各专业设计和施工团队以及包括建筑运营单位在内的各参与方提供协同工作的基础，在提高生产效率、节约成本和缩短工期方面发挥重要作用。

BIM 的出现正在改变建筑项目参与各方（业主、建筑师、工程师、施工承包商、后期物业管理运维等）的协作和交付方式，使每个人都能提高生产效率并获得收益，从而引发建筑行业的技术革命。

2. BIM 技术的特点

综合当前 BIM 发展及应用情况，其主要特点有以下几点。

（1）可视化

可视化是利用计算机图形学和图像处理技术，将数据转换成图形或图像在屏幕上显示出来，同时可以进行交互处理。BIM 技术可以有效展现设计师的创意，能够直观展示建筑模型和构件，表现复杂构造和节点，可基于模型快速生成效果图和漫游动画。另外，可以模拟施工方案和施工工艺，检测建筑构件之间的碰撞，精确掌控建筑项目的整个施工过程。

（2）参数化

参数即变量，BIM 技术支持设计人员根据工程关系和几何关系，通过参数建立各种约束关系满足设计要求。基于参数化的方法，通过简单调整模型中的变量值就能建立和分析新的模型。同时，由于参数化模型中的各种约束关系，与之相关部分的几何关系可以关联变动，不用专门再修改。BIM 的参数化性能提高了模型的生成和修改速度。

（3）可出图性

利用 BIM 建模工具创建的模型由于信息全面、完整、准确，可以快速直接从中导出和生成平面图、立面图，可以剖切和生成无限量的剖面图、详图、三维图，让绘制设计图纸成果变得快捷方便；可利用配套工具进行碰撞检查，直观观看各专业内部、外部的设计问题，解决碰撞问题，控制净空，生成优化的管线综合布置图；另外，对钢结构等专业可以输入参数，直接生成预制构件模型及其加工图，紧密实现与工厂生产的对接，提高生产质量和效率。

（4）模拟性

模拟是对真实事物或者过程的虚拟仿真。在设计阶段，对建筑物性能如能耗、采光、照明、声学、通风等进行仿真分析，提高了设计质量。在施工阶段，对施工方案、施工工艺、施工进度进行模拟，优化施工组织设计，对质量安全、工期、造价等实现预控，对设备进行监控，对能源运行和建筑空间进行有效管理。

（5）优化性

优化性是指为达到目的而采取更好的措施。建筑项目的全生命期其实就是对整个工作不断优化的过程。BIM 技术可以利用模型及其配套工具，找到关键的几何信息、属性信息、规则信息、数量信息等并进行分析，通过对建筑项目实施过程中设计方案、工程造价的对比分析，找出最适合的方案；对比较复杂和繁琐的工序工艺进行合理安排，改良、改善、改进和简化，进而节约时间和成本，高效地完成工程建设。

（6）协同性

在建筑项目的各阶段，各参与单位内外都需协同配合、紧密衔接，确保工程能够顺利进行。应用 BIM 技术进行管理，有利于工程各参与方内部和外部组织协同工作。在设计阶段，通过 BIM 对建筑物建造前期进行碰撞检查、模拟分析找出问题所在，生成并提供协调数据，提出修改方案；在施工阶段，对各方工程量、整体进度、各专业各工种流水段、成品保护等规划协调，使施工方案组织更高效完美。

（7）一体化

一体化是指从规划、设计、施工到运维、拆除，贯穿工程项目全生命期的一体化应用和管理。通过各阶段不同参与方不断地对模型进行更新，模型一直在流转，信息一直在演进，项目的全过程信息均包含在其中。这些信息提供给工程各参与方不同岗位的人员参考，能显著降低交流成本，提高整体利益。

（8）可拓展性

通过 BIM 技术，可对工程项目的几何信息、非几何信息及其相互关系进行描述，包含设计信息、施工信息和维护信息等。随着技术的发展，BIM 还有很大的拓展空间，可以兼容新技术、新工艺，纳入更多类型的新信息，完成各种优化应用，如利用三维扫描逆向建模、利用 BIM 放线等。BIM 技术在工程建设项目绿色化、工业化、智能化、信息化的实践过程中，将不断发展完善。

综上所述，BIM 技术以其独特的特点，在建筑全生命期的各个阶段都能充分发挥作用，是信息技术在建筑业中的直接体现和最新应用。BIM 技术为建设项目的各参与方提供了协同设计、交流工作的平台，在节约成本、保证进度和质量、保证施工安全、变更管理、设施管理、建筑节能等方面都能发挥巨大作用，并通过改善建设项目的管理和技术水平，推动整个建筑行业的进步和变革。

3. BIM 技术的优势

（1）各阶段应用优势

与过去采用二维图设计图纸相比，在建筑全生命期各阶段应用 BIM 技术存在不可比拟的优势。

1）规划阶段

在规划阶段，需要对建设项目的地形、地势、地质、水文、气候、日照、采光、噪声、交通、周边建筑、传统建筑文化、当地经济等进行全面的分析和考量。按照传统的规划方法，经常由于考虑不够全面而导致决策失误。采用 BIM 技术后，应用最新勘测设备和技术进行勘测建模，支持规划方案的参数化设计，针对规划方案进行性能指标分析和评价，实现多方案对比分析和可视化模拟，提升评价分析结果的科学性。

2）设计阶段

在设计阶段，建筑设计首先要符合传统的坚固、经济、美观、实用的标准，需要对建筑的节能、节水、节地、节材、环保进行全面考虑，应符合绿色建筑评价标准。传统的设计方法，由于多专业协作困难，使得设计周期长、设计错误多，且相关标准不易实现。采用 BIM 技术可以支持建筑的参数化设计，快速完成空间布置和单体设计，针对设计方案进行各项性能指标分析和评价，实现多方案对比分析和可视化模拟，快速对建筑设计方案进行综合性能评价，并可以优化设计方案，减少设计失误。

3）施工阶段

在施工阶段，工程各参与方都需要在一个现场按流程同时或先后作业，因各方数据沟通不畅，导致工期延长、成本增加、质量降低，造成浪费。

采用 BIM 技术后，可以支持建筑工程的集成管理，综合应用现代测量和数字监控技术，实现施工过程的数字管理。通过利用标准的工序库和资源库，基于建筑信息集成管理平台，实现建筑施工过程的自动化和可视化，提升施工效率，降低施工风险。

4）运维阶段

在运维阶段，物业管理需要对与房屋有关的一系列资产进行维护、运营和管理。使用传统方法,资产信息散乱。采用 BIM 技术后,通过实现设计、施工阶段与运行维护阶段的无缝衔接和信息共享，基于建筑信息集成管理平台，还可实现建筑运维期的节能减排、防灾减灾、保洁保养、维修改造、房屋租售等工作的信息化管理，提升物业资产管理效率。

5）拆除阶段

在拆除阶段，业主需要对与房屋有关的一系列资产进行清点、统计、拆卸、搬运、爆破、出售或再次就位。使用传统方法的拆除阶段的管理很容易失控,经常发生丢失、浪费现象,制造了很多不可回收利用的建筑垃圾，同时存在安全隐患。采用 BIM 技术后，通过运维阶段的 BIM 模型，可以进行拆除模拟，找到薄弱环节，消除安全隐患,实现旧建筑构件的有序拆除。另外，可以轻松统计资产，快速对重要部品设备等进行拆卸、搬运、出售、二次利用的组织管理，为拆除阶段系列活动的信息化管理提供技术支撑。

（2）BIM 技术的作用

BIM 技术通过建立数字化的 BIM 模型，集成项目相关的各种信息，服务于建设项目的规划、设计、施工、运营、拆除整个生命期，在提高生产效率、保证工程质量、节约成本、缩短工期等方面发挥出巨大的作用。BIM 技术的作用具体体现在以下几个方面。

1）实现建筑全生命期信息共享

在过去二十多年，工程技术人员主要依靠计算机或者手绘的二维图进行项目建设和运营管理，这种工作方式的信息共享效率较低，也间接导致管理粗放。BIM 技术支持建筑项目信息在设计、施工和运行维护全过程的充分交换和共享，促进建筑全生命期管理效益的提升。BIM 技术可以使建设项目的所有参与方（包括政府主管部门、业主单位、设计团队、施工单位等），在项目从规划设计到拆除的整个生命期内，都能够在模型信息的基础上应用 BIM 工具进行协同工作。

2）有效实现可持续设计的工具

BIM 技术有力地支持建筑的安全、美观、适用、经济等目标的实现。通过节能、节水、节地、节材、环境保护等多方面的分析和模拟，可以实现可预测、可控制等建筑全生命期的各种性能指标。例如，利用 BIM 技术，可以将设计结果自动导入建筑节能分析软件中进行能耗分析，或导入虚拟施工软件进行施工模拟，避免相关技术人员重新建立模型。又如，利用 BIM 技术，不仅可以直观地展示设计方案效果，而且可以直观地展示施工细节，进而对施工过程进行仿真，增加施工过程的可控性。

3）促进建筑业生产方式的转变

BIM 技术能够有力地支持设计与施工一体化，减少建设工程"错、缺、漏、碰"现象的发生，将传统设计工作流合并，在设计和施工阶段利用实时更新的信息进行协同工作，从而可以减少建筑全生命期的浪费，带来显著的经济和社会、环境效益。美国斯坦福大学整合设施工程中心（CIFE）根据 32 个项目总结了使用 BIM 技术的以下优势：①消除 40% 预算外更改；②造价估算控制在 3% 精确度范围内；③造价估算耗费的时间缩短 80%；④通过发现和解决冲突，将合同价格降低 10%；⑤项目工期缩短 7%，及早实现投资回报。

4）助推建筑业工业化的发展

BIM 技术的推广应用将推动和加快建筑行业工业化进程。我国建筑工业化与发达国家相比还有较大的差距。我国建筑行业工业化近期的发展方向和目标是提高工业化制造在建设项目中的比例。工业化建造要经过设计制图、工厂制造、运输储存、现场装配等环节，任一环节出现问题都会造成工期延误和成本上升。BIM 为建筑工业化解决信息创建、管理、传递等问题提供了技术基础，为装配模拟、采购制造、运输存放、安装就位的全程跟踪提供了技术保障。同时，BIM 还为自动化生产加工奠定了基础，不但能够提高产品质量和效率，而且利用 BIM 模型数据和数控机床的自动集成还能完成通过传统方式很难完成的下料工作。

5）紧密联系建筑业产业链

建设工程项目的产业链包括业主、勘察、设计、施工、项目管理、监理、造价、部品、材料、设备等，一般项目都有数十个参与方，大型项目的参与方可以达到几百个甚至更多。将整个行业的产业链信息联系起来，提高行业竞争力，是实现整个建筑行业现代化的重要目标。二维图纸作为产业链成员之间传递沟通信息的载体已经使用了几百年，其弊端也随着项目复杂性和市场竞争的日益加大变得越来越明显。打通产业链的一个技术关键是信息共享，BIM 就是全球建筑行业专家同仁为解决上述挑战而进行探索研究得到的成果。

（3）BIM 的价值

应用 BIM 技术可以大幅度提高建筑工程的集成化程度，促进建筑业生产方式的转变，提高投资、设计、施工乃至整个工程生命期的质量和效率，提升科学决策和管理水平。项目各参与方应用 BIM 技术都有巨大的价值。

1）对业主方的价值

有助于业主提升对整个项目的掌控能力和科学管理水平，提高效率、缩短工期、降低投资风险、提高运营的资产管理和应急管理水平。

2）对设计方的价值

支撑绿色建筑设计，强化设计协同，减少因"错、缺、漏、碰"导致的设计变更，促进设计效率和设计质量的提升。

3）对施工方的价值

支撑工业化建造和绿色施工、优化施工方案，促进工程项目实现精细化管理，提高工程质量、降低成本和安全风险。

4）对供货方的价值

支撑建筑部品构件非标化的生产定制，能够快速下单，定制交付工业级品质产品，提高效率，形成产品的多样化和个性化。

4. BIM 国内外发展历程

当前，BIM 应用无论在国内还是国外还处于普及应用和持续研究阶段，但是认识并发展 BIM、实现行业的信息化升级转型已成必然趋势。

（1）国外 BIM 应用发展

在发达国家和地区，为加速 BIM 的普及应用，相继推出了各具特色的技术政策和措施。美国是 BIM 的发源地，BIM 研究与应用一直处于领先地位，其他如英国、澳大利亚、韩国、新加坡、日本以及北欧各国都纷纷推出了 BIM 政策和标准，指导本国 BIM 技术应用。

1）BIM 在美国

2003 年为了提高建筑领域的生产效率，支持建筑行业信息化水平的提升，GSA（美国总务管理局）推出了国家 3D-4D-BIM（National 3D-4D-BIM Program）计划，鼓励所有 GSA 的项目采用 3D-4D-BIM 技术，并给予不同程度的资金资助；2006 年，美国联邦机构美国陆军工程兵团（USACE-the U. S. Army Corps of Engineers）制定并发布了一份 15 年（2006~2020 年）的 BIM 路线图；2006 年和 2007 年，美国总承包商协会（Associated General Contractors of America，AGC）和宾夕法尼亚州立大学（Penn State University，PSU）分别制定并发布了《承包商 BIM 使用指南》和《BIM 项目实施计划指南》；由美国国家建筑科学研究院（National Institute of Building Science，NIBS）旗下的 BSA（Building SMART Alliance）于 2007 年、2012 年和 2015 年先后发布了三个版本的国家 BIM 标准 NBIMS，内容涵盖了 BIM 理论体系、软件和应用三个方面，阐述了 BIM 历程和 BIM 对象的各种概念以及彼此的信息互换准则，研发相关各方的 BIM 标准，使得各方协同工作能力逐渐加强。

2）BIM 在英国

2011 年，英国发布的《政府建筑业战略（Government Construction Strategy 2011）》明确要求到 2016 年全面使用 BIM 技术。随后英国标准机构（british Sandards Institution，简称 BSI）陆续颁布和实施了一系列 BIM 相关规范和标准，如《ACE（UK）BIM Sandard for Reit》《ACE（UK）BIM Sandard for Bentley Product》等。这些标准的制定为英国的建设行业提供了切实可行的方案和程序。2016 年英国政府发布了《政府建筑业战略》的后续版本《2016~2020 年建设行业战略》，目标是发展政府的建设能力，支持国家基础设施交付计划。后续制定的"2025 年战略"目标是，在 2025 年前，从人员、智慧、可持续、增长和领导力五个方面实现降低成本、更快交付、降低排放、增强出口，为英国建筑行业在全球市场中占据优势提供基础。

3）BIM 在北欧

北欧国家包括挪威、丹麦、瑞士和芬兰，是 BIM 软件厂商集中地，这些国家是全球最先一批采用 BIM 模型进行设计的国家，他们推动了 IFC 标准的发展，而且这些国家的 BIM 推动不是政府牵头，而是企业自觉行为。例如，芬兰的一家国企 Senate Properties 在 2007 年发布了建筑设计 BIM 要求，要求自己的建筑设计部门强制使用 BIM 技术。

4）BIM 在澳大利亚

2012 年澳大利亚发布的《国家 BIM 行动方案》指出，要在澳大利亚工程建设行业加快普及应用 BIM 技术，并以期达到提高 6%~9% 生产效率的目标。澳大利亚制定了按优先级排序的"国家 BIM 蓝图"：规定需要通过支持协同、基于模型采购的新采购合同形式；规定了 BIM 应用指南；将 BIM 技术列为教育内容；规定产品数据和 BIM 库；规范工作流程和数据交换；执行法律法规审查；推行示范工程。

5）BIM 在新加坡

新加坡的建筑管理署 BCA（Building and Construction Authority）在 2000~2004 年首创了第一个自动化审批系统，用于电子规划的自动审批和在线提交，2011 年 BCA 发布了《新加坡 BIM 发展路线规划》，提出在 2015 年前全面推动建筑行业的 BIM 应用，计划到 2015 年建筑工程 BIM 应用率达到 80%。

6）BIM 在韩国

韩国方面，多个政府部门都制定了 BIM 标准。2010 年 1 月，韩国国土交通海洋部发布了《建筑领域 BIM 应用指南》，要求开发商在申请政府项目时采用 BIM 技术指导，同年韩国公共采购服务中心发布了 BIM 路线图：

规划从 2010~2016 年的 BIM 技术策略，规定 2016 年全部公共建筑工程采用 BIM 技术；另外，公共采购服务中心还发布了《设施管理 BIM 应用指南》，指导建筑项目各阶段的 BIM 应用。

7）BIM 在日本

日本在 2009 年开始大规模采用 BIM 设计。日本建筑学会在 2012 年 7 月发布了 BIM 指南，从 BIM 的团队建设、数据处理、流程、造价、模拟等方面为设计企业和施工企业采用 BIM 技术提供指导。

（2）国内 BIM 应用发展历程

在国内，香港地区在 2006 年开始使用 BIM，并于 2009 年发布 BIM 应用标准，香港房屋署提出，2015 年香港房屋署所有项目都使用 BIM 技术。从 2007 年开始，台湾地区一些大学的建筑专业开展了 BIM 相关课题的研究，并且新建的政府工程要求使用 BIM 技术。

在大陆，BIM 的研究和应用大致分为以下几个阶段：

1）"十五" BIM 研究的起步阶段（2001~2006 年）

2001 年国家科学技术部制定了《"十五"科技攻关计划》，开展课题为"基于 IFC 国际标准的建筑工程应用软件研究"，设立了国家自然科学基金项目"面向建设项目全生命期的工程信息管理和工程性能预测"，国家"十五"重点科技攻关计划课题"基于国际标准 IFC 的建筑设计及施工管理系统研究"。以上述国家研究课题为契机，我国进入了 BIM 技术研究的起步阶段。

在项目应用方面，典型案例有北京奥运会水立方、万科金色里程、西溪会馆等工程项目，BIM 在这些项目中主要应用于设计阶段，如进行设计前期项目的功能分析、建筑综合设计等。通过具体的项目应用，证明了 BIM 模型有助于推进项目设计的深化。

2）"十一五" BIM 应用的初始阶段（2006~2010 年）

2006 年科技部发布了《"十一五"科技攻关计划》，对 BIM 技术的发展给予政策支持。系列 BIM 相关项目和课题投入研发，包括："建筑业信息化关键技术研究与应用"课题、"现代建筑设计与施工一体化平台关键技术研究"课题、"基于 BIM 技术的下一代建筑工程应用软件研究"课题和"中国建筑信息化发展战略研究"课题。本阶段的基础研究成果主要体现在开发了面向设计和施工的 BIM 建模系统；在应用研究上开发了"基于 BIM 的工程项目 4D 施工管理系统"。

在项目应用方面，主要应用于上海世博会的德国国家馆、奥地利国家馆和上汽通用企业馆等工程项目。其应用阶段主要为设计阶段、深化设计阶段、模拟施工流程，实现了建设项目施工阶段工程进度、人力、设备、成本和场地布置的 4D 动态集成管理以及施工过程的 4D 可视化模拟。

3）"十二五" BIM 应用的上升阶段（2011~2015 年）

在政策方面，2011 年住房和城乡建设部发布了《2011~2015 年建筑业信息化发展纲要》，界定了"十二五"规划期间建筑业信息化发展的总体目标，把 BIM 技术作为支撑行业产业升级的核心技术重点发展。2012~2013 年住房和城乡建设部发布了 6 项 BIM 国家标准的制定项目，宣告了国家 BIM 系列标准编制工作的正式启动。在"十二五"期间，各地方开始推进 BIM 技术应用，深圳、北京、上海等城市率先推出了相关政策，制定了本地区的 BIM 技术应用标准。

BIM 技术也进入到国家各项研究计划中，代表性课题有：国家 863 课题"基于全生命期的绿色住宅产品化数字开发技术研究与应用""国家自然科学基金项目""基于云计算的全生命期 BIM 数据集成与应用关键技术研究"等。主要的研究成果包括：《中国 BIM 标准框架》《建筑施工 IFC 数据描述标准》"基于 IFC 的 BIM 数据集成与管理平台"等。

典型的 BIM 应用项目包括上海中心、广州东塔等。在一些试点工程中，装饰专业开始应用 BIM 技术。

4）"十三五" BIM 应用的快速发展阶段（2015 至今）

2015 年 6 月住房和城乡建设部发布《关于推进建筑信息模型应用的指导意见》（以下简称《意见》）。该《意见》明确到 2020 年，甲级设计单位、特级和一级施工企业掌握并实现 BIM 与企业管理系统和其他信息技术的一体化集成应用；绿色建筑集成应用 BIM 的项目比率要达到 90%，在全国建筑业引起较大反响，对加快我国 BIM 应用具有里程碑式的重要意义。2016 年 8 月住房和城乡建设部又发布了《2016~2020 年建筑业信息化发展纲要》，提出"十三五"时期要全面提高建筑业信息化水平，着力增强 BIM 大数据、智能化、移动通信、云计算、物联网等信息技术的集成应用能力，建筑业数字化、网络化、智能化取得突破性进展，初步建成一体化行业监管和服务平台，数据资源利用水平和信息服务能力明显提升，形成一批具有较强信息技术创新能力和信息化应用达到国际先进水平的建筑企业及具有关键自主知识产权的建筑业信息技术企业。2017 年，住房和城乡建设部审批通过和发布了两项 BIM 国家标准《建筑信息模型应用统一标准》GB/T 51212—2016、《建筑信息模型施工应用标准》GB/T 51235—2017，为行业的 BIM 发展提供了规范性的指导。

另外，在国家重点研究计划中设立"基于 BIM 的预制装配建筑体系应用技术"、"绿色施工与智慧建造关键技术"等研究项目，一些省市相继出台了几十项 BIM 技术应用的政策和相关标准。

在项目应用方面，BIM 应用从标志性工程向普通商业、公共和住宅工程扩展，普遍应用于土建、机电、装饰、幕墙等专业，在基础设施建设领域如隧道、管廊、公路等工程也开始应用 BIM 技术。同时，规划、设计、施工一体化应用，结合云端及移动端等软件产品与协同平台的联合应用，成为这一阶段的重点。

5. BIM 应用现状

（1）我国现阶段 BIM 应用特点

1）BIM 用于建筑全生命期各阶段

在初期，BIM 应用主要集中在建筑规划和设计阶段。当前，BIM 应用已经向多阶段应用发展。具体表现为首先向施工阶段深化和延伸，在运维、拆除阶段都有不同程度的应用，由此提高了建筑全生命期的信息管理水平。

2）BIM 软硬件工具实现自动化

BIM 技术应用呈现软硬件工具自动化的特点。自动化能够减少人工工作量和错误，从而提高整体生产力。例如，基于空间数据库更好地研发自动化建筑设计方案论证系统，可以有效检测设计方案的可行性和适用性，提高方案选择效率，获得更优化的解决方案，最终提高建筑物的可建造性、结构安全性和经济可行性。

3）在 BIM 平台中集成新兴技术

BIM 技术逐渐从单业务应用向多业务集成应用转变。在 BIM 平台中集成新兴技术可以提高项目绩效。如射频识别（RFID）、激光扫描、移动计算和云计算等技术已经开始与 BIM 技术集成应用。这些新兴技术可以帮助建筑项目更加高效和精确地获取所需数据，从而提炼出更有价值的信息。

4）BIM 在建筑行业的管理应用

BIM 技术从单纯技术应用向项目管理集成应用转化。现在 BIM 可以用于消防设备检查和维修、能源分析、安全管理、LEED 认证、电子采购、供应链管理、质量管理等领域。如结合 BIM、位置跟踪和增强现实技术（AR），提出安全管理和可视化系统的新框架，由此可提高建筑安全管理效率。

5）实现用户间的信息交互共享

当前 BIM 技术呈协同化趋势。实现用户间的信息交互共享，从单机应用向基于网络的多方协同应用转变，可以提高项目管理和决策效率。现在的 BIM 系统可以把更多的项目信息储存在一个集成系统中，不同用户可以通过相同的单个窗口获取、修改信息，实现信息共享。同时，BIM 系统提供了许多查询功能，可帮助用户快速、准确地检索数据，作出决策。

6）认可 BIM 价值，普及建设行业

在 BIM 技术应用的初始阶段，仅应用于一些重点工程和标志性项目，如上海中心项目等。当前 BIM 技术已经转向普及化应用。BIM 的价值在中国工程建设行业已得到广泛认可，BIM 技术从标志性项目应用向一般项目应用延伸，且应用范围正在不断扩展。在中国工程建设行业产业升级的大背景下，BIM 应用的政策环境、技术环境、市场环境等都将得到极大的改善，未来几年 BIM 技术将迎来高速发展时期。

（2）现阶段 BIM 应用存在的问题

现阶段 BIM 应用存在法律问题、技术问题、人才问题、成本问题、管理问题等，主要体现在以下方面。

1）缺乏 BIM 标准与法规

我国当前虽然出台了 BIM 相关政策和一些标准，但 BIM 标准尚不完善，实施缺乏依据，如合同范本、收费标准等，容易造成责任界限不明，实施落地困难。

2）BIM 应用软件不成熟

现阶段 BIM 技术虽然可以应用于整个建筑生命期，但欠成熟，软件功能有限，在应用过程中会遇到这样或那样的技术性问题，造成应用障碍。

3）BIM 专业人才缺乏

现阶段 BIM 技术需要专人进行使用。建筑行业是传统行业，没有 BIM 应用相关的岗位设置。能够熟练使用 BIM 技术的专业人才必须是受过 BIM 培训的人员，而且对专业要求高，这样的人才较少，很大程度上阻碍了 BIM 技术在建筑行业的有效应用。

4）增加企业运营成本

BIM 技术作为一种新兴的技术开始出现时，由于前期需要投入人力、物力、财力，增加了企业运营成本。

5）企业对 BIM 认识不足

BIM 技术的管理应用往往会改变传统运营方式，加之短期内难以见到效益，建筑企业往往对其认识不足，需要依靠政府制定政策来推动。

8.1.2　建筑装饰 BIM 技术

1.建筑装饰工程 BIM 发展历程与现状

在我国信息化蓬勃发展、工业化势在必行的大背景下，BIM 技术在建筑全生命期得到推广,对建筑装饰行业的 BIM 技术发展也提出了新的要求。在国外，建筑装饰专业从属于建筑专业，专门针对建筑装饰工程 BIM 应用的研究很少。但在我国，建筑装饰专业已经成为独立的装饰行业，对于

BIM 技术的应用有其特殊性，需要专门进行研究和实践。并且，由于装饰行业业态的不同特点，装饰行业 BIM 应用历程呈现出不同的发展现状。

（1）住宅装饰工程 BIM 应用发展历程与现状

由于住宅装饰工程具有规模小、专业少的特点，其 BIM 的应用尝试主要集中在精装房领域，BIM 应用点主要体现在快速测量、可视化建模、云渲染、设计方案效果比选、经济性比选和性能分析、在线签单、整体定制、工程量统计及材料下单、施工管理等方面。目前，国内部分住宅装饰企业和大型房地产开发企业已逐步建立了依托于 BIM 的信息化管理平台，实现了住宅装饰及住宅项目开发过程中设计、施工等方面管理水平的显著提升。其中，住宅装饰的互联网家装呈现快速发展态势。

（2）公共建筑装饰工程 BIM 应用发展历程与现状

建筑装饰工程是建筑工程的最后一个环节，公共建筑装饰工程分项工程繁多，有其复杂性和特殊性，所以，BIM 应用起步相比公共建筑专业的建筑、结构、机电等专业较晚。从 2010 年开始，国内部分企业开始对建筑装饰 BIM 技术进行尝试性应用，主要集中在知名企业的重点项目和标志性工程，如上海中心等个别重大项目。2013~2015 年，有上海迪士尼、南京青奥、江苏大剧院等代表性的工程，在装饰行业 BIM 应用的推广中起到了很好的带动作用。目前，公共建筑装饰工程的 BIM 应用现状如下。

1）装饰项目 BIM 应用趋向常态

从 2015 年开始，杭州 G20、北京中国尊等代表性项目，以及一批重点、大型项目装饰专业应用了 BIM 技术。目前，国内几乎所有超高层建筑、机场、地铁、车站、大型场馆等基础设施等大型、重点项目均被要求在装饰专业应用 BIM 技术，且多数工程要求交付用于运维的 BIM 模型。经过几年的探索与尝试，虽然建筑装饰工程的特殊性、复杂性及专业软件的缺失等问题依然存在，但国内建筑装饰 BIM 技术应用已取得较大的发展，应用环境也发生明显变化。

2）装饰行业 BIM 标准陆续发布

继住房和城乡建设部推出 BIM 标准体系编制计划、地方 BIM 标准陆续发布后，2016 年 9 月，中国建筑装饰行业推荐标准《建筑装饰装修工程 BIM 实施标准》T/CBDA 3—2016 正式发布，12 月又发布了《建筑幕墙工程 BIM 实施标准》T/CBDA 7—2016，填补了我国建筑装饰行业 BIM 标准的空白。此外，还有《建筑装饰装修 BIM 测量技术规程》正在编制中，这些标准的发布和制定将为装饰专业 BIM 应用提供规范性指导。

3）装饰 BIM 应用内容逐渐丰富

从 2010 年开始尝试应用 BIM，装饰专业的 BIM 应用内容开始从设计阶段的常规应用向施工阶段的施工应用和项目管理等方面迅速扩展。在装饰专业的设计阶段，已经从在方案模型创建的基础上制作效果图、施工图、物料表、工程算量、施工模拟等，扩展到各种性能分析，辅助投资概算；在装饰专业的施工阶段，从深化设计模型的饰面排版、异型材料下单等已扩展到施工阶段的三维激光扫描、轻量化模型应用、自动全站仪应用、复杂构件 3D 小样打印、材料下单、技术交底、设计变更管理、质量安全管理、进度管理、成本管理；再到竣工阶段的工程验收及交付，内容越来越丰富，应用越来越成熟。BIM 技术应用点的实践和扩展为建筑装饰工程品质提升提供了有力的技术支撑。

4）装饰企业 BIM 推进力度加大

一些建筑装饰企业已开展 BIM 相关业务，致力于满足项目实际 BIM 需求的主动应用。团队建设方面，一种是企业层面组建自有的 BIM 中心或研发团队，通过培训等方式建立基本的 BIM 应用基础，逐步推进 BIM 在设计、施工、成本等方面的应用。另一种方式是聘请专业项目 BIM 顾问，利用外部优势资源迅速提高项目团队 BIM 应用能力，进而扩展企业 BIM 应用团队数量，并逐步完成企业 BIM 技术应用能力建设。在软硬件方面，除最基本的 BIM 软件和硬件，三维激光扫描仪与自动全站仪等 BIM 配套用精密仪器也逐渐成为企业不可或缺的测量设备。应用深度方面，已由最初的空间展示、性能分析、碰撞检查等逐渐过渡到施工模拟、材料下单、智能放线、成本控制等方面。

（3）幕墙 BIM 应用发展历程与现状

在我国，幕墙的 BIM 应用基本上与装饰专业同时开展。最初的案例是上海中心以及上海世博会个别展馆的幕墙工程。之后北京银河 SOHO、武汉汉街万达广场等项目幕墙 BIM 的成功应用带动了幕墙行业应用 BIM 技术。经过几年的积累，幕墙行业通过 BIM 技术应用对不同种类的幕墙总结出了特定的技术路线和相应的实践方法，在幕墙设计尤其是曲面幕墙深化设计和施工中，能够进行参数化精准建模，在材料快速下单、加工、运输、安装等方面都取得了良好的效果。2016 年 12 月，中国建筑装饰协会发布了《建筑幕墙工程 BIM 实施标准》T/CBDA 7—2016，标志着我国幕墙 BIM 技术应用已经有了规范性的指导文件。

（4）陈设 BIM 应用发展历程与现状

在我国，装饰陈设是装饰行业的重要部分，其 BIM 应用的作用主要是通过有序运作的物联网，紧密联系起整个产业链，其应用点基于构件库网站和二维码应用。近几年，在 20 世纪 90 年代装饰设计模型网站的基础上，出现了多种装饰构件库网站，很多网站都提供基于真实产品的 BIM 构件，这些 BIM 构件被设计师下载，应用于各种项目中，但目前这些网站的运作还没有与 BIM 很好地结合，还需进一步整合资源，与 BIM 建模和应用关联。

2.建筑装饰工程各业态的 BIM 应用内容

装饰行业不同业态的 BIM 应用有不同的内容。

（1）住宅装饰 BIM 应用

我国的一些住宅装饰企业开发了基于互联网的家装平台，将设计师、装饰公司、供应商、业主等用平台网站联系起来，可以实现 3D 户型和套餐选择、效果渲染、虚拟现实，支持施工图、预算、报表的生成，提供协作共享、下单等一站式服务，实现设计、项目管理、供应协同；同时，在施工中通过在线直播管理工程质量，让用户有良好的应用体验。利用 BIM 技术与信息化网络家装平台，已经能为用户提供快捷便利的设计和施工服务。

（2）公共建筑装饰 BIM 应用

公共建筑装饰由于其体量大、规模大、专业工种多、存在问题多，应用 BIM 显得尤为迫切。其 BIM 应用主要体现在装饰设计阶段和施工阶段。

在装饰设计阶段，装饰设计 BIM 的应用点涵盖工程投标、方案设计、初步设计、施工图设计环节，主要包含空间布局设计、方案参数化设计、设计方案比选、方案经济性比选、可视化表达（效果图、模型漫游、视频动画、VR 体验、辅助方案出图）；进行声学分析、采光分析、通风分析、疏散分析、绿色分析、结构计算分析、碰撞检查、净空优化、图纸生成、辅助工程量计算等方面。

在装饰施工阶段，作为工程项目交付使用前的最后一个环节，装饰专业成为各专业分包协调的中心，装饰专业所用材料种类繁多、表现形式多样，在 BIM 应用上相对于其他专业具有鲜明的特点。本阶段应用点贯穿工程招标投标、深化设计、施工过程、竣工交付环节，主要涉及现场测量、辅助深化设计、样板应用、施工可行性检测、饰面排版、施工模拟（施工工艺模拟、施工组织模拟）、图纸会审、工艺优化、辅助出图、辅助预算、可视化交底、设计变更管理、智能放线、样板管理、预制构件加工、3D 打印、材料下单、进线管理、物料管理、质量安全管理、成本管理、资料管理、竣工图出图、竣工资料交付、辅助结算等方面。

（3）幕墙 BIM 应用

在幕墙设计阶段，应用 BIM 技术可以进行造型设计表达、性能分析、专业协调、设计优化、综合出图、明细表及综合信息统计等工作。可以对建立的幕墙模型进行综合模拟分析及可行性验证，以提高幕墙设计的精确性、合理性与经济性，进而得出最优化的幕墙设计综合成果。

在幕墙施工阶段，应用 BIM 技术可以在施工现场数据采集、深化设计、图纸会审、施工方案模拟、材料下单、构件预制加工、工程量统计、放线定位、物料管理、进度管理、成本管理、质量与安全管理等方面发挥重要作用。

（4）陈设 BIM 应用

在 BIM 应用中，陈设主要表现为 BIM 软件的构件元素及其组成的 BIM 构件库以及与物联网的关联应用。在装饰施工阶段，陈设的 BIM 应用主要体现在与物联网的二维码结合进行材料下单、部品运输、安装就位等方面。在运维阶段，主要涉及的应用是资产管理等方面。

3. 建筑装饰工程 BIM 创新工作模式

基于 BIM 技术的建筑装饰创新工作模式能很好地解决当前整个行业面临的系列问题，并成为传统作业与管理方式变革的必由之路。

（1）优化的建筑装饰业务流程

BIM 的工作流程是立体式的，通过 BIM 建模软件制作的室内设计模型，在制作三维模型形成可视化效果的同时，施工图也随之全部生成，将传统施工图和效果图制作两条工作流合二为一，省时省力。如果过程中发生设计变更，只需要对 BIM 模型进行修改，图纸可以实现即时更新。装饰 BIM 设计工作模式与传统室内工作流程对比如下。

在设计阶段，利用 BIM 投标方案模型就可以对重点空间部位做到传统初步设计的深度，工作量提前完成，形成明显的竞争力；利用 BIM 软件的联动技术还可以快速完成立面部分设计、材料统计等传统线性设计工作量，各种参数及节点图的快捷设置和联动降低了出图的错误率。

在施工阶段，利用 BIM 模型进行三维可视化的图纸会审，各方都能节约大量时间；工程各参与方协同进行碰撞检查，提前发现工程碰撞错误，节约大量协调时间；利用 BIM 模型进行施工模拟和技术交底，则省去了对方案的反复论证和工人的培训时间。另外，利用 BIM 模型还能精确统计施工用量，快速生成物料表，合理控制工程造价，达到控制时间成本的目的。

综上所述，基于 BIM 的装饰工程工作流程，模型在不同的阶段流转，贯穿于整个项目流程，提高了信息资源的利用率，简化了业务流程，促进各项目主体利益的最大化。

（2）参数化设计提升工作效率

参数化设计是 BIM 建模软件重要的特点之一。参数化建模是通过设定参数（变量），简单地改变模型中的参数值，从而建立和分析新的模型。在参数化设计系统中，设计人员根据工程关系和几何关系来指定设计要求。

因此，参数化模型中建立的各种约束关系体现了设计人员的设计意图，参数化建模可以显著提高模型生成和修改的速度。

BIM 可以同时生成多种文件。将 BIM 技术运用到建筑装饰设计中，无论隔断、墙面、地面、吊顶，都能同时利用系统自有构件元素对其造型做法以及表皮材质进行详细设计。在绘制室内三维模型形成三维效果图的同时，完成了平面、立面、剖面图的绘制，也生成了详细的构件明细表，即装饰物料图集，很多装饰构件的模块图能够自动生成，借此完成装饰、部品、灯具、辅料等的设计和统计。

BIM 可以实现联动修改，使用 CAD 制作的施工图需要设计师一张一张地修改所有相关图纸。BIM 技术应用环境下的建筑装饰施工图能够被联动修改，及时更新，明显提高工作效率。利用参数化制作施工图，更容易查缺补漏，在立体模型中很容易发现错误并且及时修改，一处修改，处处更新，例如一面墙上要修改门的位置和增加窗户，在平面图修改后，立面图和明细组成表同时变更，提高工作效率。

（3）可视化的设计、施工组织

装饰项目可视化设计改变了设计思维模式，装饰设计师不会像过去一样停留在二维的平面图上去想象三维的立体空间。使用 BIM 建模软件制作的模型可以让设计师和业主更直观地看到室内的每个角落，BIM 建模软件支持从简单的透视图、轴测图、剖面图到渲染图、360°全景视图以及动画漫游。在立体空间中，设计师可以有更多时间思考设计的合理性和艺术性。

施工组织可视化即利用 BIM 工具创建装饰深化设计模型、临时设施模型，并用时间等相关的非几何信息赋予基层构件及装饰面层，通过可视化应用软件模拟施工过程，用于优化、确定施工方案。针对建筑装饰造型多样、节点复杂的特点，可充分利用 BIM 的可视化特点，将相关内容做成传统的 CAD 无法实现的全方位展示和动态视频等用于施工交底。

（4）设计与施工全面协同管理

BIM 技术应用环境下，基于模型的不断更新、信息完整准确，建筑装饰设计与施工阶段均可实现团队内部部门之间，以及与业主、监理等相关单位之间的有效协同。

1）装饰专业内部设计师的协同设计

通常一个项目的制作都需要一个团队来完成，目前常用 BIM 软件的协同模式提供了多位设计师一起做设计的工作方式。例如，在 Revit 中建立一个带有模型信息的中心文件，然后将不同范围和专业的工作分给每个设计师，设计师根据共同的模型信息建立本地工作文件，在本地修改制作模型，完成自己的任务，之后设立相应规则同步更新到中心文件，让所有设计工作参与者同时了解变更情况，提高设计质量和效率。

2）装饰专业与其他专业的协同设计

建筑装饰专业与建筑、给水排水、暖通、电气、弱电、消防等专业基于同一个模型开展设计工作，将整个设计整合到一个共享的建筑信息模型中，装饰面层、基层及装饰构造与相关专业的冲突会直观地显现出来，设计师和工程师可在三维模型中随意查看，并能准确地发现存在问题的地方并及时调整，从而避免施工中的浪费，达到真正意义上的三维集成协同设计。在这个协同沟通过程中，通过合理化工作流程，利用协同平台支持和保障了良好的协同效果，保证了相关工作的有序开展。

3）装饰专业施工阶段管理要素协同

施工阶段，BIM 可以同步提供有关建筑装饰施工质量、进度及成本的信息，利用 BIM 可以实现整个施工周期的成本、进度、材料、质量等管理要素的协同，进行可视化模拟与可视化管理，调整优化施工部署与计划。装饰工程的分部分项工程多，与其他专业在空间和时间上交叉作业的情况非常多，施工阶段及时获取其他专业的进度和质量信息，协同各方有序作业，为保证工期和质量提供了重要条件。

（5）快速精确的成本控制与结算模式

由于 BIM 数据中包含了所代表的建筑工程的详尽信息，可以利用其自动统计工程量，从模型中生成各种门窗表，统计隔墙的面积、体积、吊顶、地面面积，装饰构件的数量、价格、厂家信息以及一些材料表和综合表格也十分方便。设计师和造价师很容易利用它来进行工程概预算，为控制投标报价和工程造价提供了更加精确的数据依据，保证实际成本在可控制的范围内。此外，保持 BIM 模型与现场实际施工情况一致，利用 BIM 生成采购清单等能够保证采购数量的准确性，工程结算也更加简单透明，避免了结算争议。

4. 建筑装饰工程 BIM 应用优势

（1）装饰设计阶段 BIM 应用优势

在装饰设计阶段应用 BIM 技术可提升设计质量和效果，减少设计师的工作强度，节约人力资源。设计阶段建筑装饰 BIM 应用主要包括可视化设计、性能分析、绿色评估、设计概算和设计文件编制等。

1）可视化建模保证设计效果

装饰项目的各种空间设计通过 BIM 可视化建模能直观反映设计的具体效果，进行可视化审核；装饰与暖通、强弱电、给水排水、消防等相关专业协同建模，能避免或减少错、漏、碰、缺的发生，保证最终建筑构件的使用功能和装饰面的观感效果；参数化建模支持实现装饰设计效果变更、装饰三维模型展示与虚拟现实展示进行方案比对；选用生产厂家提供的具有实际产品的 BIM 构件和陈设，保证了工程交付时设计模型与实物的一致性和真实性。

2）性能分析支持绿色建筑评估

利用各种 BIM 分析和计算软件，对既有建筑改造装饰项目及新建、扩建、改建的二次装饰设计项目室内的不同空间、不同功能区域自然采光、人工照明、自然通风和人工通风情况进行分析，对声环境进行计算，进行声效模拟、噪声分析、疏散分析等；利用结构计算软件，对既有建筑改造的装饰项目和幕墙工程进行结构分析计算。

3）工程量统计辅助经济性比选

基于装饰 BIM 模型，可直接输出装饰工程物料表、装饰工程量统计表；与造价专业软件集成计算，精确控制工程造价，辅助生成方案估算、初步概算、施工图预算不同阶段的造价，可以进行方案的经济性比较分析，及时提供造价信息进行方案的经济性优化。

4）提高设计质量和提升设计效率

创建装饰 BIM 模型的过程中，设计师可以充分利用 BIM 的可视化、一体化、协调性的特点进行协调工作，参数化联动修改，快速建模，将时间更多的用于设计方案效果、技术、经济的优化；在三维环境下对节点详图进行建模设计，提高了精度，减少了出图错误；利用 BIM 出图功能，直接将成果输出，生成效果图、二维图纸、计算成书、统计表，提升了设计质量，提高了设计效率。

（2）装饰施工阶段 BIM 应用优势

在装饰施工阶段应用 BIM 技术，可提升精细化管理水平和科技含量，显著提高工作效率和施工质量，主要体现在以下几个方面。

1）施工投标展示技术管理优势

在以 BIM 技术应用投标精装的项目投标中，能够利用 BIM4D 虚拟仿真的优势，基于 BIM 装饰模型，将工程重点、深化设计难点、施工工艺细节全过程模拟，将有关施工组织设计中的质量安全、进度、造价、商务等管理的关键流程节点用 BIM 优化解决方案直观展现出来，充分体现装饰企业的技术实力，企业优势得以彰显。

2）支撑施工管理和改进施工工艺

利用 BIM 技术可以辅助施工深化设计，生成施工深化图纸，进行 4D 虚拟建造和仿真模拟，进行施工部署、施工方案论证并优化施工方案；基于施工工艺模拟，可对施工工序、工艺分析论证，改良工序和工艺；基于进度模拟，可对施工场地在空间和时间上进行科学布置和管理；基于 BIM 的可视化技术，同参与各方沟通讨论和外部协同，及时消除现场施工过程干扰或施工工艺冲突，优化交圈收口处理；同时，利用可视化功能进行技术交底，可以及时对工人上岗前进行直观的培训，对复杂工艺操作形成熟练的操作技能；在材料下单方面，BIM 改进了装饰材料用量自动计算和构配件下单的方式，为实现装饰行业工业化打下良好基础。

3）利用 BIM 硬件设备提质增效

将 BIM 技术与三维激光扫描仪、自动全站仪和移动终端等设备集成，可实现建筑装饰的装配式施工。利用三维激光扫描仪在现场扫描采集数据，再以点云数据进行逆向建模，将现场实际情况与 BIM 模型作比对，并对 BIM 模型纠偏；在此基础上进行材料下单及工厂化加工，在施工中使用自动全站仪进行放线，真正实现高精度过程控制状态下的装配式施工。

4）实现装饰施工成本精确控制

利用 BIM 技术可进行工程量精确统计，同时将设计变更管理、劳务及材料资源价格与模型关联，将资金使用与模型关联，可对项目人工、材料、机械的用量进行精确的统计。同时，在施工过程中，依据统计结果对施工现场进行统一的精细化管理，使材料出入库用量管理更精准、人工费用更合理、机械设备花费更经济，以此对施工成本进行精确控制。

5）提升进度、质量、安全管理水平

基于 BIM 的进度、质量、安全管理，为施工企业提供更加详实的数据，便于施工过程中的问题发现和纠偏改进。在施工过程中，可以使用信息化的 BIM 协同平台实现计划管理和进度监控；进度、质量、安全相关信息通过移动终端直接反馈到协同平台；利用三维激光扫描仪核查现场施工精度并进行纠偏；辅助与总承包及相关单位的有效协调。

6）提高装饰工程档案管理质量

应用 BIM 技术，可以对施工资料进行数字化管理；实现工程数字化交付、验收和竣工资料数字化归档；支持向业主提交用于运维的全套模型资料，为业主的项目运维服务打下坚实基础。

8.2　建筑装饰工程 BIM 管理与应用

8.2.1　建筑装饰工程 BIM 管理概述

中国建筑装饰协会标准《建筑装饰装修工程 BIM 实施标准》T/CBDA 3—2016 中提出，装饰装修工程 BIM 实施宜覆盖装饰工程各阶段，也可根据工程项目合同的约定应用于某些阶段或进行单项的任务信息模型。因此，装饰 BIM 工作应以工程项目专业及管理分工为基本框架，建立满足项目全生命期工作需要的任务信息模型应用体系，实施建筑信息模型应用。

基于建筑装饰项目特点、装饰 BIM 应用点进行划分，并在每一个装饰实施阶段分解项目实际需求的基本应用，形成 BIM 主要应用分布表。

8.2.2　建筑装饰工程 BIM 应用

1. 方案设计 BIM 应用

装饰方案设计是装饰设计师在建筑结构的基础上进行空间设计的过程，主要设计内容是空间布局设计，包含室内空间功能划分、室内交通流线规划、空间形态的把握，另外还有装饰造型、色彩、材料的设计及陈设的搭配，目的是形成最初的方案效果，对满足建筑实用性、美观性、经济性的要求起到重要作用。

在过去，装饰方案设计除了用手绘来表达设计成果外，一般要用 CAD 来绘制平立面，还要用 3Ds Max 来建模，用渲染器进行渲染，最后用 Photoshop 等图像软件做后期处理，有多个工作流，过程比较复杂漫长。应用 BIM 后，方案设计工作的任务主要是建立装饰方案设计模型，并以该模型为基础输出效果图和漫游动画，清晰表达装饰设计意图，同时为装饰设计后续工作提供依据及指导性文件。方案设计 BIM 应用主要体现在空间布局设计、参数化方案设计、方案设计比选（装饰设计元素形态设计比选、装饰材料比选、陈设艺术品比选）、方案经济性比选、可视化方案设计表达等方面。应用 BIM 技术，可以将装饰方案设计工作的多个工作流合而为一，参数化功能利用参数可以实现构件自动修改，另外，各种方案比选功能能让设计师专注于设计本身。

2. 初步设计 BIM 应用

初步设计是在方案设计基础上进行初步技术设计的过程，主要工作内容是对装饰方案进行室内性能分析、根据分析结果调整方案等，其目的是论证装饰方案的技术可行性和经济合理性。以往在装饰行业的既有建筑改造装饰工程中，除了极个别企业，装饰企业一般不使用软件进行建筑物的性能分析，不仅难以满足建筑功能和性能的要求，而且很少考虑利用自然条件节能。由于功能不合理、性能达不到使用要求，导致建筑物及内装饰工程拆改、资源浪费严重。另外，新建、改建、扩建工程的装饰项目，虽然在建筑设计阶段已经进行了建筑性能的初步分析，但进入装饰设计阶段，装饰设计方要根据之前分析的结果和实际需求在装饰方案确定后进行进一步分析调整。因此，对有重大改造的建筑、一些特殊和重要的空间，有必要应用 BIM 技术进行方案的室内性能分析和技术可行性论证。

初步设计 BIM 应用的工作任务主要是：在方案设计模型的基础上，利用当前的分析工具进行室内性能分析，包括自然环境（采光、通风、热环境、空气质量等）分析、人工照明分析、声学分析、疏散分析、人体工程学分析、使用需求量分析、结构受力计算分析等；协调装饰与其他各专业之间的技术矛盾，依据成果修改、调整方案，使室内设计成果符合绿色建筑的要求，满足室内使用功能，让人们的生活居住环境更节约资源、健康可控、安全环保、科学合理。

3. 施工图设计 BIM 应用

装饰施工图设计是传统装饰设计非常重要的阶段，其目的是对初步设计成果深化，解决施工中的技术措施、工艺做法、用料等问题，为工程造价预算等提供初步依据，表现装饰设计的可实施性，同时达到施工图报批和招标投标的要求。其主要工作内容是依据各方批准的设计方案图进行深化设计，细化出方案图内容，解决与相关专业的交叉问题，制作可以指导施工和造价统计工作的二维图纸。

在过去，施工图设计人员在设计过程中要耗费大量的时间与其他专业沟通，修改频繁仍难以杜绝"错、漏、碰、缺"；造价员需要手工算量，工作量巨大。应用 BIM 技术后，装饰施工图设计的工作任务主要是：在初步设计模型基础上，进一步细化并创建关键部位构造节点；同时整合建筑、结构、装饰、机电各专业模型，相互协同，进行碰撞检查及净空优化，修改、调整模型，形成装饰施工图设计模型；然后，利用形成的装饰施工图设计模型导出能够指导施工的施工图，输出主材统计表、工程量清单，辅助工程造价预算。应用 BIM 技术进行施工图设计，节约了设计制图的时间，各专业协同工作将"错、漏、碰、缺"提前发现并控制在设计阶段；同时，利用 BIM 进行造价统计算量工作，可将造价员从繁重的手工算量中解放出来。

4. 施工深化设计 BIM 应用

装饰施工深化设计的目的是为了编制详细施工方案、指导现场施工、优化施工流程，解决施工中的技术措施、工艺做法、用料问题，准确表达施工工艺要求及施工作业空间，确保深化设计基础上的施工可行性，同时为进行全面的施工管理提供完整详细的数据。本阶段的主要工作内容是：依照室内深化设计相关规范，结合现场实际情况，整合建筑、结构、机电等专业设计资料和相关设计要求，对装饰工程的分项工程细部、装饰专业隐蔽工程等进行深化设计。

在过去，应用 CAD 做装饰深化设计耗时较长，且设计深度常做得不足，设计变更多，难以全面、深入地指导施工。应用 BIM 后，在施工图设计模型和现场数据的基础上，根据现场测量数据和现场施工条件创建装饰深化设计模型，为后续的图纸会审、样板房和材料样板管理、施工组织模拟、施工工艺模拟、施工交底、预制构件加工与安装、材料下单、工程成本控制、工程实施管理等提供相关数据和工作基础。应用 BIM 技术进行深化设计，获得的模型成果精确、详细、指导性强。

5. 施工过程 BIM 应用

在装饰工程施工过程中，项目部需要对建设项目进行施工全过程的施工管理，同时就项目最终成果向业主负责。施工过程的工作内容主要是：施工方按深化设计图纸组织施工，并配合业主进行全面管理，包括对施工技术、物料供货、进度、成本、质量、安全、商务、劳动分包等方方面面进行全过程指导和控制。

在过去，基于 CAD 图纸施工，软件工具与网络环境都不成熟，各项目参与方之间沟通困难，各项管理千头万绪，各专业、各工种相互影响，责任难以分清，容易发生工程延期、质量、安全、环境等问题，同时造成成本增加。应用 BIM 后，装饰施工过程 BIM 应用的工作内容主要是：基于施工深化设计模型应用 BIM 技术，辅助施工全过程各参与方进行施工方案模拟、设计变更管理、可视化施工交底、智能放线、预制构件加工与材料下单、施工进度管理、物料管理、质量安全管理、工程成本管理、商务合同管理等。应用 BIM 技术，基于 BIM 的项目管理具有众多优势：BIM 基础数据准确、透明、共享，方便统计、方便协同和沟通，不仅可以规避大部分管理问题，为项目决策创造良好条件，还能为项目创造效益。

6. 竣工交付 BIM 应用

工程竣工交付是按要求提交工程资料的过程。工程过程资料及竣工资料涵盖了工程从立项、开工到竣工备案的所有内容，包含立项审批、设计勘察、招标投标、合同管理、监理管理、施工技术、施工现场、施工物资、施工试验、竣工验收、竣工备案等。其主要工作内容是将工程所有资料按要求整理，通过审核并提交。

在过去，装饰工程竣工交付的资料交付工作较为繁琐，虽然由专人负责，但往往存在滞后现象。基于 BIM 的工程管理注重工程信息的及时性、准确性、完整性、集成性，项目各参与方需根据施工现场的实际情况实时反映到施工过程模型中，以保证模型与工程实体的一致性，并对自己输入的数据进行检查并负责，进而形成 BIM 竣工模型。基于 BIM 的竣工验收，所有验收资料以数据的形式存储并关联到模型中，记录施工全过程的信息，并根据交付规定对工程信息进行过滤筛选，不包含冗余的信息，以满足电子化交付及运营基本要求。竣工交付模型能够实现包括隐蔽工程资料在内的竣工信息集成，不仅为后续的物业管理带来便利，并且可以在未来进行的翻新、改造、扩建过程中为业主及项目团队提供有效的历史信息。

7. 运维 BIM 应用

建筑物的运营维护一般指对建筑物整体能够正常运行的维护管理工作。运营维护包含结构构件与装饰装修材料维护、给水排水设施运行维护、供暖通风与空调设施运行维护、电气设施运行维护、智能化设施运行维护、消防设施运行维护、环境卫生与园林绿化维护等任务，要求所有资产设施能被正常有序利用。机电设备设施通常包括监控、通信、通风、照明和电梯等系统，发生故障都可能影响建筑的正常使用，甚至引发安全事故，所以保证机电设备正常运转是运维工作中极为重要的。对装饰专业，其运维的工作目标是保证建筑项目的功能、性能满足正常使用或最大效益的使用。

装饰运维阶段的 BIM 应用是基于 BIM 信息集成系统平台，将整个工程的 BIM 竣工模型包含设备设施参数、模型信息、非几何信息等，同时结合管理运维平台形成一套内容丰富、体系完整的运维管理信息系统，发挥 BIM 对于业主方最大效益的运维应用。运用 BIM 技术，业主和物业可以基于 BIM 运维模型和运维管理系统对机电专业的维修、装饰专业的维修进行统一的井然有序的操作管理，及时发现和处理问题，能对突发事件进行快速应变和处理，准确掌握建筑物的运营情况，从而减少不必要的损失。装饰专业的 BIM 运维基本内容包括装饰构件维护和装饰装修改造运维管理。

8. 拆除 BIM 应用

建筑装饰物的拆除比建筑物的整体拆除更为常见。一般情况下，既有建筑改造装饰工程会伴随建筑物的系统改造。对于大型公共建筑物，建筑装饰的使用期在 10~20 年。每个使用期结束，都会对装饰物进行拆除并重新装修。到目前为止，装饰工程中的拆除工程都是最不被重视的部分，管理极不科学，浪费极其严重，还常常出现安全问题。

在拆除阶段，基于 BIM 的模型与运维数据可以为拆除工程提供丰富的数据支撑，不但能够查询原始的材料数据和设备明细，能够为拆除施工提供合理的可视化策划手段，将可以再利用的装饰材料信息公布出来二次销售，做到物尽其用；还能通过安全策划降低事故的发生率，让拆除工程更加合理高效、安全节约。

本章小结

本章详细介绍了建筑装饰项目 BIM 技术的概念、BIM 技术的特点、BIM 技术的优势、BIM 技术产生的背景及具体内容；掌握 BIM 技术的特点；熟悉 BIM 应用现状及建筑装饰工程 BIM 创新工作模式和施工管理应用。

 推荐阅读资料

1. BIM 技术人才培养项目辅导教材编委会 . BIM 装饰专业基础知识 [M]. 北京：中国建筑工业出版社，2018.

2. 杨韬，姜丽艳 . BIM 建筑与装饰工程计量实训教程 [M]. 北京：中国建材工业出版社，2018.

3. 麻倬领 . BIM 技术在装饰工程中的应用研究 [D]. 河南工业大学，2018.

4. 贺晋军 . BIM 技术在建筑装饰工程施工管理中的应用 [J]. 建材技术与应用，2019（2）：40–42.

5. 管昌生，毛延宗，谭献良，卢艺伟 . BIM 技术在建筑装修工程中的应用研究 [J]. 湖南城市学院学报（自然科学版），2016，25（6）：1–4.

6. 尹晶 . BIM 技术在装饰工程管理中应用研究 [J]. 价值工程，2018，37（20）：221–222.

7. 王雷，吴彪彪 .BIM 技术在装修工程施工管理方面的应用 [J]. 居业，2020（7）：136–137.

8. 孙碧襄，冯明超 . BIM 技术在装修工程施工管理方面的应用探索 [J]. 价值工程，2016，35（25）：166–167.

9. 张沥月 . 基于 BIM 技术的项目协同管理平台构建及其应用研究 [D]. 成都：成都理工大学，2018.

10. 叶伟声 . 基于 BIM 技术的装饰造价控制技术研究 [J]. 城市建设理论研究（电子版），2019（9）：74.

11. 郑开峰，罗兰 . 建筑装饰工程 BIM 竣工交付研究 [J]. 土木建筑工程信息技术，2020，12（5）：26–34.

12. 罗兰，彭中要 . 应用 BIM 技术制定装饰工程投标方案的方法研究 [J]. 建筑经济，2016，37（5）：39–42.

13. 李科 .建筑装饰装修工程施工 BIM 技术的应用分析 [J].现代物业（中旬刊），2019（1）：92.

14. 曾喻炎, 李光耀. 浅析基于 BIM 技术的建筑装饰工程项目工程全寿命周期造价管理 [J]. 建材与装饰, 2018（34）: 144-145.

习　题

1. 建筑装饰工程 BIM 创新工作模式有哪些？

2. 建筑装饰工程 BIM 应用的优势有哪些？

3. 建筑装饰工程 BIM 管理的应用有哪些？

25- 习题参考答案

第 9 章

建筑装饰工程资源与信息管理

教学目标

　　了解建筑装饰工程资源的要素、资源考核的方法、信息管理的范围；熟悉各类资源管理的特点、信息管理的任务和原则，熟悉信息管理的报告系统；掌握各类资源管理的方法、信息管理的流程，掌握资源管理计划的编制和控制方法；能够对装饰项目中不同的资源进行不同管理方法的选取，能够合理利用信息技术辅助装饰项目进行管理，进而进行加工和整理为装饰项目所用。

教学要求

能力目标	知识要点	权重	自测分数
能了解资源管理的内容	了解资源管理的概念、分类	10%	
能理解资源管理的应用；熟悉人力资源管理的特点	掌握施工机具设备管理的内容、项目技术管理的应用	25%	
能掌握技术管理的任务和内容	掌握施工技术管理的考核以及依据	30%	
能掌握施工项目信息管理的概念	掌握信息管理的内容、应用及程序	15%	
能掌握信息管理收集方法、文档管理的内容	熟悉信息管理的分类以及要求	20%	

9.1　建筑装饰工程资源管理

9.1.1　资源管理概述

1.资源管理的概念

　　装饰工程资源是装饰项目中使用的人力资源、材料、机具设备、技术、资金和基础设备等的总称。装饰工程装饰项目资源管理是指对装饰项目所需人力、材料、机具设备、技术、资金和基础设施所进行的计划、组织、指挥、协调和控制等的活动。

　　装饰工程资源管理的特点主要表现为：装饰工程所需资源的种类多、需求量大；装饰工程建设过程的不均衡性；资源供应受外界影响大，具有复杂性和不确定性；资源经常需要在多个装饰项目中协调；资源对装饰项目成本的影响大。

2. 资源管理的内容

装饰工程资源管理的内容主要包括人力资源管理、材料管理、机具设备管理、技术设备管理、技术管理和资金管理五个方面。

（1）人力资源管理

人力资源管理是指对能够推动经济和社会发展的体力和脑力劳动者进行的管理。在装饰项目中，人力资源包括不同层次的管理人员和参与装饰项目的各种工人。

装饰项目人力资源管理是指装饰项目组织对该装饰项目的人力资源进行的科学的计划、适当的培训、合理的配置、准确的评估和有效的激励等一系列管理工作。

（2）装饰项目材料管理

建筑材料成本占整个建筑装饰工程造价的比例为 2/3~3/4。加强装饰项目的材料管理对于提高装饰工程质量、降低装饰工程成本将起到积极作用。

建筑材料分为主要材料、辅助材料和周转材料。

（3）装饰机具设备管理

机具设备往往实行集中管理与分散管理相结合的办法，主要任务在于正确选择机具设备，保证机具设备在使用中处于良好状态，减少机具设备闲置、损坏，提高施工效率和利用率。

在装饰项目中，机具设备的供应有三种渠道，即企业自有设备（这里指为配合装饰工艺成品化施工所需要购买的）、市场租赁设备以及分包方自带机具设备。

（4）技术管理

技术管理是指在装饰项目实施过程中对各项技术活动和技术工作的各种资源进行科学管理的总称。

（5）资金管理

装饰项目资金管理应以保证收入、节约支出、防范风险和提高经济效益为目的。通过对资金的预测和对比及装饰项目奖金计划等方法，不断进行分析和对比、计划调整和考核，以达到降低成本、提高效益的目的。

3. 资源管理的责任分配

装饰工程资源管理的责任分配将人员配备工作与装饰项目工作分解结构相联系，明确表示出工作分解结构中的每个工作单位由谁负责、由谁参与，并表示出每个人在装饰项目中的地位。常用责任分配矩阵来表示，如表 9-1 所示。

责任分配矩阵表 表 9-1

WBS	装饰项目经理	总装饰工程师	装饰工程技术部	人力资源部	质量管理部	安全监督部	合同预算部	物资供应部
管理规划	D	M	C	A	A	A	A	A
进度管理	D	M	C	A	A	A	A	A
质量管理	D	M	A	A	C	A	A	A
成本管理	D、M	A	A	A	A	A	A	A
安全管理	D	M	A	A	A	C	A	A
资源管理	D、M	A	A	C	A	A	A	C
现场管理	D	M	C	A	A	A	A	A
合同管理	D、M	M	A	A	A	A	C	A
沟通管理	D	A	C	A	A	A	A	A

注：D——决策；M——主持；C——主管；A——参与。

责任分配矩阵是一种将所分解的工作任务落实到装饰项目有关部门或者个人，并明确表示出他们在组织工作中的关系、责任和地位的方法和工具。它是以组织单位为行、工作单元为列的矩阵图。

矩阵中的符号表示装饰项目工作人员在每个工作单元中的参与角色或责任。用来表示工作任务参与类型的符号有多种形式，常见的有字母、数字和几何图形。

9.1.2 人力资源管理

1.人力资源管理概述

（1）人力资源的概念

从广义上讲，人力资源是指在一定的社会范围或领域内人口总体所具有劳动能力（包括体力劳动和脑力劳动）的总和。

从装饰项目经理部对施工装饰项目实施过程管理的角度讲，人力资源是指一个施工装饰项目的实施过程中需要投入人的劳动的总和。其量的多少、是否高效可反映出装饰项目经理部装饰项目管理的整体水平和效果。

人力资源管理工作的主要内容包括施工装饰项目的人力资源管理计划、人力资源控制及人力资源考核。

（2）人力资源的基本特点

人力资源以人的身体和劳动为载体，是一种"活"的资源，并与人的自身生理特征相联系。这一特点决定了人力资源使用过程中需要考虑工作环境、工作风险、时间弹性等非经济和非货币因素。

人力资源具有再生性。人口的再生产和劳动力再生产，通过人口总体和劳动力总体内各个体的不断替换、更新和恢复的过程得以实现。

2. 人力资源计划

人力资源计划是从装饰项目目标出发，根据内外部环境的变化，提高对装饰项目未来人力资源需求的预测，确定完成装饰项目所需人力资源的数量和质量、各自的工作任务及其相关关系的过程。

人力资源计划主要阐述人力资源在何时、以何种方式加入和离开装饰项目组。人员计划可能是正式的，也可能是非正式的，可能是十分详细的，也可能是框架概括型的，皆依装饰项目的需要而定。

3. 人力资源需求的确定

(1) 装饰项目管理人员需求的确定

装饰项目管理人员需求应根据岗位编制计划，使用合理的预测方法进行预测。在人员需求中，应明确需求的职务名称、人员数量、知识技能等方面的要求，同时明确招聘途径、招聘方式、选择方法、程序、希望到岗时间等。最终要形成一个有员工数量、招聘成本、技能要求、工作类别及为完成组织目标所需的管理人员数量和层次的分列表。

(2) 劳动力需要量计划表

劳动力需要量计划表是根据施工方案、施工进度和预算，依次确定专业工种、进场时间、劳动量和工人数，然后汇集而成的表格形式。它可以作为现场劳动力调配的依据。

表 9-2 为装饰施工组织设计中常见的劳动力需要量计划表。

劳动力需要量计划表　　　　　　　　　　表 9-2

序号	专业工种		劳动量	需要时间									备注
	名称	级别		X 月			X 月			X 月			
				I	II	III	I	II	III	I	II	III	

(3) 劳务人员的优化配置

对于劳务人员的优化配置，应根据承包装饰项目的施工进度计划和各工种需要数量进行。装饰项目经理部根据计划与劳务合同，在合格劳务承包队伍中进行有效调配。

表9-3为某建筑装饰项目根据劳动量对劳务人员配备的一份表格。

合格劳务承包配置表 表9-3

序号	班组名称	班组负责人	分包内容	分包方式	调配方式
1	石材班组	***	2层柱、墙面干挂玻化砖	人工	随进度进场
2	泥工班组	***	室内玻化砖、水泥砂浆地面	人工	随进度进场
3	木工班组	***	室内轻钢龙骨吊顶、木制作	人工	随进度进场
4	木工班组	***	室内轻钢龙骨吊顶、木制作	人工	随进度进场
5	油漆班组	***	室内乳胶漆、清漆	人工	随进度进场
6	钢结构班组	***	大厅柱、墙面钢结构	人工	随进度进场
7	电工班组	***	临时用电	人工	随进度进场
8	综合班组	***	现场搬运和施工垃圾清理	人工	随进度进场

4. 人力资源控制

人力资源控制应包括人力资源的选择、签订施工分包合同、人力资源培训等内容。

（1）人力资源的选择

要根据装饰项目需求确定人力资源的性质、数量、标准及组织中工作岗位的需求；提出人员补充计划；对有资格的求职人员提供均等的就业机会；根据岗位要求和条件允许来确定合适人选。

（2）签订施工分包合同

施工分包合同有专业装饰工程分包合同与劳务作业分包合同之分。分包合同的发包人一般是取得施工总承包合同的承包单位，分包合同一般仍沿用施工总承包合同中的名称，即称为承包人。分包合同的承包人一般是专业化的专业装饰工程施工单位或劳务作业单位，在分包合同中一般称为分包人或劳务分包人。

施工分包合同的承包方式有两种：一是按施工预算或投标价承包；二是按施工预算中的清单装饰工程量承包。劳务分包合同的内容应包括：装饰工程名称，工作内容及范围，提供劳务人员的数量，合同工期，合同价款及确定原则，合同价款的结算和支付，安全施工，重大伤亡及其他安全事故处理，装饰工程质量，验收与保修，工期延误，文明施工，材料机具供应，文物保护，发包人、承包人的权利和义务，违约责任等。同时还应考虑劳务人员的各种保险和共同管理。

（3）人力资源培训

人力资源培训包括培训岗位、人数、培训内容、目标、方法、地点和培训费用等，应重点培训生产线关键岗位的操作运行人员和管理人员。人员的培训时间应与装饰项目的建设进度相衔接，如设备操作人员应在设备安装、调试前完成培训工作，以便这些人员参加设备安装、调试过程，熟悉设备性能，掌握处理事故的技能等，保证装饰项目顺利完成。组织应重点考虑供方、合同方人员的培训方式和途径，可以由组织直接进行培训，也可以根据合同约定由供方、合同方自己进行培训。

人力资源培训包括管理人员培训和工人培训。

5. 人力资源考核

装饰项目人力资源考核是指对装饰项目组织人员的工作作出评价。考核是一个动态过程，通过考核的形式使装饰项目管理有更为良性的循环，考核过程具有过程性与不确定性的特点。

9.1.3　材料管理

建筑装饰装修材料管理是指材料在流通领域以及再生产领域中的供应与管理工作。

建筑装饰装修企业材料管理工作是指对施工生产过程中所需要的各种材料，围绕材料计划申请、订货、采购、运输、储存、发放及消耗等所进行的一系列组织和管理工作。

1. 材料管理的任务

建筑装饰装修施工企业材料管理的任务归纳起来就是"供""管""用"三个字，具体任务有：

（1）编好材料供应计划，合理组织货源，做好供应工作。

（2）按施工计划进度需要和技术要求，按时、按质、按量配套供应材料。

（3）严格控制、合理使用材料，以降低消耗。

（4）加强仓库管理，控制材料储存，切实履行仓库管理和监督职能。

（5）建立健全材料管理规章制度，使材料管理条理化。

2. 材料的分类

（1）按作用分类

按材料在生产中的作用分类，可分为主要材料、辅助材料、周转材料、低值易耗品和机具配件等。

主要材料是指直接用于工程或产品上，能构成工程或产品实体的各种材料。

辅助材料是指用于施工生产过程，虽不构成工程实体，但有助于工程的形成所消耗的材料。

周转材料是指施工过程中能反复多次周转使用，而又基本上保持其原有形态的工具性材料。

低值易耗品是指价值较低（达不到固定资产的最低限额），又容易消耗（达不到固定资产的最低使用期限）的物品。

机具配件是指机具设备维修耗用的各种零件、部件及维修材料。

这种分类方法便于制定材料消耗定额，核算工程成本，核定材料储备定额。

（2）按自然属性分类

按材料的自然属性分类是指按材料的物理化学性能、技术特征等进行分类。一般分为黑色金属材料、有色金属材料、五金制品、水泥及制品、木质及竹质材料、涂饰材料、油漆化工、防水保温材料、玻璃、陶瓷、塑料、石膏制品、电工电料、水暖器材、胶结密封、砌块砖瓦、砂石骨料、手工工具、护具和其他等若干类。

这种划分方法对于各类物资的平衡计算，对于物资的采购和保管都有重要意义。

3.材料的供应方式

材料选择什么样的供应方式，应结合本地区的物资管理体质、甲方的有关要求、工程规模和特点、企业常用供应习惯而定。总之，材料供应应从实际出发，以确保施工需要并取得较好的经济效益。

（1）材料供应计划

该计划是建筑装饰施工企业施工技术财务计划的重要组成部分，是为了完成施工任务，组织材料采购、订货、运输、仓储及供应管理各项业务活动的行为指南。其计算公式为：

$$\text{材料供应量} = \text{需用量} - \text{期初库存量} + \text{周转库存量} \qquad (9-1)$$

（2）材料采购计划

其是根据需用量计划而编制的材料市场采购计划。其计算公式为：

$$\text{材料采购量} = \text{计划期需用量} + \text{计划期末储备量}$$
$$- \text{计划期的预计库存量} - \text{其他内部资源量} \qquad (9-2)$$

（3）材料计划的执行和检查

材料计划编制完成后，要积极组织材料供应计划的执行和实现，明确分工，各部门要相互支持、协调配合，做好综合平衡，及时发现问题，采取有效措施，保证计划的全面完成。

4.材料的运输与库存

（1）材料的运输

材料运输是材料供应工作的重要环节，是企业管理的重要组成部分，是生产供应消费的桥梁。材料运输管理要贯彻"及时、准确、安全、经济"

的原则，做好运力调配、材料发运与接运，有效发挥运力作用。

（2）材料的库存管理

材料的库存管理是材料管理的重要组成部分。材料库存管理工作的内容和要求主要有：合理确定仓库的地点、面积、结构和储存、装饰、计量等仓库作业设施的配备；精心计算库存，建立库存管理制度；把好物资验收如库关，做到科学保管和保养；做好材料的出库和退库工作；做好清仓盘点和离库工作。此外，材料的仓库管理应当既管供又管用，积极配合生产部门做好消耗考核和成本核算，同时回收废旧物资，开展综合利用。

5. 材料的现场管理

（1）施工准备阶段的材料管理

施工准备阶段的材料管理包括：做好现场调查和规划；根据施工图预算和施工预算，计算主要材料需用量，结合施工进度分期分批组织材料进场并为定额供料做好准备；配合组织预制构配件加工订货，落实使用构配件的顺序、时间及数量；规划材料堆放位置，按先后顺序组织进场，为验收保管创造条件。

（2）施工阶段的材料管理

施工阶段是材料投入使用、形成建筑产品的阶段，是材料消耗过程的管理阶段，同时贯穿验收、保管和场容管理等环节，它是现场材料管理的中心环节。其主要内容是：根据工程进度不同阶段所需的各种材料及时、准确、配套地组织进场，保证施工顺利进行，合理调整材料堆放位置，尽量做到分项工程活完料尽；认真做好材料消耗过程的管理，健全现场材料领退料交接制度、消耗考核制度、废旧回收制度，健全各种材料收发（领）退原始记录和单位工程材料消耗台账；认真执行定额供料制，积极推行"定、包、奖"，即定额供料、包干使用、节约奖励的办法，鼓励降低材料消耗；建立健全现场场容管理责任制，实行划区、分片、包干责任制，促进施工人员及队组保持作业场地整洁，做好现场堆料区、库存、料棚、周转材料及工场的管理。

（3）施工收尾阶段的材料管理

施工收尾阶段是现场材料管理的最后阶段，其主要内容是：认真做好收尾准备工作，控制进料，减少余料，拆除不用的临时设施；整理、汇总各种原始资料、台账和报表；全面清点现场及库存材料；核算工程材料消耗量，计算工程成本；工完场清，余料清理。

9.1.4　机具设备管理

随着装饰行业的迅速发展，建筑装饰施工组织的技术装备得到了较大的改善和发展，原有单一的装饰机具已经被品种繁多的装饰机具和相关设备所替换，因此如何在装饰项目中管理好机具和设备就提上日程，并在装饰施工组织中得到重视，建筑装饰机具设备已成为现代建筑装饰的主要生产要素之一。在装饰施工组织中，不仅在装备品种、数量上有了较大的增加，而且还拥有了一批应用高技术和机电一体化的先进设备。为使装饰项目组织管好、用好这些设备，充分发挥机具设备的效能，保证机具设备的安全使用，确保施工现场的机具设备处于完好技术状态，预防和杜绝施工现场重大机具伤害事故和机具设备事故的发生，需要制定切实可行的机具设备管理机制。

1. 机具设备管理任务

建筑装饰装修施工企业机具设备管理的任务就是全面科学地做好机具设备的选配、管理、保养和更新，保证为企业提供适宜的技术装备，为机具化施工提供性能好、效率高、作业成本低、操作安全的机具设备，使企业施工活动建立在最佳的物质技术基础上，不断提高企业的经济效益。

2. 机具设备管理计划

（1）机具设备需求计划

机具设备选择的依据是装饰项目的现场条件、工程特点、工程量及工期。

对于主要施工机具，如挖土机、起重机等的需求量，要根据施工总进度计划、主要建筑物施工方案和工程量，并套用机具产量定额求得；对于辅助机具，可以根据建筑安装工程 10 万元扩大概算指标求得；对于运输的需求量，应根据运输量计算。

装饰项目所需要的机具设备可由四种方式提供，即从本企业专业租赁公司租用、从社会上的机具设备租赁市场租用、分包队伍自有设备、企业新购买设备。表 9-4 为机具设备需求量计划表。

机具设备需求量计划表 表 9-4

序号	机具设备名称	型号	规格	功率(kW)	需求量	使用时间	备注

（2）机具设备使用计划

装饰项目经理部应根据工程需求编制机具设备使用计划，报组织领导或组织有关部门审批，其编制依据是工程实施组织设计。机具设备使用计划一般由项目经理部机具管理员或施工准备员负责编制。中、小型设备机具一般由装饰项目经理部主管经理审批，主要考虑机具设备配置的合理性（是否符合使用、安全要求）以及是否符合资源要求，包括租赁企业、安装设备组织的资源要求，设备本身在本地区的注册情况及年检情况、操作设备人员的资格情况等。

（3）机具设备保养与维修计划

机具设备使用过程中，其保护装置、机具质量、可靠性等都有可能发生变化，因此，机具设备使用过程中的保养与维护是确保其安全、正常使用必不可少的手段。

机具设备保养的目的是保持机具设备的良好技术状态，提高设备运转的可靠性和安全性，减少零件的磨损，延长使用寿命，降低消耗，提高经济效益。

3.机具设备管理控制

机具设备管理控制包括机具设备购置管理、租赁及周转工具管理、使用管理、操作人员管理、报废和出场管理等。

机具设备管理控制的任务是：正确选择机具；保证机具设备在使用中处于良好状态；减少闲置、损坏；提高机具设备使用效率及产出水平；机具设备的维护和保养。

（1）机具设备购置管理

实施装饰项目需要新购买的机具设备时，大型机具设备以及特殊设备应在调研的基础上写经济技术可行性分析报告，经有关领导和专业管理部门审批后，方可购买；中、小型机具应在调研的基础上，选择性价比较高的产品。机具设备的选择原则是：适用于装饰项目要求，使用安全可靠，技术先进，经济合理。

在有多台同类机具设备可供选择时，要综合考虑它们的技术特性。机具设备技术特性如表9-5所示。

机具设备技术特性　表9-5

序号	内容	序号	内容
1	工作效率	8	运输、安装、拆卸及操作的难易程度
2	工作质量	9	灵活性
3	使用费用和维修费	10	在同一现场服务装饰项目的数量
4	能源消耗费	11	机具的完好性
5	占用的操作人员和辅导工作人员	12	维修难易程度
6	安全性	13	对气候的适应性
7	稳定性	14	对环境保护的影响程度

（2）机具设备租赁及周转工具管理

机具（机具）及周转材料的租赁是指施工企业向租赁公司（站）及拥有机具和周转材料的单位支付一定租金取得使用权的业务活动。这种方法有利于加速机具和周转材料的周转，提高其使用效率和完好率，减少资源的浪费。

（3）机具设备使用管理

建筑装饰装修工程施工机具设备使用管理是机具设备管理的一个基本环节，正确合理地使用设备可充分发挥设备的效率，使其保持较好的工作性能，减少磨损，延长设备的使用寿命。

表 9-6 是某装饰项目中机具使用管理的表格形式，可供我们在机具设备使用管理实践中进行台账参考。

某装饰项目中机具使用管理台账　　　　　　　　表 9-6

序号	机具或设备名称	型号规格	数量	国别产地	制造年份	额定功率（kW）	生产能力	用于施工部位	备注
1	合灰机	Y100L-4	1	国产	1998	2.2	完好	板块墙地	
2	电焊机	EX-300	2	国产	2003	23	完好	钢骨架	
3	氩弧焊机	WS-100	1	国产	2004	5.5	完好	栏杆	
4	空压机	W-0.9/10	2	国产	2004	7.5	完好	吊顶木作	
5	型材切割机	J3G-400	3	国产	2002	2	完好	吊顶木作	
6	电圆锯	M3Y-250	1	国产	2004	0.71	完好	吊顶木作	
7	蚊钉枪	P625	6	合资	2000		完好	吊顶木作	
8	气钉枪	F-25ST	4	合资	2003		完好	吊顶木作	
9	钻凿两用电锤	TE-15	5	进口	2004	0.9	完好	吊顶木作	
10	手持砂轮机	S3S-150	2	国产	2002	0.25	完好	板块墙地	
11	云石切割机	Z3E-200	2	国产	2002	0.65	完好	板块墙地	

（4）机具设备操作人员管理

机具设备操作人员必须持证上岗，即通过专业培训考核合格后，经有关部门注册，操作证年审合格，在有效期内，且所操作的机种与所持证上允许操作机种吻合。此外，机具操作人员还必须明确机组人员责任制，并建立考核制度，奖优罚劣，使机组人员严格按照规范作业，并在本岗位上发挥出最优的工作业绩。责任制应对机长、机员分别制定责任内容，对机组人员应做到责、权、利三者相结合，定期考核，奖罚明确到位，以激励机组人员努力做好本职工作，使其操作的设备在一定条件下发挥出最大效能。

（5）机具设备报废和出场管理

机具设备属于下列情况之一的应当更新：

1）设备损耗严重，大修理后性能、精度仍不能满足规定要求的。

2）设备在技术上已经落后，耗能超过标准 20% 以上的。

3）设备使用年限长，已经经过四次以上大修或者一次大修费用超过正常大修费用一倍的。

4.机具设备管理考核

机具设备管理考核应对装饰项目机具设备的配置、使用、维护以及技术安全措施、设备使用效率和使用成本等进行分析和评价，应着重考核机具设备的完好率和利用率指标。

机具设备的配置要做到机具配套，一是一个工种的全部过程和环节配套，二是主导机具与辅助机具在规格、数量和生产能力上配套。只有合理配备、配套使用，才能充分发挥机具的效能，获得好的经济效益。

合理使用机具设备，应贯彻人机固定原则，实行定机、定人、定岗位责任的"三定"制度。做好机具设备的总和利用，尽量做到一机多用，充分发挥其效率。要使现场环境、施工平面布置适合机具作业要求，为机具设备的施工创造良好条件。同时，应特别关注超期服役的施工设备其风险是否可以接受等，以避免机毁人亡的事故出现。

为了保持机具设备的良好状态，提高设备运转的可靠性和安全性，减少零件的磨损，延长使用寿命，降低消耗，提高机具施工的经济效益，应做好机具设备的保养。另外，对机具设备的维修可以保证机具的使用效率，延长使用寿命。

5.机具设备的保养、修理和更新

机具设备的保养分为例行保养和强制保养。

例行保养属于正常使用管理工作，不占用机具设备的运行时间，由操作人员在机具使用前期和中间进行。其内容主要有：保持机具的清洁、检查运行情况、防止机具腐蚀、按技术要求紧固易于松脱的螺栓、调整各部位不正常的行程和间隙等。

强制保养是按一定周期，需要占用机具设备的运转时间而停工进行的保养。这种保养是按一定周期的内容分级进行的，保养周期根据各类机具设备的磨损规律、作业条件、操作维修水平以及经济性四个主要因素确定，保养级别由低到高，如起重机、挖土机等大型设备要进行一到四级保养，汽车、空压机等进行一到三级保养，其他一般机具设备进行一、二级保养。

9.1.5 技术管理

技术管理也是装饰工程资源管理中重要的管理方式之一，技术决定工程质量目标、安全目标、环境保护等目标的实现程度，因此有序地进行项目的技术管理是必要的。

1. 技术管理的概念

建筑装饰装修工程施工项目技术管理是指在建筑装饰装修施工企业的生产经营活动中，对各项技术活动与其技术要素的科学管理。所谓技术活动，是指技术学习、技术运用、技术改造、技术开发、技术评价和科学研究的过程；所谓技术要素，是指技术人才、技术装备和技术信息等。

2. 技术管理的任务

建筑装饰装修工程施工项目技术管理的基本任务是：正确贯彻党和国家各项技术政策和法令，认真执行国家和上级制定的技术规范、规程，按创全优工程的要求科学地组织各项技术工作，建立正常的技术工作秩序，提高建筑装饰装修施工企业的技术管理水平，不断革新原有技术和采用新技术，达到保证工程质量、提高劳动效率、实现生产安全、节约材料和能源、降低工程成本的目的。

3. 技术管理的内容

建筑装饰装修施工企业技术管理的内容可以分为基础工作和业务工作两大部分。

（1）基础工作

基础工作是指为开展技术管理活动创造前提条件的最基本的工作。它包括技术责任制、技术标准与规模、技术原始记录、技术文件管理、科学研究与信息交流等工作。

（2）业务工作

业务工作是指技术管理中日常开展的各项业务活动。它主要包括以下几项工作：

1）施工技术准备工作。它包括图纸会审、编制施工组织设计、技术交底、材料技术检验、安全技术等。

2）施工过程中的技术管理工作。它包括技术复核、质量监督、技术处理等。

3）技术开发工作。它包括科学技术研究、技术革新、技术引进、技术改造和技术培训等。

基础工作和业务工作是相互依赖、缺一不可的。基础工作为业务工作提供必要的条件，任何一项技术业务工作都必须要靠基础工作才能进行。但企业做好技术管理的基础工作不是最终目的，技术管理的基本任务必须通过各项具体的业务工作才能完成。

4. 技术档案管理

技术档案是按照一定的原则、要求，经过移交、整理、归档后保管起来的技术文件材料。它既记录了各建筑物、构筑物的真实历史，更是技术人员、管理人员和操作人员智慧的结晶，技术档案实行统一领导、分专业管理。资料收集应做到及时、准确、完整，分类正确，传递及时，符合地方法规要求，无遗留问题。

5. 技术管理考核

装饰项目技术管理考核包括对技术管理工作计划的执行，施工方案的实施，技术措施的实施，技术问题的处理，技术资料的收集、整理和归档，以及对技术开发、新技术和新工艺应用等情况进行的分析和评价。

表 9-7 是某装饰项目对技术管理中应归档的验收记录一览表，可供我们学习和借鉴。

某装饰项目分部分项验收记录一览表　　　表 9-7

分部	子分部	分项	检验批	批次
装饰装修工程分部	吊顶	暗龙骨吊顶	暗龙骨吊顶检验批质量验收记录表	6
	轻质隔墙	骨架隔墙	骨架隔墙检验批质量验收记录表	2
		活动隔墙	活动隔墙检验批质量验收记录表	1
	涂饰	水性涂料涂饰	水性涂料涂饰检验批质量验收记录表	6
		溶剂性涂料涂饰	溶剂性涂料涂饰检验批质量验收记录表	2
	裱糊与软包细部	裱糊	裱糊检验批质量验收记录表	2
		软包	软包检验批质量验收记录表	2
	细部	窗帘盒、窗台板和散热器罩制作与安装	窗帘盒、窗台板和散热器罩制作与安装检验批质量验收记录表	3
		门窗套制作与安装	门窗套制作与安装检验批质量验收记录表	3
		护栏和扶手制作与安装	护栏和扶手制作与安装检验批质量验收记录表	1
	饰面砖	饰面板安装	饰面板安装检验批质量验收记录表	4
		饰面砖粘贴	饰面砖粘贴检验批质量验收记录表	2
	建筑地面	砖面层工程	砖面层工程检验批质量验收记录表	2
		大理石和花岗岩面层工程	大理石和花岗岩面层工程检验批质量验收记录表	1
		实木复合地板面层工程	实木复合地板面层工程检验批质量验收记录表	3
		水泥砂浆面层工程	水泥砂浆面层工程检验批质量验收记录表	3

9.1.6 资金管理

1.资金管理计划

装饰项目资金流动包括装饰项目资金收入与支出。

装饰项目资金收入与支出计划管理是装饰项目资金管理的重要内容，要做到收入有规定，支出有计划，追加按程序；做到在计划范围内一切开支有审批，主要工料大宗支出有合同，使装饰项目资金运营在受控状态。装饰项目经理主持此项工作，由主管业务部门分别编制，财务部门汇总平衡。

装饰项目资金收入与支出计划的编制是装饰项目经理部资金管理工作中首先要完成的工作，一方面需要上报企业管理层审批，另一方面装饰项目资金收支计划是实现装饰项目资金管理目标的重要手段。

2.资金控制

（1）保证资金收入

生产的正常进行需要一定的资金保证，装饰项目部的资金来源包括：组织（公司）拨付资金、向发包人收取的工程款和备料款以及通过组织（公司）获得的银行贷款等。

对工程装饰项目来讲，收取工程款的备料款是装饰项目资金的主要来源，重点是工程款收入。由于工程装饰项目的生产周期长，采用的是承发包合同形式，工程价款一般按月度结算收取，因此要抓好月度价款结算，组织好日常工程价款收入，管好资金入口。

（2）控制资金支出

控制资金支出主要是控制装饰项目资金的出口。施工生产直接或间接的生产费用投入需消耗大量资金，要精心计划、节约使用资金，以保证装饰项目部的资金支付能力。一般来说，工、料、机的投入有的要在交易发生期支付货币资金,有的可作为流动负债延期支付。从长期角度讲,任何工、料、机投入都要消耗定额，管理费用要有开支标准。

要抓好开源节流，组织好工料款回收，控制好生产费用支出，保证装饰项目资金正常运转。在资金周转中投入能得到补偿、得到增值，才能保证生产继续进行。

9.2 建筑装饰工程信息管理

9.2.1 信息管理概述

随着科学技术和电脑网络的发展，人类正在进入一个高度发展的新时代，这个时代就是我们常说的信息时代，在建设工程领域也不可避免的要依赖信息来提升工作和管理效率。信息能及时地反映各协调方的需求，指导生产，控制过程。由于信息的迅猛发展，信息已经和原材料、资源并列成为三大资源。

1. 信息的特点

（1）真实性

真实性是信息的基本特点，也是信息的价值所在。我们就是要千方百计地找到信息的真实一面，为决策和装饰项目管理服务。不符合事实的信息不仅无用而且有害。真实、准确地把握好信息是我们处理数据的最终目的。

（2）系统性

我们在实际的装饰项目施工中，不能拿到图纸或者业主给定的技术文件就片面地产生和使用这些信息。信息本身不是直接得到的，而是需要我们全面地掌握各方面的数据后才能得到。信息也是系统中的组成部分之一。

（3）时效性

由于信息在工程实际中是动态、不断变化、不断产生的，要求我们要及时地处理数据，及时得到信息，这样才能做好决策和工程管理工作，避免事故的发生，真正做到事前管理。信息本身具有强烈的时效性，因此我们需要利用有效的时差以使信息获得最大化的利用。

（4）不完全性

由于使用数据的人对客观事物认识的局限性，例如同样的信息渠道，由于施工管理人员对技术掌握的深度不同，因而获得的信息是不尽相同的，其不完全性就在所难免，我们应该认识到这一点，提高自身对客观事物的认识深度，减少不完全性因素。

2. 信息管理的概念

装饰工程项目信息管理是指对信息的收集、整理、处理、储存、传递与应用等一系列工作的总称。信息管理的目的就是通过有组织的信息流通，使决策者能及时、准确地获得相应的信息。为了达到信息管理的目的，就要把握信息管理的各个环节，并且要做到：

（1）了解和掌握信息来源，对信息进行分类。

（2）掌握和正确运用信息管理手段，如计算机。

（3）掌握信息流程的不同环节，建立信息管理系统。

3. 信息管理的基本任务

装饰工程项目管理人员承担着装饰项目信息管理的任务，负责收集装饰项目实施情况的信息，做各种信息处理工作，并向上级、向外界提供各种信息。装饰项目信息管理的任务主要包括：

（1）组织装饰项目基本情况信息的收集并系统化，编制装饰项目手册。装饰项目管理的任务之一是按照装饰项目的任务、实施要求设计装饰项目实施和装饰项目管理中的信息和信息流，确定它们的基本要求和特征，并保证装饰项目实施过程中信息的顺利流通。

（2）遵循装饰项目报告及各类资料的规定，例如资料的格式、内容、数据结构要求。

（3）按照装饰项目实施、装饰项目组织、装饰项目管理工作过程建立装饰项目管理信息系统，在实际工作中保证系统正常运行，并控制信息流。

（4）文件档案管理工作。

优秀的装饰项目管理需要更多的工程装饰项目信息，信息管理影响装饰项目组织和整个装饰项目管理系统的运行效率，是人们沟通的桥梁，应引起装饰项目管理人员足够的重视。

4.信息管理的基本条件

为了更好地进行工程装饰项目信息管理，必须利用计算机技术。装饰项目经理部要配备必要的计算机硬件和软件，应设装饰项目信息管理员，使用和开发装饰项目信息管理系统。装饰项目信息管理员必须经有资质的培训单位培训并通过考核，方可上岗。

装饰项目经理部负责收集、整理、管理本装饰项目范围内的信息。实行总分包的装饰项目，分包人负责分包范围内的信息收集整理，承包人负责汇总、整理各分包人的全部信息。

9.2.2 项目报告系统

1.项目报告的形式和种类

装饰工程项目报告的形式和种类很多，按时间可分为日报、周报、月报、年报；针对装饰项目结构的报告有分部分项装饰项目报告、单位工程报告、单项工程报告、整个装饰项目报告；专门内容的报告有质量报告、成本报告、工期报告；特殊情况的报告有风险分析报告、总结报告、特别事件报告；此外，还有状态报告、比较报告等。

2.项目报告的作用

（1）作为决策的依据。通过报告所反映的内容，可以使人们对装饰项目计划和实施状况、目标完成程度等有比较清楚的了解，从而使决策简单化，提高准确度。

（2）用来评价装饰项目，评价过去的工作及阶段成果。

（3）总结经验，分析装饰项目中的问题，每个装饰项目结束时都应有一个内容详细的分析报告。

（4）通过报告激励各参加者，让大家了解装饰项目的成绩。

（5）提出问题，解决问题，安排后期的工作。

（6）预测未来情况，提供预警信息。

（7）作为证据和工程资料。工程装饰项目报告便于保存，能提供工程的永久记录。

3. 项目报告的要求

（1）与目标一致。报告的内容和描述必须与装饰项目目标一致，主要说明目标的完成程度和围绕目标存在的问题。

（2）符合特定的要求。这里包括各个层次的管理人员对装饰项目信息需要了解的程度，以及各个职能人员对专业技术工作和管理工作的需要。

（3）规范化、系统化。管理信息系统中应完整地定义报告系统的结构和内容，对报告的格式、数据结构进行标准化。在装饰项目中要求各参加者采用统一形式的报告。

（4）处理简单化，内容清楚，各种人都能理解。

（5）报告要有侧重点。工程装饰项目报告通常包括概况说明、重大的差异说明、主要活动和事件的说明，而不是面面俱到。它的内容较多的是考虑实际效用，而不是考虑信息的完整性。

4. 项目报告系统

在装饰项目初期，在建立装饰项目管理系统时必须包括装饰项目的报告系统。主要要解决两个问题：

（1）罗列装饰项目实施过程中应有的各种报告，并系统化。

（2）确定各种报告的形式、结构、内容、数据、采集和处理方式，并标准化。

建立如表 9-8 所示的报告目录。

报告目录表　　　　表 9-8

报告名称	报告时间	提供者	接收者			
			A	B	C	D

编制工程计划时，应考虑需要的各种报告及其性质、范围和频率，并在合同或装饰项目手册中确定。

原始资料应一次性收集，以保证同一信息的来源相同。收入报告中的资料应进行可信度检查，并将计划值引入一并对比。

装饰工程项目报告应从基层做起，资料最基础的来源是工程活动，上层的报告应在基层报告的基础上，按照装饰项目结构和组织结构层层归纳、总结，并作出分析和比较，形成金字塔结构的报告系统。

9.2.3 项目信息管理系统

信息的产生和应用是通过信息系统实现的，信息系统是整个工程系统的一个子系统，信息系统具有所有系统的一切特征，了解系统有助于了解信息系统和使用信息系统。

1. 项目信息管理系统的含义

装饰工程项目信息管理系统也称装饰项目规划和控制信息系统，是一个针对工程装饰项目的计算应用软件系统，通过及时地提供工程装饰项目的有关消息，支持装饰项目管理人员确定装饰项目规划，在装饰项目实现过程中控制装饰项目目标，即费用目标、进度目标、质量目标和安全目标。

工程装饰项目信息管理系统是以工程装饰项目为目标系统，利用计算机辅助工程装饰项目管理的信息系统。

2. 项目信息管理系统的特点

装饰工程项目信息管理系统是以计算机技术为主要手段，以装饰项目管理为对象，通过收集、存储和处理有关数据为装饰项目管理人员提供信息，作为装饰项目管理规划、决策、控制和检查的依据，保证装饰项目管理工作顺利实施，是装饰项目管理系统的重要组成部分。通常，该系统应具有如下特点：

（1）可靠性。

（2）安全性。

（3）及时性。

（4）适用性。

（5）界面友好，操作方便。

3. 项目信息的收集

工程装饰项目信息管理系统的运行质量，很大程度上取决于原始资料、原始信息的全面性、准确性和可靠性，因此，建立一套完整的信息采集制度是极其必要的。工程装饰项目信息的收集包括以下内容。

（1）项目建设前期信息收集

装饰工程项目在正式开工之前，需要进行大量的工作，这些工作将产生大量包含丰富内容的文件，工程建设单位应当了解和掌握这些内容。

1）收集可行性研究报告及其有关资料。

2）设计文件及有关资料的收集。

3）招标投标合同文件及其有关资料的收集。

装饰项目建设前期除以上各个阶段产生的各种资料外，上级关于装饰项目的批文和有关指示，有关征用土地、迁建赔偿等协议式批准的文件等，均是十分重要的资料。

（2）项目施工期间的信息收集

在装饰工程项目整个施工阶段，每天都发生各种各样的情况，相应地包含各种信息，需要及时收集和处理。因此，工程实施阶段是大量信息发生、传递和处理的阶段，工程装饰项目信息管理主要集中在这一阶段。

（3）项目竣工阶段的信息收集

装饰工程项目竣工并按要求进行竣工验收时，需要大量与竣工验收有关的各种资料信息。这些信息一部分是在整个施工过程中长期积累形成的，一部分是在竣工验收期间根据积累的资料整理分析而形成的。完整的竣工资料应由承建商编制，经工程装饰项目负责人和有关方面审查后，移交业主并通过业主移交管理部门。

4. 收集信息的加工整理

对收集的信息进行加工是信息处理的基本内容。其中包括对信息进行分析、归纳、分类、计算、比较、选择及建立信息之间的关系等工作。

（1）信息处理的要求和方法

1）信息处理的要求。要使信息能有效地发挥作用，在信息处理过程中就必须符合及时、准确、适用、经济的要求。

2）信息处理的方法。从收集的大量信息中找出信息与信息之间的关系和运算公式，从收集的少量信息中得到大量的输出信息。信息处理包括收集、加工、输入计算机、传输、存储、计算、检索、输出等内容。

（2）收集信息的分类

工程信息管理中，对收集来的资料进行加工整理后，按其加工整理的深度可分为如下类型，如表 9-9 所示。

收集信息分类 表 9-9

信息类别	具体要求
依据进度控制信息，对施工进度状态的意见和指示	工程装饰项目负责人每月、每季度都要对工程进度进行分析对比并作出综合评价，包括当月整个工程各方面，实际完成数量与合同规定的计划数量之间的比较。如果某一部分拖后，应分析其主要原因，对存在的主要困难和问题，要提出解决的意见
依据质量控制信息，对工程质量情况的意见和指示	工程装饰项目负责人应当系统地将当月施工中的各种质量情况，包括现场检查中发现的各种问题、施工中出现的重大事故，对各种情况、问题、施工的处理情况，除在月报、季报中进行阶段性的归纳和评价外，如有必要可进行专门的质量定期概况报告

续表

信息类别	具体要求
依据投资控制信息，对工程结算情况的意见和指示	工程价款结算一般按月进行，要对投资完成情况进行统计、分析，并在此基础上做一些短期预测，以便为业主在组织资金方面提供咨询意见
依据合同信息，对索赔的处理意见	在工程施工中，由于甲方的原因或客观条件使乙方遭受损失，乙方可提出索赔要求；乙方违约使工程遭受损失，甲方可提出索赔要求；工程装饰项目负责人应对索赔提出处理意见

9.2.4 项目文档管理

装饰工程文件是反映装饰工程质量和工作质量的重要依据，是评定工程质量等级的重要依据，也是装饰公司在日后进行维修、扩建、改造、更新的重要工程档案材料。装饰项目管理信息大部分是以文档资料的形式出现的，因此装饰项目文档资料管理是日常信息管理工作的一项主要内容。装饰工程文件一般分为四大部分：工程准备阶段装饰文档资料、装饰工程对监理方文档资料、工程施工阶段装饰文档资料、工程竣工阶段装饰文档资料。因此，装饰项目的文档资料直接决定城建档案的好坏。

装饰项目文档资料包括各类文件、装饰项目信件、设计图纸、合同书、会议纪要、各种报告、通知、记录、鉴证、单据、证明、书函等文字、数值、图表、图片及音像资料。

1. 项目文档资料管理的主要内容

装饰项目文档资料管理的内容主要包括工程施工技术管理资料、工程质量控制资料、工程施工验收资料、装饰竣工图四大部分。

2. 项目文档资料的传递流程

确定装饰项目文档资料的传递流程是指要研究文档资料的来源渠道及方向。研究资料的来源、使用者和保存节点，规定资料的传输方向和目标。

3. 项目文档资料的登录和编码

信息分类和编码是文档资料科学管理的重要手段。任何接收或发送的文档资料均应予以登录，建立信息资料的完整记录。对文档资料进行登录，把它们列为装饰项目管理单位的正式资源和财产，可以有据可查，便于归类、加工和整理，并通过登录掌握归档资料及其变化情况，有利于文档资料的清点和补缺。

4. 项目文档资料的存放

为使文档资料在装饰项目管理中得到有效利用和传递，需要按科学方法将文档资料存放与排列。随着工程建设的进程、信息资料的逐步积累，文档资料的数量会越来越多，如果随意存放，需要时必然查找困难，且极易丢失。存放与排列可以编码结构的层次作为标识，将文档资料一件件、一本本地排列在书架上，位置应明显，易于查找。

9.2.5　项目管理中的软信息

在信息管理的高速发展时代，传统的信息管理要求我们对工程管理中定量的要素进行收集整理，如前面所述的，在装饰项目系统中运行的一般都是可定量化的、可量度的信息，如工期、成本、质量、人员投入、材料消耗、工程完成程度等，它们可以用数据表示，可以写入报告中，通过报告和数据即可获得信息、了解情况。但还有许多信息是很难用上述信息形式表达和通过正规的信息渠道沟通的，这主要是用来反映装饰项目参加者的心理行为及装饰项目组织概况的信息。例如，参加者的心理动机、期望和管理者的工作作风、爱好、习惯，对装饰项目工作的兴趣、责任心；各工作人员的积极性，特别是装饰项目组织成员之间的冷漠甚至分裂状态；装饰项目的软信息状况；装饰项目的组织程度及组织效率；装饰项目组织与环境、装饰项目小组与其他参加者、装饰项目小组内部的关系融洽程度，装饰项目领导的有效性；业主或上层领导对装饰项目的态度、信心和重视程度；装饰项目小组精神，如敬业、互相信任、组织约束程度，装饰项目实施的秩序、程度等。

1. 软信息的概念

在装饰工程项目管理中，一些情况无法或很难定量化，甚至很难用具体的语言表达，但它同样作为信息反映装饰项目的情况，对装饰工程项目实施、决策起重要作用，且可以更好地帮助装饰项目管理者研究和把握装饰项目组织，对装饰项目组织实施等起积极作用的这类信息资源，我们把这类信息统称为软信息。

2. 软信息的特点

（1）软信息尚不能在报告中反映或完全正确地反映，缺少表达方式和正常的沟通渠道，只有管理人员亲临现场，参与实际操作和小组会议时才能发现并收集到。

（2）由于软信息无法准确地描述和传递，所以它的状况只能由人领会，仁者见仁，智者见智，不确定性很大，这便会导致决策的不确定性。

（3）由于很难表达，不能传递，很难进入信息系统沟通，所以软信息的使用是局部的。真正有决策权的上层管理者（如业主、投资者）由于不具备条件（不参与实际操作），所以无法获得和使用软信息，因而容易造成决策失误。

（4）软信息目前主要通过非正式沟通来影响人们的行为。例如，人们对装饰项目经理作风的意见和不满，通过互相诉说，以软抵抗对待装饰项目经理的指令及安排。

（5）软信息只能通过人们的模糊判断和思考来作信息处理，常规的信息处理方式是不适用的。

3. 软信息的获取

软信息的获取方式通常有以下几种。

（1）观察获取

通过观察现场及人们的举止、行为、态度，分析他们的动机，分析组织概况。这种获取方法常运用在装饰项目的招标投标谈判阶段、装饰报价的商讨阶段以及竣工审计阶段。

（2）正规询问、征求意见获取

此方法通过在装饰行业中沿用一些行规以及惯例来达到施工管理的目的。例如，装饰图纸的会审需要征求业主方和设计方的意见；通过每月定期召开的装饰项目生产调度会征集意见等。

（3）闲谈、非正式沟通获取

通常在施工中由于各协调方和纵向管理层经过不断的接触，在工作间隙或其他非工作场合进行的交流，而信息的内容经过滤可以为装饰项目所用的，我们也可以适当使用。

（4）指令性获取

在管理层和执行层以及作业层等工作过程中，上下级或者甲乙双方要求对方提交相关书面材料，其中必须包括软信息内容并说明范围，以此获得软信息，同时让相关管理人员建立软信息的概念并扩大使用范围和增加广度。

本章小结

装饰工程项目资源管理的特点主要表现为：装饰工程所需资源的种类多、需求量大；装饰工程项目建设过程的不均衡性；资源供应受外界影响大，具有复杂性和不确定性；资源经常需要在多个装饰项目中协调；资源对装饰项目成本的影响大。因此，资源管理的科学与否直接影响装饰项目的经济效益。

从装饰项目经理部对施工装饰项目实施过程管理的角度讲，人力资源是指一个施工装饰项目的实施过程中需要投入人的劳动的总和。其量的多少、是否高效，反映装饰项目经理部装饰项目管理的整体水平和效果。

材料计划必须计算准确（设计预算材料分析、施工预算材料分析），对材料"两算"存在的问题应有明确的说明。材料供应必须满足装饰项目进度要求。

装饰项目机具设备管理包括机具设备管理计划、机具设备控制、机具设备管理考核。

技术管理控制应包括技术开发管理，新产品、新材料、新工艺的应用管理，施工组织设计管理，技术档案管理等。

装饰项目资金管理包括资金管理计划、资金控制、装饰项目资金分析等。

由于信息的迅猛发展，信息已经和原材料、资源并列成为三大资源。了解信息的特点，掌握信息收集的方法，运行装饰项目管理信息系统。

工程装饰项目信息管理系统的运行质量，很大程度上取决于原始资料、原始信息的全面性、准确性和可靠性，因此，建立一套完整的信息采集制度是极其必要的。

工程装饰项目文档资料是有形的，是信息或数据的载体，它以记录的方式存在，具有集中、归档的性质。对装饰项目文档资料进行科学系统的管理，能使装饰项目实施过程规范化、正常化。

掌握软信息的特点，并在实际工作中进行运用，熟悉软信息获取的方法。

 推荐阅读资料

1. 安德锋，王晶 . 建设工程信息管理 [M]. 北京 : 北京理工大学出版社，2014.

2. 孔晓泊 . 建筑装饰工程施工技术 [M]. 北京 : 中国建筑工业出版社，2011.

习　题

1. 资源管理的涵义是什么？
2. 建筑装饰工程资源管理的特点是什么？
3. 如何编制人力资源需求量计划？
4. 机具设备管理的任务有哪些？
5. 装饰项目技术管理的任务是什么？
6. 信息的特点是什么？
7. 工程装饰项目报告的作用有哪些？
8. 建筑装饰工程信息管理系统的特点是什么？
9. 建筑装饰工程的信息管理流程是什么？
10. 软信息获取的途径有哪些？
11. 简述装饰项目报告的形式和种类。

综合实训

小组模拟装饰现场甲乙双方，进行软信息的获取实践。

26- 习题参考答案

241

第 10 章

建筑装饰工程风险与沟通管理

教学目标

通过本章的学习，让学生能够了解风险的定义、特征及分类、风险分析与评估的目的；掌握风险识别的方法、风险分析与评估的流程及方法、解决争执的处理措施；理解沟通的方式、沟通问题和争执。

教学要求

能力目标	知识要点	权重	自测分数
能够进行风险识别，具备风险识别的能力	了解风险的定义、特点、分类；了解风险识别的作用、特点、依据；掌握风险识别的方法	25%	
能够进行风险分析、评估和风险控制，能够灵活应用风险应对策略和控制方法	了解风险分析与评估的目的；掌握风险分析与评估的流程并掌握方法；掌握风险应对策略和控制方法	35%	
能够编制项目沟通计划	了解项目沟通的难点；掌握项目沟通计划的内容	15%	
能够利用沟通方式对沟通障碍与冲突进行管理	了解沟通的方式；了解常见的沟通问题和争执；掌握解决争执的处理措施	25%	

10.1 建筑装饰工程风险管理

10.1.1 项目风险管理概述

1. 风险管理的产生和发展

人们在社会经济活动中总会面临各种各样的风险，这些风险常常使他们蒙受财产损失或生命威胁。"风险"一词已在许多领域被人们所熟悉，并被赋予许多特定的含义。例如，在证券投资中出现的亏损，新产品投放市场未能按预期盈利，建设项目中新技术的采用带来的潜在危害，运输业中的货物丢失或损坏，社会动荡和战争给金融和经济带来的冲击等。这些现象说明风险广泛而深刻地影响着人们的生活，几乎所有的人都或多或少的有风险的经历。

历史上对风险问题的研究可以追溯到公元前916年的"共同海损制度"以及公元前400年的"船货押贷制度"。到18世纪产业革命，法国管理学家享瑞·法约尔在《一般管理和工业管理》一书中才正式把风险管理思想引入企业经营管理，但长期以来没有形成完整的体系和制度。1930年，美国宾夕法尼亚大学所罗门·许布纳博士在美国管理学会发起的一次保险问题会议上首次提出"风险管理"这一概念，其后风险管理迅速发展成为一门涵盖面甚广的管理科学，尤其是从二十世纪六七十年代至今，风险管理已几乎涉及经济和金融的各个领域。

自 20 世纪 70 年代以来，西方发达国家各国几乎都建立了各自的风险研究机构。1975 年，美国成立了风险与保险管理协会（RIMS）。在 1983 年的 RIMS 年会上，世界各国专家学者共同讨论并通过了"101 条风险管理准则"，其中包括风险识别与衡量、风险控制、风险财务处理、索赔管理、国际风险管理等，此准则被作为各国风险管理的一般准则。2004 年，美国项目管理协会（PMI）对原有的项目管理知识体系（PMBOK）进行了修订，颁布了新的项目管理知识体系，风险管理作为其中的九大知识领域之一，为项目的成功运作提供了重要保障。在欧洲，日内瓦协会（又名保险经济学国际协会）协助建立了"欧洲风险和保险经济学家团体"，该学术团体致力于研究有关风险管理和保险的学术问题，其会员都是英国和其他欧洲国家大学的教授。受发达国家风险研究的影响，发展中国家风险管理的发展也极为迅速。1987 年，为推动风险管理在发展中国家的推广和普及，联合国出版了《发展中国家风险管理的推进》研究报告。

近几十年，风险管理的系统理论和方法在工程建设项目上得到了广泛应用，为项目各项建设目标的顺利实现起到了重要作用。我国的风险管理研究起步较晚，中华人民共和国成立后，最初实行的是计划经济体制，对项目的风险性认识不足，项目风险所产生的损失都由政府承担，投资效益差，盲目投资、重复建设的现象非常严重。改革开放实行市场经济体制后，才逐渐认识到风险管理的重要性，并清楚地发现计划经济下投资体制的种种弊端是使风险缺乏约束机制的重要根源，同时实行"谁投资、谁决策、谁承担责任和风险"的原则。许多对经济和社会发展具有重要影响的大型工程项目，如京九铁路、三峡工程、黄河小浪底工程等，都开展了风险管理方面的应用研究，并且取得了非常明显的效果和一定的效益。可以预见，随着我国经济建设速度的不断加快、国际化进程的不断深化和改革开放的进一步深入，风险管理的理论和实践必将在我国跃上一个新的台阶。

2. 风险概述

（1）风险的定义

一般在人们的认识中，风险总是与不幸、损失联系在一起。尽管如此，有些人在采取行动时，即使已经知道可能会有不好的结果，但仍要选择这一行动，主要是因为其中还存在着他们所认为值得去冒险的、好的结果。

目前，关于风险的定义尚没有较为统一的认识。最早的定义是 1901 年美国的威雷特在他的博士论文《风险与保险的经济理论》中给出的

"风险是关于不愿发生的事件发生的不确定性之客观体现"，该定义强调两点：一是风险是客观存在的，是不以人的意志为转移的；二是风险的本质具有不确定性。奈特则从概率角度，对风险给出定义，认为"风险（Risk）"是客观概率已知的事件，而"客观概率"未知的事件叫做"不确定（Uncertainty）"。但在实际中，人们往往将"风险"和"不确定"混为一谈。此后，许多学者根据自己的研究目的和领域特色，对风险提出了不同的定义。如美国学者威廉姆斯和汉斯将风险定义为"风险是在给定条件下和特定时间内，那些可能发生结果的差异"，该定义强调风险是预期结果与实际结果的差异或偏离，这种差异或偏离越大则风险就越大。以上定义代表了人们对风险的两种典型认识。我国风险管理学界主流的风险定义结合了这两种认识，既强调了不确定性，又强调了不确定性带来的损害。

本书将风险定义为：风险是主体在决策活动过程中，由于客观事件的不确定性引起的，可被主体感知的与期望目标或利益的偏离。这种偏离有大小、程度以及正负之分，即风险的可能性、后果的严重程度、损失或收益。

从以上风险定义可以看出，风险与不确定性有着密切的关系。严格来说，风险和不确定性是有区别的。风险是可测定的不确定性，是指事前可以知道所有可能的后果以及每种后果的概率。而不可测定的不确定性才是真正意义上的不确定性，是事前不知道所有可能后果，或者虽知道可能后果但不知道它们出现的概率。但是，在面对实际问题时，两者很难区分，并且区分不确定性和风险几乎没有实际意义，因为实际中对事件发生的概率是不可能真正确定的。而且，由于萨维奇"主观概率"的引入，那些不易通过频率统计进行概率估计的不确定事件也可采用服从某个主观概率方法表述，即利用分析者的经验及直感等主观判定方法给出不确定事件的概率分布。因此，在实务领域对风险和不确定性不作区分，都视为"风险"，而且概率分析方法是最重要的手段。

（2）风险的构成要素

风险的构成要素不仅决定风险所表现出来的特征，还影响风险的产生、存在和发展。为进一步掌握风险的概念及其本质，必须明确理解构成风险的三要素，即风险因素、风险事件和风险损失以及三者之间的关系。

1）风险因素

风险因素是指导致增加或减少损失或损害发生的频率和幅度的因素，例如，工程项目中不合格的材料、不完善的设计文件、价格波动幅度大的装饰材料市场等都是风险因素。风险因素从形态上可分为物的因素（如设备故障等）和人的因素（如欺骗行为、松散的管理等）；风险因素从性质上可分为自然因素（如地震、台风等）和社会因素（如经济政策、法律法规等）。

2）风险事件

风险事件是指造成生命财产损失的偶发事件，是产生损失的原因或媒介物，例如，建设项目设备采购代表由于收受设备供应商贿赂，以高价买进一批质量低劣、技术落后的设备。这一活动中，设备采购代表的道德品质问题是风险因素，采购价高质低的设备就是风险事件。风险因素和风险事件在风险损失形成过程中的作用是不一样的，二者之间具有先后逻辑关系。

3）风险损失

风险损失是指由风险事件所导致的非正常的和非预期的利益减少。风险损失有两种形态，即直接损失和间接损失。直接损失是指受害人现有财产的减少，也就是加害人不法行为侵害受害人的财产权利、人身权利，致使受害人现有财产直接受到的损失，如财物被毁损而使受害人的财富减少，致伤、致残后受害人医疗费用的支出，人格权受到侵害后支出的必要费用等。间接损失是指可得利益的丧失，即应当得到的利益因受侵权行为的侵害而没有得到，包括人身损害造成的间接损失和财物损害造成的间接损失，如企业形象、商业信誉、社会利益损失等。

有两种理论可以解释风险三要素之间的关系：一是亨利希的骨牌论，该理论认为风险因素、风险事件和风险损失之所以如三张骨牌般倾倒，主要是由于人的错误行为所致；另一个理论是哈同的能力释放论，该理论强调造成风险损失的原因是由于事物承受了超过其能容纳的能量所致，是物理因素起主要作用。虽然这两种理论在引起风险的主要原因上观点不同，但二者都认为是风险因素引发风险事件，风险事件又导致风险损失。风险因素、风险事件和风险损失三者之间存在有机的联系，组成一条因果关系链，如图 10-1 所示。认识风险作用的因果关系链及其内在规律对规避风险、减少风险损失具有非常重要的实际意义，是研究风险管理的基础。

（3）风险的特征

风险的特征是风险的本质及其发生规律的表现，从风险定义可以得出以下风险特征。

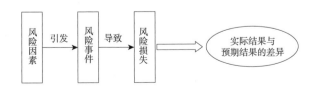

图 10-1　风险作用因果关系链

1）客观性和主观性

一方面风险是由事物本身客观性质具有的不确定性引起的，具有客观性；另一方面风险必须被面对它的主体所感知，具有一定的主观性。

2）相对性

主体地位和拥有资源的不同，对风险的态度和能够承担的风险就会有差异，拥有的资源越多，所承担风险的能力就越大。另外，相对于不同的主体，风险的涵义就会大相径庭，例如汇率风险对有国际贸易的企业和纯国有企业是有很大差别的。

3）双重性。

风险损失与收益是相反相成的。也就是说，决策者之所以愿意承担风险，是因为风险有时不仅不会产生损失，如果管理有效，风险可以转化为收益。风险越大，可能的收益就会越多。从投资的角度看，正是因为风险具有双重性，才促使投资者进行风险投资。

4）潜在性和可变性

风险的客观存在并不是说风险是实时发生的，它的不确定性决定了它的发生仅是一种可能，这种可能变成实际还是有条件的，这就是风险的潜在性。并且，随着项目或活动的展开，原有风险结构会改变，风险后果会变化，新的风险会出现，这是风险的可变性。

5）不确定性和可测性

不确定性是风险的本质，形成风险的核心要素就是决策后果的不确定性。这种不确定性并不是指对事物的变化全然不知，人们可以根据统计资料或主观判断对风险发生的概率及其造成的损失程度进行分析，风险的这种可测性是风险分析的理论基础。

6）隶属性

隶属性是指所有风险都有其明确的行为主体，而且还必须与某一目标明确的行动有关。也就是说，所有风险都是包含在行为人所采取行动过程中的风险。

3. 风险分类

将风险进行分类，是为了便于风险的识别和对不同类型的风险采取不同的分析方法和管理措施。按不同的原则和标准对风险进行分类，如图 10-2 所示。

（1）按风险造成的后果分类

根据风险造成的不同后果，可分为纯粹风险和投机风险。

纯粹风险是指只会造成损失而不会带来收益的风险，是一种只有损失或不发生损失的风险，导致的结果只有两种可能，即没有损失或有损失。

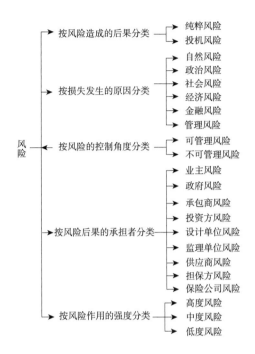

图 10-2　风险分类

例如，地震对建筑物、公路桥梁、地基、施工现场等的影响，一旦地震发生，只有损失而没有收益，如果不发生，则既无损失也无收益。

投机风险则不同，是可能引起损失，但也可能带来额外收益的风险。例如，对于房地产开发来说，如果市场景气，则将有巨额收益，反之则会亏损严重。

一般来说，纯粹风险具有可保性，而投机风险没有。但对于投资者，投机风险具有极大的诱惑力。此外，这两种风险还有其他重要区别：

1）在相同条件下，纯粹风险一般可重复出现，因此有可能比较准确地预测其发生概率，从而决定采取的应对措施，而投机风险则不然。也就是说，纯粹风险比较适用于大数法则，而投机风险不宜使用该法则。当然，某些特殊情况除外，比如核战争这种纯粹风险。

2）在投机风险发生时，如果企业出现损失却可能对社会有利；而在纯粹风险发生时，企业和社会往往同时遭受损失。

另一方面，纯粹风险和投机风险有可能同时存在，例如对于房产所有人，既面临纯粹风险（财产的损坏）又要面临投机风险（市场条件变化所引起的房产价值的升与降）。

（2）按损失发生的原因分类

以损失发生的原因作为标准可将风险分为自然风险、社会风险、经济风险、政治风险、金融风险和管理风险等。

1）自然风险是指因自然环境如地理位置、气候等因素导致财产毁坏的风险。

2）社会风险是指企业所处的社会背景、宗教信仰、风俗习惯以及人际关系等形成的影响企业经营的各种束缚或不便所致的风险。

3）经济风险是指经济领域内的潜在或出现的各种可导致企业经营遭受厄运的风险。

4）政治风险是指因政治方面的原因或事件导致企业遭受损失的风险，如战争、冲突和动乱等。

5）金融风险是指由于财政金融方面的因素导致的各种风险。

6）管理风险是指在经营过程中，因管理战略、管理方法、管理手段等错误地使用或对已发生事件处理欠妥而导致的风险。

（3）按风险的控制角度分类

从风险的控制角度可将风险分为可管理风险和不可管理风险。

可管理风险是指可以预测和可以控制的风险；反之就是不可管理风险。某风险是否可管理，取决于客观资料的收集和管理技术掌握的程度。随着数据、资料和其他信息的增加和管理技术的提高，一些不可管理的风险也可以变为可管理风险。

（4）按风险后果的承担者分类

对于建设项目来说，若按风险后果的承担者划分项目的风险，有业主风险、政府风险、承包商风险、投资方风险、设计单位风险、监理单位风险、供应商风险、担保方风险和保险公司风险等。

在进行项目风险分配时，最佳的分配原则是将风险分配给与该风险关系最密切并最有能力承担的项目参与方。所以，按风险后果的承担者划分项目风险有助于合理分配风险，提高项目对风险的承受能力。

（5）按风险作用的强度分类

依据风险作用的强度大小可将风险分为低度风险、中度风险和高度风险。同时，按此分类标准也可以将风险划分得更细。

风险按作用的强度进行划分，有利于风险管理者有针对性地采取风险防范措施，将有限的资源和精力用在监控强度高的风险上，以最少的投入取得最大的安全保障。

除此之外，按其他标准分类，风险还可分为：静态风险和动态风险，基本风险和特殊风险，一般风险和个别风险，主观风险和客观风险，微观风险和宏观风险，经济风险和非经济风险，不可避免又无法弥补损失的风险和可避免或可转移的风险以及有利可图的投机风险等。

4. 建设项目风险管理的定义及内涵

（1）建设项目风险管理的定义

建设项目由于具有单件性、体积大、生产周期长、价值高以及易受社会、经济、自然灾害、地质、水文条件等影响的特点，从而决定了建设项目面临的风险要大于一般项目面临的风险。

由风险的定义可知，对于建设项目中的风险，其主体可以是建设项目不同阶段的各参与者，如业主、承包商、设计单位、施工单位、材料与设备供应单位等；决策活动是指在建设项目进行过程中所采取的各种措施、方案及拟执行的计划等；客观事件是指与社会、经济、自然等有关的建设政策、建设法规的制定，材料价格的变动，火灾、地震的发生等事件；感知是风险非常重要的一个特点，正是由于风险可被感知，风险分析和管理才有可能；期望目标或利益是指建设项目完成时，建设参与者期望此项目达到的功能、带来的收益或对社会的贡献等；偏离一般是指损失的发生，但有时也有收益的偏离，如建设项目完成并投入使用后，年利润比预计的多。

将建设项目风险作为考虑的对象，建设项目风险管理可被定义为：建设项目的管理班子根据所制定的风险管理规划对建设项目生命周期的风险进行识别、评估，以此为基础进行风险决策并制订风险应对计划，合理地使用多种管理方法、技术和手段，对建设项目活动涉及的风险实施有效的监控，采取主动行动，创造条件，尽量扩大风险事件的有利结果，妥善地处理风险事故造成的不利后果，以最少的成本保证安全、可靠地实现建设项目总体目标的管理活动。

从建设项目风险管理的定义可以看出：

1）建设项目风险管理工作主要由项目管理班子来负责，特别是项目经理，其他项目参与方有责任承担和管理其所应承担的风险。另外，项目管理班子或风险承担方在进行建设项目风险管理时，需要主动采取各种预防措施或行动方案，避免风险事件发生后的被动应对。并且能统观全局，有能力利用和创造各种条件，将对建设项目不利的因素转化为有利因素，将项目存在的潜在威胁转化为获利机会。

2）风险管理规划是开展建设项目风险管理后续工作的基础和依据。风险管理规划是项目管理规划的子规划，风险管理规划定义如何实施建设项目风险管理活动，为建设项目风险管理活动提供资源、时间上的合理安排等。

3）风险识别和风险评估是建设项目风险管理的主要工作内容，但仅完成这些工作还不能做到以最少的成本保证安全、可靠地实现建设项目的总目标。还需要在这些工作的基础上，制订合理的风险应对计划，并在计划的实施过程中进行有效监控，包括监视和控制。风险监视的主要工作是检查风险管理计划是否在实际中得到实施、建设项目的内外部环境是否发生变化、项目的进展是否与计划一致，如果发现问题就需要及时处理。风险控制就是当建设项目出现风险事件时，项目相关人员及时实施风险管理计划中事先制定的规避措施的活动。做好以上相应内容，才可以说完整地进行了建设项目的风险管理工作。

4）风险决策是关键。风险评价结果和风险管理规划中制定的风险基准是风险决策的依据，若风险远大于风险基准则必然是放弃项目；若风险远小于风险基准则必然是继续项目；若风险大小在风险基准附近时，则需要运用风险决策工具进行科学的决策。风险决策决定建设项目是否继续下去，决策结果直接影响项目最终是成功还是失败，因此，风险决策是非常关键的一项工作。

5）建设项目风险管理是一项复杂的综合管理活动，涉及建设项目的成本、进度、质量、安全、施工技术、信息沟通等诸多方面，依靠单一的管理技术或措施是不能完成的，必须综合运用多种方法和手段，并需要管理科学、系统科学、工程技术、自然科学和社会科学等多种学科的知识。

（2）建设项目风险管理的过程

建设项目风险管理是复杂的管理过程，其具体步骤如下：

1）风险规划。根据风险管理的理论和方法，结合建设项目特点和内外部环境等，制订风险管理的整体计划，用于指导后续的风险管理各工作环节。

2）风险识别。全面识别建设项目所有风险因素，并将这些风险因素进行分类的过程。

3）风险估计。对已识别出风险的发生概率、可能产生的影响、影响范围等进行估计的过程，并按照估计结果对这些风险进行排序。

4）风险评价。对建设项目风险进行整体的定量分析的过程。

5）风险决策。将评价的结果对比事先制定的风险标准，即可决定该建设项目是否可以继续下去，还是由于风险太大而终止该项目。

6）风险应对。如果风险评价的结果在可接受的风险标准下，决定可以继续该建设项目，则项目决策者需要针对该项目的重要风险制订相应的应对计划。

7）风险监控。执行风险应对计划，监视建设项目的剩余风险，当出现异常情况时，执行风险应对计划中事先制定的风险规避策略。

建设项目风险管理的步骤相互联系并且各个步骤内的知识领域相互交叉。每一个步骤在建设项目风险管理的实践过程中都会发生。虽然这里描述的过程都是带有明确界限的独立组成部分，但是在实践中，它们可能以其他方式相互重叠和影响。例如，在风险监控阶段，如果建设项目所处环境发生变化，则需要重新进行风险识别和风险评估。

（3）建设项目风险管理的必要性

工程建设项目的特点是规模大、建设周期长、技术新颖、参与单位多、外部环境使其面临的风险比一般项目要大得多，常会造成成本超支和工期延长等情况，进而导致项目的经济效益降低，甚至项目失败。因此，进行建设项目的风险管理是非常必要的。

1）风险管理关系到建设项目各方的存亡。许多大型建设项目的投资额都在几亿，甚至是几十亿和几百亿以上，如果忽视风险管理或风险管理不善，轻则会造成巨大的财产损失，重则会导致项目失败，巨额投资无法收回，使建设项目各方破产倒闭，甚至还会影响到国家的经济发展。

2）风险管理直接影响建设项目各方的经济效益。通过有效的风险管理可减少各种不确定事件的发生，降低项目的风险成本，使项目的总成本降至最低。并且，还可使有关各方对其自有资金、设备和物资等资源进行更合理的安排，从而提高其经济效益。例如，当承包商考虑到工程用的建材有涨价的可能时，他就会事先存储足够的建材以防涨价的风险，这样势必会占用大量的资金。但是，如果在承包合同中约定对材料按实结算或可根据市场价格进行调整，那么承包商就可以将这笔资金用到别的地方，从而产生额外的利润。

3）风险管理有助于提高重大决策的质量，使决策更有把握，更符合项目的方针和目标。通过风险分析，可加深对项目及其风险的认识和理解，澄清各决策方案的利弊，使方案的选择更符合实际、制订的应急计划更具有针对性。例如，如果承包商想采用租赁方式解决施工所需的机具问题，那么他就需要考虑租赁方式可能带来的风险，如损坏赔偿等，这样他才能作出正确的决定。

4）做好风险管理，不单纯是消极避险，更有助于建设项目各方确立其良好的信誉，加强其社会地位以及与其他合作者的良好协作关系，进而使其在竞争中处于优势地位。对于某一特定的项目风险，项目各方预防和处理的难度是不同的。风险管理通过合理分配风险，使其由最适合的当事方来承担，这样就会大大降低该风险发生的可能性和风险带来的损失。同时，通过明确各风险的责任方，可避免风险发生后相互推诿责任，避免纠纷的产生。

5）风险管理可提高建设项目各种计划的可信度，有利于改善项目执行组织内部和外部之间的沟通。制订项目计划需要考虑项目在未来可能出现的各种不确定因素，而风险管理的职能之一恰恰就是减少项目整个过程中的不确定性。因此，风险管理可使项目计划的制订周密完善、实用可行。

（4）建设项目风险管理的组织

组织是指一个具有明确的目标导向、有序的结构、有协调意识的活动，并同外部环境保持密切联系的有机结合的统一体。建设项目风险管理的有效进行离不开合理和健全的组织结构。组织结构又可称为组织形式，是表现组织内部各部门、各层次排列顺序、空间位置、聚集状态、联系方式以及各要素之间相互关系的一种模式，反映了生产要素相结合的结构形式，即管理活动中各种职能的横向分工和层次划分，是执行管理任务的体制，包括组织结构、管理体制和领导人员。

建设项目风险管理组织的设立方式和规模取决于多种因素。其中决定性的因素是项目风险在时空上的分布特点。项目风险存在于建设项目的所有阶段和方面，如果从某个建设项目全过程的任何一个时点来观察，就会发现每个参与方都在进行各自在该工程上的风险管理，包括项目的发起方、投资方、业主方以及工程监理、咨询单位等，因此，项目风险管理职能是分散在项目管理的所有方面的，项目管理班子的所有成员都负有一定的风险管理责任。由此可知，建设项目风险的管理主体不是唯一的，其业务主体是多元的。从项目采购的角度看，建设项目风险的管理主体可划分为：业主方的建设项目风险管理组织（包括发起方、投资方和业主方等对项目所有权的组织）和承包方的建设项目风险管理组织。

此外，建设项目的规模、技术和组织上的复杂程度、面临风险的复杂和严重程度、项目最高管理层对项目风险的重视程度等因素都对建设项目的风险管理组织有影响。

（5）建设项目风险管理的成本效益

1）风险成本

进行建设项目风险管理必须要投入一定的资金和人员，一般来说，风险成本是指风险事故造成的损失或减少的收益以及为防止发生风险事故采取预防措施而支出的费用之和，包括有形成本、无形成本及预防和控制风险的费用。前两项可理解为风险损失，后一项为风险管理投入。

①有形成本

有形成本是指风险事故发生后，造成的可看得见和摸得着的资产和设备的损坏、人员伤亡的补偿费用等直接损失以及由此造成的停工停产等构成的间接损失。例如，建设项目在施工过程中发生火灾。直接损失包括火灾烧毁的各种建筑材料、受伤人员的医疗费、休养费和工资等；间接损失包括由于火灾不能正常施工产生的工期延误等。

　　②无形成本

　　无形成本是指由于风险事故产生的除有形成本以外的其他支出或代价，包括应对风险减少的机会成本、对公司形象的影响等。例如，业主为保证建设项目的工期和质量，要求承包商提供履约保证金。这样这笔资金就不能投入再生产，造成机会成本的丧失。

　　③风险管理投入

　　为预防风险事件的发生和控制风险损失的进一步扩大，建设项目管理者必须采取各种措施，例如事前预防风险的措施，包括保险、对工作人员的安全培训、对设备的维护费等；控制风险损失的措施，包括各种突发事件的应急预案等。

　　2）风险管理的成本效益分析

　　实际上，风险管理的效果与投入不是线性的，也就是说，风险管理的高投入并不一定能保证好的风险管理效果。图 10-3 从理论上描述了项目风险管理的投入与风险损失二者之间的关系。

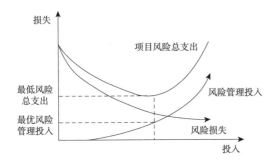

图 10-3　建设项目风险管理成本效益示意图

　　如图所示，在项目不进行风险管理时，即没有风险管理投入时，项目面临的风险是最大的，所产生的风险损失也是最多的；随着用于风险管理投入的不断增加，风险带来的损失逐渐减少；但是，当风险管理的投入达到一定程度时，再多投入风险损失也没有明显变化。因此，用于风险管理的投入在理论上必然存在一点，即最优的风险管理投入，该点对应的项目风险总支出最少（项目风险总支出等于风险管理投入与风险损失之和）。

　　因此，进行风险管理必须要考虑成本效益问题，管理者需要选择最优的风险控制方案，以最少的投入使项目总风险降到最低。当用于风险管理的支出大于风险可能带来的损失时，管理者就需要考虑风险自留或放弃项目等其他风险规避策略。

　　5. 建设项目风险管理与建设项目管理的关系

　　建设项目风险管理是建设项目管理的重要组成部分，除了风险管理外，建设项目管理还包括进度管理、质量管理、成本管理、安全管理等。这些项目管理各方面的目的都是保证项目总目标的实现。具体来说，建设项目风险管理与建设项目管理的关系如下：

（1）风险管理与项目管理的目标一致

项目风险管理是通过风险因素的识别和评估，对项目面临的风险情况进行更深入的了解，并在此基础上采取相应的预防、转移等风险规避策略，使建设项目正常实施，最终实现项目的进度、质量、成本、安全等目标。可以看出，这些目标也是项目管理的目标。

（2）风险管理为项目变更管理提供决策数据

由于建设项目的周期长、难度大，在其生命周期内不可避免地会出现各种各样的变更。变更后，会产生新的不确定性。项目管理人员必须要清楚地知道这些不确定性给建设项目目标造成的影响。而通过风险分析中的盈亏平衡分析和敏感性分析等方法可以为项目变更管理提供决策数据。

（3）风险管理为制订项目计划提供依据

建设项目在实施之前，必须要制订合理的计划，这样，项目人员才能够按照计划规定的内容进行工作，最终完成项目。项目计划考虑的是未来的事情，但未来充满太多的不确定因素，这些不确定因素直接影响项目计划的质量。风险管理的职能之一就是减少整个建设过程的不确定性，因此，风险管理工作对提高项目计划管理的准确性和可行性有极大的帮助。

（4）风险管理为项目人力资源管理提供支持

在项目可支配的所有资源中，人是最重要的资源。项目人力资源管理是通过采取一定措施，充分调动广大员工的积极性和创造性，最大限度地发挥人的主观能动性，从而推动建设项目的顺利进行和企业的进一步发展。项目人力资源管理中项目成员的劳保、医疗、退休、住房等许多福利都是通过保险来解决，而这些工作恰恰是项目风险管理的任务。另外，项目风险管理还可以通过风险分析，确定哪些风险与人有关，项目成员身心状态的哪些变化会影响项目的实施，这些又为人力资源管理提供了支持。

（5）风险管理可有效控制项目实施过程中的潜在威胁

从建设项目的实施过程来看，诸多风险都是在项目的实施过程中由潜在威胁变成现实的。风险管理是在认真分析风险的基础上，拟定各种具体的风险转移、减轻等规避措施，减少这些潜在威胁发生的可能性。另一方面，风险管理还事先制定各种风险应对措施，一旦潜在威胁转变成现实时，就可以降低风险事故带来的损失。

10.1.2　风险识别

1. 风险识别概述

（1）风险识别的定义

建设项目风险识别（Risk Identification）是对存在于项目中的各类风险源或不确定性因素，按其产生的背景、表现特征和预期后果进行界定和识别，对建设项目风险因素进行科学分类。简而言之，建设项目风险识别就是确定何种风险事件可能影响项目，并将这些风险的特性整理成文档，进行合理分类。

建设项目风险识别是风险管理的首要工作，也是风险管理工作中最重要的阶段。由于项目的全生命周期中均存在风险，因此，项目风险识别是一项贯穿于项目实施全过程的项目风险管理工作。它不是一次性的工作，应有规律地贯穿于整个项目中，并基于项目全局考虑，避免静态化、局部化和短视化。

建设风险识别是项目管理者识别风险来源、确定风险发生条件、描述风险特征并评价风险影响的过程。通过风险识别，建立以下信息：

1）存在的或潜在的风险因素。

2）风险发生的后果，影响的大小和严重性。

3）风险发生的概率。

4）风险发生的可能时间。

5）风险与本项目或其他项目及环境之间的相互影响。

（2）风险识别的作用

风险识别是风险管理的基础，没有风险识别的风险管理是盲目的。通过风险识别，才能使理论联系实际，把风险管理的注意力集中到具体的项目上来。通过风险识别，可以将那些可能给项目带来危害和机遇的风险因素识别出来。风险识别是制订风险应对计划的依据，其作用主要有以下几个方面：

1）风险识别可以帮助我们找出最重要的合作伙伴，为以后的管理打下基础。

2）风险识别为风险分析提供必要的信息，是风险分析的基础性工作。

3）通过风险识别可以确定被研究的体系或项目的工作量。

4）风险识别是系统理论在项目管理中的具体体现，是项目计划与控制的重要基础性工作。

5）通过风险识别，有利于项目组成员树立项目成功的信心。

（3）风险识别的特点

建设项目风险识别具有如下特点：

1）全员性。建设项目风险的识别不只是项目经理或项目组个别人的工作，而是项目组全体成员参与并共同完成的任务。因为每个项目组成员的工作都会有风险，每个项目组成员都有各自的项目经历和项目风险管理经验。

2）系统性。建设项目风险无处不在、无时不有，决定了风险识别的系统性。即项目全生命期过程中的风险都属于风险识别的范围。

3）动态性。风险识别并不是一次性的，在项目计划、实施甚至收尾阶段都要进行风险识别。根据项目内部条件、外部环境以及项目范围的变化情况适时、定期进行项目风险识别是非常必要和重要的。因此，风险识别在项目开始、每个项目阶段中间、主要范围变更批准之前进行。它必须贯穿于项目全过程。

4）信息性。风险识别需要做许多基础性工作，其中重要的一项工作是收集相关的项目信息。信息的全面性、及时性、准确性和动态性决定了项目风险识别工作质量和结果的可靠性和精确性，项目风险识别具有信息依赖性。

5）综合性。风险识别是一项综合性较强的工作，除了在人员参与、信息收集和范围上具有综合性特点外，风险识别的工具和技术也具有综合性，即风险识别过程中要综合应用各种风险识别技术和工具。

（4）风险识别的依据

项目风险识别的主要依据包括：风险管理计划、项目规划、历史资料、风险种类、制约因素与假设条件。

1）风险管理计划

项目风险管理计划是规划和设计如何进行项目风险管理的过程，它定义了项目组织及成员风险管理的行动方案及方式，指导项目组织如何选择风险管理方法。项目风险管理计划针对整个项目生命周期制定如何组织和进行风险识别、风险评估、风险应对及风险监控的规划。从项目风险管理计划中可以确定：

①风险识别的范围。

②信息获取的渠道和方式。

③项目组成员在项目风险识别中的分工和责任分配。

④重点调查的项目相关方。

⑤项目组在识别风险过程中可以应用的方法及其规范。

⑥在风险管理过程中应该何时、由谁进行哪些风险重新识别。

⑦风险识别结果的形式、信息通报和处理程序。

因此，项目风险管理计划是项目组进行风险识别的首要依据。

2）项目规划

项目规划中的项目目标、任务、范围、进度计划、费用计划、资源计划、采购计划及项目承包商、业主方和其他利益相关方对项目的期望值等都是项目风险识别的依据。

3）历史资料

项目风险识别的重要依据之一就是历史资料，即从本项目或其他相关项目的档案文件中、从公共信息渠道中获取对本项目有借鉴作用的风险信息。以前做过的、同本项目类似的项目及其经验教训对于识别本项目的风险非常有用。项目管理人员可以翻阅过去项目的档案，向曾参与该项目的有关各方征集有关资料，这些人手头保存的档案中常常有详细的记录，记载着一些事故的来龙去脉，这对本项目的风险识别有极大帮助。

4）风险种类

风险种类是指那些可能对项目产生正面或负面影响的风险源。一般的风险类型有技术风险、过程风险、质量风险、管理风险、组织风险、市场风险及法律法规变更风险等。项目的风险种类应能反映出项目所在行业及应用领域的特征，掌握了各风险种类的特征规律，也就掌握了风险识别的钥匙。

5）制约因素与假设条件

项目建议书、可行性研究报告、设计等项目计划和规划性文件一般都是在若干假设、前提条件下估计或预测出来的。这些前提和假设在项目实施期间可能成立，也可能不成立。因此，项目的前提和假设之中隐藏着风险。项目必然处于一定的环境之中，受到内外许多因素的制约，其中国家的法律、法规和规章等因素都是项目活动主体无法控制的，这些构成了项目的制约因素，都是项目管理人员所不能控制的，这些制约因素中隐藏着风险。为了明确项目计划和规划的前提、假设和限制，应当对项目的所有管理计划进行审查。具体如下：

①审查范围管理计划中的范围说明书，能揭示出项目的成本、进度目标是否定得太高，而审查其中的工作分解结构，可以发现以前未曾注意到的机会或威胁。

②审查人力资源与沟通管理计划中的人员安排计划，能够发现对项目的顺利进展有重大影响的那些人，可判断这些人员是否能够在项目过程中发挥其应有的作用，这样就会发现该项目潜在的威胁。

③审查项目采购与合同管理计划中有关合同类型的规定和说明。不同形式的合同，规定了项目各方承担不同的风险。外汇汇率对项目预算的影响，项目相关方的各种改革、并购及战略调整给项目带来的直接和间接的影响等。

（5）风险识别的步骤

建设项目风险识别过程通常包括以下步骤：

1）确定目标。不同建设项目，偏重的目标可能各不相同。有的项目可能偏重于工期保障目标，有的偏重于质量目标，有的偏重于安全目标，有的则偏重于成本控制目标，不同项目管理目标对风险的识别自然不完全相同。

2）确定最重要的参与者。建设项目管理涉及多个参与方，涉及众多类别管理者和作业者。风险识别是否全面、准确，需要来自不同岗位人员的参与。

3）收集资料。除了对建设项目的招标投标文件等直接相关文件进行认真分析外，还要对相关法律法规、地区人文民俗、社会及经济金融等相关信息进行收集和分析。

4）估计项目风险形势。风险形势估计就是要明确项目的目标、战略、战术以及实现项目目标的手段和资源，以确定项目及其环境的变数。通过项目风险形势估计，确定和判断项目目标是否明确，是否具有可测性，是否具有现实性，有多大不确定性；分析保证项目目标实现的战略方针、战略步骤和战略方法；根据项目资源状况分析实现战略目标的战术方案存在多大的不确定性，清楚项目有多少可用资源。通过对项目风险形势的估计，对项目风险进行初步识别。

5）依据直接或间接征兆，将潜在项目风险识别出来。

2. 常用的风险识别方法

项目风险识别不是一次性的工作，它需要更多系统的、横向的思考，并需要借助一些分析技术和工具。借助这些手段，风险识别的效率高而且操作规范，不容易产生遗漏。在具体应用过程中要结合项目的具体情况，组合起来应用这些工具。

（1）核对表

风险识别实际是对将来风险事件的设想，是一种预测。核对表是管理中用来记录和整理数据的常用工具。用它进行风险识别时，可将项目可能发生的许多潜在风险列于一个表上，供识别人员进行检查、核对，用来判别某项目是否存在表中所列或类似的风险。核对表中所列的内容都是历史上类似项目曾发生过的风险，例如以前项目成功或失败的原因、项目其他方面规划的结果（范围、成本、质量、进度、采购与合同、人力资源与沟通等计划成果）、项目产品或服务的说明书、项目班子成员的技能、项目可用的资源等。除此以外，还可以到保险公司去索取资料，认真研究其中的保险案例，防止将那些重要风险因素忽略掉。表 10-1 就是一张项目管理成功与失败原因的核对表。

项目管理成功与失败原因核对表　　　　　　表 10-1

项目管理成功的原因	项目管理失败的原因
1. 项目目标清楚，风险措施切实可行； 2. 与项目各参与方共同决策； 3. 项目各方的责任和承担的风险划分明确； 4. 项目所有的采购、设计和实施都进行了多方案比较论证； 5. 对项目规划阶段进行了潜在问题分析（包括组织和合同问题）； 6. 委派了非常敬业的项目经理，并给予充分的授权； 7. 项目团队精心组织、能力强、沟通和协作好，集体讨论项目重大风险问题； 8. 制定了针对外部环境变化的预案并及时采取了行动； 9. 进行了项目组织建设，表彰和奖励及时、有度； 10. 对项目组成员进行了有计划和针对性的培训	1. 项目决策前未进行可行性研究或论证； 2. 项目提出非正常程序，从而导致项目业主缺乏动力； 3. 沟通不够，决策者远离项目现场，项目各有关方责任界定不清； 4. 规划工作做得不细，计划无弹性或缺少灵活性； 5. 项目分包层次太多； 6. 把工作交给了不称职的人，同时又缺少检查、指导； 7. 变更不规范、无程序，或负责人、责任、项目范围、项目计划频繁变更； 8. 决策前的沟通和信息收集不够，未征求各方意见； 9. 未能对经验教训进行分析； 10. 其他错误

核对表的优点在于使风险识别工作变得较为简单，容易掌握。缺点是对单个风险的来源描述不足，没有揭示出风险来源之间的相互依赖关系，对指明重要风险的指导力度不足，而且受制于某些项目的可比性，有时候不够详尽，没有列入核对表的风险容易发生遗漏。

制定核对表的过程如下：

1）对问题有准确的表述，确保达到意见统一。

2）确定资料收集者和资料来源，内容包括：

①资料收集人根据具体项目而定，资料来源可以是个体样本或总体。

②资料收集人要有一定的耐心、时间和专业知识，以保证资料的真实可靠。

③收集时间要足够长，以保证收集的数据能够体现项目风险规律。

④如果在总体中有不同性质的样本，在抽样调查时要进行分类。

3）设计一个方便实用的检查表。

经过系统地收集资料，并进行初步整理和分析，就可着手制作核对表。

在复杂的工作中，为避免出现重复或遗漏，采用工作核对表，每完成一项任务就要在核对表上标出记号，表示任务已结束。核对表的格式结合实际需要可灵活掌握，表 10-2 就是一个关于工程项目总体风险的核对表样式。

工程项目总体风险核对表　　　　表 10-2

风险因素	识别标准	风险评估		
		低	中	高
1. 项目环境				
● 项目的组织机构；	稳定／胜任	□	□	□
● 组织对环境的影响；	较小	□	□	□
● 项目对环境的影响；	较低	□	□	□
● 政府的干涉程度；	较小	□	□	□
● 政策的透明程度；	透明	□	□	□
……				
2. 项目管理				
● 业主对同类项目的经验；	有经验	□	□	□
● 项目经理的能力；	经验丰富	□	□	□
● 项目管理技术；	可靠	□	□	□
● 切实地进行了可行性研究；	详细	□	□	□
● 承包商富有经验、诚信可靠；	有经验	□	□	□
……				
3. 项目性质				
● 工程的范围；	通常情况	□	□	□
● 复杂程度；	相对简单	□	□	□
● 使用的技术；	成熟可靠	□	□	□
● 计划工期；	可合理顺延	□	□	□
● 潜在的变更；	较确定	□	□	□
……				
4. 项目人员				
● 基本素质；	达到要求	□	□	□
● 参与程度；	积极参与	□	□	□
● 项目监督人员；	达到要求	□	□	□
● 管理人员的经验；	经验丰富	□	□	□
……				

（2）流程图

流程图也是一种项目风险识别的常用工具。借助流程图可以帮助项目风险识别人员去分析和了解项目风险所处的具体项目环节、项目各个环节之间存在的风险以及项目风险的起因和影响。通过对项目流程的分析，可以发现和识别项目风险可能发生在项目的哪个环节或哪个地方以及项目流程中各个环节风险影响的大小。

项目流程图是用于给出一个项目工作流程中，项目各个不同部分之间的相互联系等信息的图标。项目流程图包括项目系统流程图、项目实施流程图、项目作业流程图等多种形式以及不同详细程度的项目流程图。借用这些流程图去全面分析和识别项目的风险。

绘制项目流程图的步骤首先是确定工作过程的起点（输入）和终点（输出）；其次是确定工作过程经历的所有步骤和判断；最后是按顺序连接成流程图。

流程图用来描述项目工作的标准流程，它与网络图的不同之处是：流程图的特色是判断点，而网络图不能出现闭环和判断点；流程图用来描述工作的逻辑步骤，而网络图用来排定项目工作时间。

（3）头脑风暴法

头脑风暴法又叫集思广益法，它是通过营造一个无批评的、自由的会议环境，使与会者畅所欲言，充分交流、互相启迪，产生出大量创造性意见的过程。

头脑风暴法以共同目标为中心，参会人员在他人的看法上建立自己的意见。它可以充分发挥集体的智慧，提高风险识别的正确性和效率。

头脑风暴法包括收集意见和对意见进行评价两个阶段，共包括如下五个过程：

1）人员选择。参加头脑风暴会议的人员主要由风险分析专家、风险管理专家、相关专业领域的专家以及具有较强逻辑思维能力、总结分析能力的主持人组成。主持人是一个非常重要的角色，通过他的引导、启发可以充分发挥每个参会者的经验和智慧。要求主持人要尊敬他人，不要喧宾夺主，要善于鼓励组员参与，主持人要理解力强并能够真实地记录，要善于创造一个和谐开放的会议气氛。主持人要具有较高的素质，特别是反应灵敏、较高的归纳力和较强的综合能力。

2）明确中心议题，并醒目标注。各位专家在会议中应集中讨论的议题主要包括：如果承接某个工程、从事新产品开发与风险投资等项目时会遇到哪些风险，这些风险的危害程度如何等。议题可以请两位组员复述，以确保每个人都能够正确理解议题的含义。

3）轮流发言并记录。无条件接纳任何意见，不加以评论。在轮流发言时，任何一个成员都可以先不发表意见而跳过。应尽量原话记录每条意见，主持人应一边记录一边与发言人核对表述是否准确。一般可以将每条意见用大号字写在白板或大张白纸上。

4）发言终止。轮流发言的过程可以循环进行，但当每个人都曾在发言中跳过，即暂时想不出意见时，发言即可停止。

5）对意见进行评价。组员在轮流发言停止之后，共同评价每一条意见，最后由主持人总结出几条重要结论。所以头脑风暴要求主持人要有较高的素质和较强的归纳、总结能力。

应用头脑风暴法要遵循一个重要原则，即发言过程中没有讨论，不进行判断性评论。

（4）情景分析法

1）情景分析法定义

情景分析法就是通过有关数字、图表和曲线等，对项目未来的某个状态或某种情况进行详细的描绘和分析，从而识别引起项目风险的关键因素及其影响程度的一种风险识别方法。它注重说明某些事件出现风险的条件和因素，并且还要说明当某些因素发生变化时，又会出现什么样的风险，会产生什么样的后果等。

2）情景分析法的主要作用

情景分析法在识别项目风险时主要表现为以下几方面的作用：

①识别项目可能引起的风险性后果，并报告提醒决策者；

②对项目风险的范围提出合理的建议；

③就某些主要风险因素对项目的影响进行分析研究；

④对各种情况进行比较分析，选择最佳结果。

3）情景分析法的主要步骤

情景分析法可以通过筛选、监测和诊断，给出某些关键因素对于项目风险的影响。其主要步骤如下：

①筛选。按一定的程序对具有潜在风险的产品、过程、事件、现象和人员进行分类选择的风险识别过程。

②监测。在风险出现后对事件、过程、现象、后果进行观测、记录和分析的过程。

③诊断。对项目风险及损失的前兆、风险后果与各种起因进行评价与判断，找出主要原因并进行仔细检查。

图 10-4 是一个描述筛选、监测和诊断关系的风险识别元素图。该图

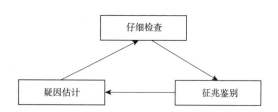

图 10-4 风险识别元素图

表述了风险因素识别情景分析法中的三个步骤使用的相似的工作元素，即疑因估计、仔细检查和征兆鉴别三种工作，只是在筛选、监测和诊断这三个步骤中，这三项工作的顺序不同。具体顺序如下：

筛选：仔细检查→征兆鉴别→疑因估计

监测：疑因估计→仔细检查→征兆鉴别

诊断：征兆鉴别→疑因估计→仔细检查

（5）德尔菲法

德尔菲法是一种反馈匿名函询法，是对所要预测的问题征得专家意见之后进行整理、归纳、统计，再匿名反馈给各专家，再次征求意见，再集中，再反馈，直到形成稳定的意见的过程。其过程可表示如下：

匿名征求专家意见→归纳、统计→匿名反馈→归纳、统计…，若干轮后，停止。

德尔菲法的应用步骤，第一步挑选企业内部、外部的专家组成小组，专家们不会面，彼此互不了解；第二步要求每位专家对所研讨的内容进行匿名分析；第三步所有专家都会收到一份全组专家的集合分析答案，并要求所有专家在这次反馈的基础上重新分析，如有必要，该程序可重复进行。

（6）敏感分析法

敏感性分析研究在项目寿命期内，当项目数（例如产量、产品价格、变动成本等）以及项目的各种前提与假设发生变动时，项目的性能（例如现金流的净现值、内部收益率等）会出现怎样的变化以及变化范围如何。敏感性分析能够回答哪些项目变数或假设的变化对项目的性能影响最大，这样项目管理人员就能识别出风险隐藏在哪些项目变数或假设下。

（7）预先分析法

1）预先分析法的定义

预先分析法是指在每一项活动（如设计、生产等）开始之前，对项目存在的风险因素类型、产生的条件、风险的后果预先作概略分析。其优点在于，对项目风险因素的预测和识别是在活动开始之前，若发现风险因素，可立即采取防范措施，以避免由于考虑不周而造成的损失。这一分析方法，特别适合于新开发项目。一般来说，人们往往对新开发项目存在的风险因素缺乏足够的认识，因此，项目风险管理者必须重视对其风险因素的预先分析。

做好风险因素预先分析关键在于要对生产目的、工艺过程、原材料、操作条件和环境条件有充分的了解，通过预先分析，力图找出可能造成损失的所有风险因素。为了使风险因素不致遗漏，而且预测和识别工作又能有条不紊地进行，必须按系统、子系统一步一步地进行分析。

2）预先分析法的步骤

①分析项目发生风险的可能类型。通过对国内外相关项目风险进行广泛的调查研究，了解与本项目相关的、曾经出现过的风险事故；听取工程技术人员、操作人员讲述的经验、教训和建议；深入调查系统的外部环境（如气候条件、地理位置、社会环境等），以了解外部环境可能给项目带来的风险事故；仅凭经验还不可能认识潜在的风险（特别是对新材料、新技术、新工艺等），还必须对所用原材料和成品的物化性质、工艺流程等从理论上进行深入分析，了解其可能出现的风险事故属于哪一种类型。

所有项目风险都具有潜在的性质，为了迅速而又不遗漏地找出项目可能存在的风险，可从以下几方面进行：

a. 有害物质。若项目中使用的原材料、成品、半成品具有毒性，则当毒品泄漏时，就可能造成生命、财产受损和环境污染的风险。

b. 外力作用。外力是指自然力或项目系统发生的事故波及项目而对系统产生的作用力，外力作用所造成的事故取决于系统所处的地理位置和外部环境，要分析因外力作用而可能存在的风险，如环境变化。

c. 能量失控。能量是人类赖以生存的条件，能量失控通常有化学形式和物理形式两种，由能量失控造成的事故主要有火灾和爆炸。

②深入调查项目风险源。弄清风险因素存在于哪些地方，其目的是确定项目风险源。在进行风险源调查时，风险管理者应具有广泛的知识，如必须了解物质的毒性、腐蚀性、可燃性、爆炸性以及爆炸条件、安全规程等。因此，风险源的调查必须系统、规范，以免有所遗漏，一般需要利用风险因素核对表。

③系统识别风险转化条件。项目风险只是一种产生危害或损失的可能性，风险源转变为危险状态或风险事故还需要特定的条件。风险源转化的条件，有些可能是单一的，有些可能是多样的，而这些条件的产生原因有可能是多种多样的。因此，在明确项目风险源的基础上，还必须系统分析风险源转化的内外部条件，准确掌握风险事故发生的机理，以便有针对性地采取防范措施。

④合理划分风险等级。为了有效实施风险管理，合理采取相应的防范或控制措施，在确定风险源、掌握风险事故发生机理的基础上，还必须确定出风险等级。划分项目风险等级，一般可按风险事故后果的严重程度来确定，共分为以下四级：

一级：后果可以忽略，可不采取控制措施；

二级：后果轻微，暂时还不会造成人员伤亡和系统破坏，可考虑采取控制措施；

三级：后果严重，会造成人员伤亡和系统破坏，需立即采取控制措施；

四级：灾难性后果，必须彻底消除或采取措施缓解风险事故的严重后果。

预先分析法是一种有效的项目风险分析方法，以上给出了基本分析过程，在项目风险识别过程中可根据需要灵活运用，适当加以裁剪。

(8) 常识、经验和判断

以前做过的项目积累起来的资料、数据、经验和教训，项目班子成员个人的常识、经验和判断在风险识别时都非常有用。对于那些采用新技术、无先例可循的项目，更是如此。另外，把项目有关各方聚集起来，同他们就风险识别进行面对面的讨论，也有可能触及一般规划活动中未曾或不能发现的风险。

3. 风险识别的结果

风险识别的结果就是风险识别之后的输出，也是项目风险量化的输入，一般由项目风险来源表、风险征兆、风险的类型说明、其他要求四部分组成。

(1) 项目风险来源表

项目风险来源表是将所有已经识别出的项目风险罗列出来，并对每个风险来源加以说明。至少要包括如下一些说明：

1) 风险事件的可能后果。

2) 对该来源产生的风险事件预期发生时间所作的估计。

3) 对该来源产生的风险事件预期发生次数所作的估计。

(2) 项目的风险征兆

项目的风险征兆有时候也被称为触发器或预警信号，是指风险已经发生或者即将发生的外在表现，是风险发生的苗头和前兆。

(3) 项目风险的类型说明

为进行风险分析、量化评价和管理，需对识别出来的风险进行分组或分类。一般可按项目阶段进行划分，也可以按照管理者或者其他角度进行划分。建设项目可以分为项目建议书、项目可行性研究、项目融资、项目设计、项目采购、项目实施及运营等阶级，建设项目施工阶段的风险则可按照管理者分为业主风险和承包商风险。每一组和每一类风险都可以按照具体实际情况进一步细分。

(4) 其他要求

项目管理是一个不断改进和不断完善的过程，因此任何一个阶段的工作结果都要包括对前面工作进行改进的建议和要求，项目风险识别工作的结果也是如此。

10.1.3 风险分析与评估

1. 项目风险分析与评估的目的

项目风险分析与评估是在项目风险识别的基础上，对项目风险的影响和后果进行综合分析，并依据风险对项目目标的影响程度进行项目风险分级排序的过程。它主要是估计项目风险损失发生的概率和损失程度。

项目风险损失发生的概率一般用历史资料统计计算出的频率来近似地代替。在精度要求不高时也可定性地加以描述，分为：概率为零的风险（风险事故几乎没有发生的可能性）；轻微风险（风险事故过去和现在均未发生，将来可能发生）；中等风险（偶尔可能发生）；一定的风险（此类风险事故时常发生）。一般通过风险管理者的直接判断、排序、比较等定性分析来完成。

项目风险损失程度就是项目风险后果的严重程度，即项目风险可能带来损失的大小。估计损失程度时要同时考虑以下几个方面的因素：

（1）同一风险所导致的各种损失形态，有直接损失和间接损失。

（2）风险损失所涉及的范围，即使一个项目风险发生的概率和严重程度都不大，但是如果它的影响范围很大，那么它的损失度也很大。

（3）项目风险发生的时间效应，对发生早的项目风险要优先控制，对发生晚的项目风险，可以先通过不断跟踪、监视和观察它们的各种征兆，从而进一步识别、度量这些风险。

2. 项目风险分析与评估的流程

一般，项目风险分析与评估流程如下：

（1）系统研究项目风险背景信息。

（2）确定风险评估标准。风险评估标准就是项目主体针对每一种风险后果确定的可接受水平。单个风险和整体风险都要确定评估标准，可分别称为单个评估标准和整体评估标准。风险的可接受水平可以是绝对的，也可以是相对的。

（3）确定项目风险水平，包括确定单个项目风险水平和整体项目风险水平。整体项目风险水平是综合了所有单个风险之后确定的。

在确定项目的整体风险水平时，有必要弄清各单个风险之间的关系、相互作用及转化因素对这些相互作用的影响。风险的可预见性、发生概率和后果大小三个方面会以多种方式组合，常使项目的整体风险评估变得十分复杂。

3. 项目风险分析与评估的方法

项目风险分析与评估的方法有决策分析法，包括决策树、程序算法等；层次分析法和计划评审法等。

（1）决策分析法

决策分析研究的是决策的过程。它是一种支持在不确定环境下进行决策的技术，这种方法综合考虑了不同决策方案各种可能的结果和决策者在面临风险时的不同态度。决策树法是决策分析中的一种常用方法，是指把某一决策问题的各种供选择的方案、可能出现的状态、概率及其后果等一系列因素，按它们之间的相互关系用树形图表示出来，然后按网络决策的原则和程序进行选优和决策。在决策树中树根表示项目的初步决策，用方框表示，称为决策点。从树根向右画出若干条树枝，每一条树枝表示一个行动方案，称为方案枝。方案枝右端称状态节点，用圆圈表示。状态节点的右端又绘出若干小树枝，表示各种方案的可能结果，每条小树枝下注明了结果出现的概率，因此又称为概率枝，概率枝的右端注明相应结果的大小。

综合应用案例

某设备厂家生产设备，现有两种方案可供选择：一种方案是继续生产原有的设备，另一种方案是生产一种新设备。据分析测算，如果市场需求量大，生产老设备可获利 20 万元，生产新设备可获利 60 万元。如果市场需求量小，生产老设备仍可获利 10 万元，生产新设备将亏损 5 万元（以上损益值均指一年的情况）。另据市场分析可知，市场需求量大的概率为 0.7，需求量小的概率为 0.3，试分析和确定哪一种生产方案可使生产厂家年度获利最多？

【解析】

（1）绘制决策树，如图 10-5 所示。

（2）计算各节点的期望损益值，期望损益值的计算从右向左进行。

节点 2：$20 \times 0.7 + 10 \times 0.3 = 17$ 万元

节点 3：$60 \times 0.7 + (-5) \times 0.3 = 40.5$ 万元

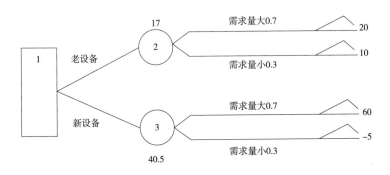

图 10-5　决策树图示

决策点 1 的期望损益值为：max{17，40.5}=40.5 万元

（3）剪枝，决策点的剪枝从左向右进行。因为决策点的期望损益值为40.5 万元，是生产新设备方案的期望损益值，因此剪掉生产老设备这一方案分枝，保留生产新设备这一方案分枝。根据年度获利最多这一评价准则，合理的生产方案应为生产新设备。

（2）层次分析法

层次分析法（AHP）是将与决策有关的元素分解成目标、准则、方案等层次，在此基础之上进行定性和定量分析的决策方法。该方法是美国运筹学家匹茨堡大学教授萨蒂于 20 世纪 70 年代初，在为美国国防部研究〞根据各个工业部门对国家福利的贡献大小而进行电力分配〞课题时，应用网络系统理论和多目标综合评价方法，提出的一种层次权重决策分析方法。这种方法的特点是在对复杂的决策问题的本质、影响因素及其内在关系等进行深入分析的基础上，利用较少的定量信息使决策的思维过程数学化，从而为多目标、多准则或无结构特性的复杂决策问题提供简便的决策方法。尤其适合于对决策结果难以直接准确计量的场合。

（3）计划评审法

计划评审法又称〞计划评审技术〞〞计划协调技术〞〞网络计划法〞及〞统筹方法〞，是指运用网络理论，把一项工程划分为若干作业阶段，顺序排列，绘制生产进度网络图，确定各作业阶段起止时间，从而确定关键路线，据以合理安排人、财、物力，达到控制生产进度和控制成本费用的一种统筹方法。

10.1.4 风险对策与控制

1. 风险应对常用策略

风险应对可以从改变风险后果的性质、风险发生的概率或风险后果大小三个方面提出多种策略，包括风险减轻、风险预防、风险转移、风险回避、风险自留和风险利用六种策略。具体采取哪一种或几种，决定于建设项目的风险形势。

（1）风险减轻

1）风险减轻定义

风险减轻又称风险缓解或风险缓和，是指将建设项目风险的发生概率或后果降低到某一可以接受的程度。风险减轻的具体方法和有效性在很大程度上依赖于风险是已知风险、可预测风险还是不可预测风险。

对于已知风险，风险管理者可以采取相应措施加以控制，可以动用项

目现有资源降低风险的严重后果和风险发生的频率。例如，通过调整施工活动的逻辑关系，压缩关键线路上的工序持续时间或加班加点等来减轻建设项目的进度风险。

可预测风险和不可预测风险是项目管理者很少或根本不能控制的风险，有必要采取迂回的策略，包括将可预测和不可预测风险变成已知风险，把将来风险"移"到现在。例如，将地震区待建的高层建筑模型放到震台上进行强震模拟试验就可减少地震风险发生的概率；为减少引进设备在运营时的风险，可以通过详细的考察论证、选派人员参加培训、科学调试、精心安装等来降低不确定性。

在实施风险减轻策略时，最好将建设项目每一个具体"风险"都减轻到可接受水平。各具体风险水平降低了，建设项目整体风险水平在一定程度上也就降低了，项目成功的概率就会增加。

2）风险减轻的途径

在制定风险减轻措施时，必须依据风险特性尽可能将建设项目风险降低到可接受水平，常见的途径有以下几种：

①减少风险发生的概率。通过各种措施降低风险发生的可能性，是风险减轻策略的重要途径，通常表现为一种事前行为。例如，施工管理人员通过加强安全教育和强化安全措施，减少事故发生的机会；承包商通过加强质量控制，降低工程质量不合格或由质量事故引起的工程返工的可能性。

②减少风险造成的损失。减少风险造成的损失是指在风险损失不可避免要发生的情况下，通过各种措施以遏制损失继续扩大或限制其扩展的范围。例如，当工程延期时，可以调整施工组织工序或增加工程所需资源进行赶工；当工程质量事故发生时，采取结构加固、局部补强等技术措施来补救。

③分散风险。分散风险是指通过增加风险承担者来达到减轻总体风险压力的措施，例如，联合体投标就是一种典型的分散风险的措施。该投标方式是针对大型工程，由多家实力雄厚的公司组成一个投标联合体，发挥各承包商的优势，增强整体的竞争力。如果投标失败，则造成的损失由联合体各成员共同承担；如中标，则在建设过程中的各项政治风险、经济风险、技术风险也同样由联合体共同承担，并且由于各承包商的优势不同，很可能有些风险会被某承包商利用并转化为发展的机会。

④分离风险。分离风险是指将各风险单位分离间隔，避免发生连锁反应或相互牵连，例如，在施工过程中，将易燃材料分开存放，从而避免出现火灾时其他材料遭受损失的可能。

3）风险减轻方法的局限性

风险减轻不是消除风险，也不是避免风险，只是降低风险发生概率或减轻风险损失，有时在实施风险减轻措施后还会遗留一些残余风险。如果管理者忽视对残余风险的管理和监控，则这些残余风险可能会转变成更大的风险，因此，在管理者制定风险减轻措施后，还需要重视对残余风险的管理。

（2）风险预防

风险预防是指采取技术措施预防风险事件的发生，是一种主动的风险管理策略，分为有形和无形两种手段。

1）有形手段

工程法是一种有形手段，是指在工程建设过程中，结合具体的工程特性采取一定的工程技术手段，避免潜在风险事件发生。例如，为了防止山区区段山体滑坡危害高速公路过往车辆和公路自身，可采用岩锚技术锚固松动的山体，增加因开挖而破坏了的山体稳定性。

工程法的特点：一是每种措施总与具体的工程技术设施相联系，因此采用该方法规避风险成本较高；二是任何工程措施均是由人设计和实施的，人的素质在其中起决定作用；三是任何工程措施都有其局限性，并不是绝对的可靠或安全，因此工程法要同其他措施结合起来利用，以达到最佳的规避风险效果。

用工程法规避风险具体有下列几个措施：

①防止风险因素出现。在建设项目实施或开始活动前，采取必要的工程技术措施，避免风险因素的发生，例如，在基坑开挖的施工现场周围设置棚栏，洞口临边设防护栏或盖板，从而警戒行人或者车辆不要从此处通过，以防止发生安全事故。

②消除已经存在的风险因素。施工现场若发现各种用电机械和设备日益增多，及时果断地换用大容量变压器就可以减少其烧毁的风险。

③将风险因素同人、财、物在时间和空间上隔离。风险事件引起风险损失的原因在于某一时间内，人、财、物或者他们的组合在其破坏力作用的范围之内。因此，将人、财、物与风险源在空间上隔开，并避开风险发生的时间，这样可有效规避损失和伤亡。例如，移走动火作业附近的易燃物品，并安放灭火器，从而避免潜在的安全隐患发生。

2）无形手段

无形手段包括教育法和程序法。

①教育法。教育法是指通过对项目人员广泛开展教育，提高参与者的风险意识，使其认识到工作中可能面临的风险，了解并掌握处置风险的方法和技术，从而避免未来潜在工程风险的发生。建设项目风险管理的实践

表明，项目管理人员和操作人员的行为不当是引起风险的重要因素之一，因此，要防止与不当行为有关的风险，就必须对有关人员进行风险和风险管理教育。教育内容应该包含有关安全、投资、城市规划、土地管理及其他方面的法规、规范、标准和操作规程、风险知识、安全技能等。

②程序法。程序法是指通过具体的规章制度制定标准化的工作程序，对项目活动进行规范化管理，尽可能避免风险发生和造成的损失。例如，塔吊操作人员需持证上岗并严格按照操作规程进行工作。

预防策略还可在项目的组成结构上下功夫，例如，增加可供选用的行动方案数目，为不能停顿的施工作业准备备用的施工设备等。另外，合理地设计项目组织形式也能有效预防风险，例如，项目发起单位在财力、经验、管理、技术、人力或其他资源方面如无力完成项目时，可以同其他单位组成合营体，预防自身不能克服的风险。

（3）风险转移

1）风险转移的定义

风险转移又称为合伙分担风险，是指在不降低风险水平的情况下，将风险转移至参与该项目的其他人或其他组织。风险转移是建设项目管理中广泛应用的风险应对方法，其目的不是降低风险发生的概率和减轻不利后果，而是通过合同或协议，在风险事故一旦发生时将损失的一部分转移到有能力承受或控制项目风险的个人或组织。

2）风险转移的途径

风险转移通常有两种途径：一种是保险转移，即借助第三方——保险公司来转移风险。该途径需要花费一定的费用将风险转移给保险公司，当风险发生时获得保险公司的补偿。同其他风险规避策略相比，工程保险转移风险的效率是最高的。第二种风险转移的途径是非保险转移，是通过转移方和被转移方签订协议进行风险转移。建设项目风险常见的非保险转移包括出售、合同条款、担保和分包等方法。

①出售。出售是指通过买卖契约将风险转移给其他单位，因此，卖方在出售项目所有权的同时也就把与之有关的风险转移给了买方。例如，项目可以通过发行股票或债券筹集资金。股票或债券的认购者在取得项目的一部分所有权时，也同时承担了一部分项目风险。

②合同条款。合同条款是建设项目风险管理实践中采用较多的风险转移方式之一。这种转移风险的实质是利用合同条件来开脱责任，在合同中列入开脱责任条款，要求对方在风险事故发生时不要求自身承担责任。

③担保。担保是指为他人的债务、违约或失误负间接责任的一种承诺。在建设项目管理上是指银行、保险公司或其他非银行金融机构为项目风险负

间接责任的一种承诺。当然，为了取得这种承诺，承包商要付出一定的代价，但这种代价最终要由项目业主承担。在得到这种承诺后，当项目出现风险时就可以直接向提供担保的银行、保险公司或其他非金融机构获得补偿。

目前，我国工程建设领域实施的担保内容主要包括：承包商需要提供的投标担保、履约担保、预付款担保和保修担保，业主需要提供的支付担保以及承包商和业主都应进一步向担保人提供的反担保。其中，支付担保是我国特有的一种担保形式，是针对当前业主拖欠工程款现象而设置的，当业主不履行支付义务时，则由保证人承担支付责任。

④分包。分包是指在工程建设过程中，从事工程总承包的单位将所承包的建设工程的一部分依法发包给具有相应资质的承包单位的行为，该总承包人并不退出承包关系，其与分包商就其所完成的工作成果向发包人承担连带责任。

3）风险转移方法的局限性

工程项目非保险风险转移具有积极意义，是一种比较灵活的风险转移方式，几乎不需要任何成本，但也受到某些限制，主要表现在以下几个方面：

①工程项目非保险风险转移受到国家法律和标准化合同文本的限制。例如，我国法律法规明确规定，主体工程不能进行分包；再如，工程转包是一种非常典型的工程项目非保险风险转移的方式，但我国法律也明确规定不允许工程转包。

②工程项目非保险风险转移存在一定的盲目性。一方面，风险转移必须要建立在准确、可靠的风险分析的基础上，否则盲目地转移风险可能会在转移风险的同时失去获利的机会；另一方面，如果风险转移的对象没有能力承担转移来的风险，那么可能会导致更大的风险。

③工程项目非保险风险转移可能会产生较高的额外费用。例如，由于法律法规或合同条款不明确，风险发生后导致相关单位发生争议且无法解决，最终不可避免地要依靠法律程序来解决，这势必要支付一笔可观的处理费用。

总之，工程项目非保险风险转移有优点也有局限性，在具体应用这一策略时，应与其他应对风险的策略相结合，以取得最佳效果。

（4）风险回避

1）风险回避的定义

风险回避是指当项目风险潜在威胁发生可能性太大，不利后果也太严重，又无其他策略可用时，主动放弃项目或改变项目目标与行动方案，从而规避风险的一种策略。

如果通过风险评价发现项目的实施将面临巨大的威胁，项目管理班子又没有别的办法控制风险，甚至保险公司亦认为风险太大，拒绝承保，这时就应该考虑放弃项目的实施，避免巨大的人员伤亡和财产损失。

2）风险回避的适用范围

风险回避并不是在任何条件下都适用，当建设项目遇到以下几种情况时，可考虑风险回避策略：

①客观上不需要的项目，没有必要冒险，例如，某些城市要建设地铁项目，但从该城市的人口规模、交通状况和财政看，没有必要。这种仅仅为了个人政绩而提出，但在客观实际上不需要的项目应采取回避策略。

②一旦造成损失，项目执行组织无力承担后果的项目。对于城市和工程建设项目，如水利枢纽工程、核电站建设项目、化工项目等都必须考虑这个问题。

3）风险回避的途径

回避风险是一种最彻底地消除风险影响的策略。风险回避采用终止法，是指通过放弃、中止或转让项目来回避潜在风险的发生。

①放弃项目。在建设项目开始实施前，如果发现存在较大的潜在风险，且不能采用其他策略规避该风险时，则决策者就需要考虑放弃项目。例如，某大型建筑施工企业拟投标某国际工程，经调查研究发现，该工程所在国家政治风险过大，因此主动拒绝了该建设项目业主的招标邀请。

②中止项目。在建设项目实施过程中，如果预见到自身无法承担的风险事件将发生，决策者就应立即停止该项目的实施。例如，在国际工程施工过程中，若发现该国出现频繁的罢工、动乱，在社会治安越来越差的情况下，应立即停止在该国的施工项目，从而避免由此引起的人员和财产的损失。

③转让项目。当企业战略有重大调整或出现其他重大事件影响项目实施时，单纯地放弃或中止项目会造成巨大损失，因此，需要考虑采取转让项目的方式规避损失。另外，不同的企业具有不同的优势，对于自身是重大的风险可能对其他企业来说却不是，因此，在面临可能带来巨大损失的风险事件时，应考虑转让项目的策略。

4）风险回避方法的局限性

风险回避是应对风险非常有效的策略之一，但也应清楚地看到该策略存在诸多局限性。

①回避意味着失去发展和机遇。例如，核电站项目工程庞大、风险高，我国没有建设核电站的经验，如果因为担心损失而放弃该项目，就要失掉培养和锻炼自己核电队伍的机会，失掉发展核电有关产业的机会等。

②回避意味着消极。建设项目的复杂性、一次性和高风险等特点，要

求充分发挥项目管理人员的主观能动性，创造条件促进风险因素转化，有效控制或消除项目风险；而简单的放弃意味着不提倡创造性，意味着工作的消极观，不利于组织今后的发展。

因此，在采取风险回避策略之前必须要对风险有充分的认识，对威胁出现的可能性和后果的严重性有足够的把握。另外，采取回避策略最好在项目活动尚未实现时，否则放弃或改变正在进行的项目一般都要付出高昂的代价。

（5）风险自留

1）风险自留的定义

风险自留是指项目主体有意识地选择自己承担风险后果的一种风险应对策略。风险自留是一种风险财务技术，项目主体明知可能会发生风险，但在权衡其他风险应对策略后，出于经济性和可行性考虑，仍将风险自留，若风险损失真的出现，则依靠项目主体自己的财力去弥补。

风险自留分主动风险自留和被动风险自留两种。主动风险自留是指在风险管理规划阶段已经对风险有了清楚的认识和准备，主动决定自己承担风险损失的行为。被动风险自留是指项目主体在没有充分识别风险及其损失，且没有考虑其他风险应对策略的条件下，不得不自己承担损失后果的风险应对方式。

2）风险自留的适用范围

风险自留是最省事的风险规避方法，在许多情况下也最省钱。风险自留主要适用于下列情况：

①无法采取其他有效的风险应对策略，或者当采取其他风险应对策略的费用超过风险事件造成的损失数额时，应采取风险自留方法。例如，向保险公司投保缴纳的保费高于风险发生造成的损失，则项目主体选择风险自留。

②风险最大期望损失较小，且项目主体有承受最大期望损失的经济能力。在建设项目实施过程中，对于发生概率低、损失强度小的风险，往往采用风险自留的手段更为有利。同时，项目主体的财务能力要足以承担风险可能造成的最坏后果，这样才不会在风险发生后对项目的正常生产活动产生影响。

3）风险自留方法的局限性

风险自留是最常使用的一种财务型应对策略，在许多情况下有积极作用，但也存在局限性，具体体现在以下几方面：

①风险自留存在盲目性。理论上来说，进行风险自留必须要充分掌握风险事件的信息，然而实际上，任何风险承担单位都无法精确地了解风险

事件发生的概率及其损失程度，也不能确定项目主体能否承受该风险事件的后果，在这种情况下，很多管理人员会心存侥幸，对一些风险可能较大的事件也不制定积极的应对策略，造成大量被动风险自留，最终严重影响项目目标的实现。因此，充分掌握该风险事件的信息是风险自留的前提。

②风险自留可能面临更大的风险。将风险自留作为一种风险应对策略应用时，则可能面临着某种程度的风险及损失后果。甚至在极端情况下，风险自留可能使建设项目承担非常大的风险，以至于可能危及建设项目主体的生存和发展。因此，风险自留应以一定的财力为前提条件。

（6）风险利用

1）风险利用的定义

根据风险定义可知，风险是一种消极的、潜在的不利后果，同时也是一种获利的机会。也就是说，并不是所有类型的风险都带来损失，其中有些风险只要正确处置是可被利用并产生额外收益的，这就是所谓的风险利用。

风险利用仅对投机风险而言，原则上投机风险大部分有被利用的可能，但并不是轻易能取得成功，因为投机风险具有两面性，有时利大于弊，有时相反。风险利用就是促进风险向有利的方向发展。

当考虑是否利用某投机风险时，首先应分析该风险利用的可能性和利用的价值；其次，必须对利用该风险所需付出的代价进行分析，在此基础上客观地检查和评估自身承受风险的能力。如果得失相当或得不偿失，则没有承担的意义。或者效益虽然很大，但风险损失超过自己的承受能力，也不宜硬性承担。

2）风险利用的可能性和必要性

建设项目风险利用的可能性包括两个方面：

①影响建设项目风险的因素是变化的，风险发生于多种因素的变化之中，因此，如果能清楚地认识风险，就有可能利用风险，化不利后果为发展的机会。

②一般来说，风险及其后果都是预测的结果，会随着项目的发展而不断变化。建设项目在实施过程中，其所在的建设环境在变化，项目管理者对项目风险的认识及工作重心也在不断变化，导致风险的后果也在发展变化，这为风险利用提供了可能。

建设项目风险利用不仅是可能的，而且是完全必要的，主要体现在：

①风险中蕴藏机会，冒一定的风险才能取得高额利润或长期利润。盈利的机会并不是显而易见、随处可得的，其蕴藏在风险之中，而且盈利越多往往表现出的风险越大。

②风险是社会生产发展的动力。在市场机制下，不论进行何种经营活动，总会面临着竞争，有竞争就会有风险。因此，从这个角度看，风险是社会生产活动的动力，正是这种竞争和风险的存在，才促进社会生产的发展。

3）风险利用的策略

当决定采取风险利用策略后，风险管理人员应制定相应的具体措施和行动方案。既要充分利用扩大战果的方案，又要考虑退却的部署，毕竟投机风险具有两面性。在实施期间，不可掉以轻心，应密切监控风险的变化，若出现问题，要及时采取转移或缓解等措施；若出现机遇，要当机立断，扩大战果。

同时，在风险利用过程中，需要量力而行。承担风险要有实力，而利用风险则对实力有更高的要求，而且还要有驾驭风险的能力。这是由风险利用的目的所决定的。

2. 风险控制

风险监测与控制贯穿于项目的全过程，体现在项目的进度控制、成本控制、质量控制和合同控制等过程中。

（1）对已经识别的风险进行监控和预警，定期召开风险分析会议。这是项目控制的主要内容之一。在项目实施过程中不断收集和分析各种信息，捕捉风险前奏的信号，判断项目的预定条件是否仍然成立，了解项目的原有状态是否已经改变，并进行趋势分析。

通常借助以下方法可以发现风险发生的征兆和警示。例如：

1）天气预测警报。

2）股票信息、各种市场行情、价格动态。

3）地质条件信息。

4）政治形势和外交动态。

5）各投资者企业状况报告。

在项目实施过程中通过工期和进度跟踪、成本跟踪分析、合同监督、各种质量监控报告、现场情况报告等手段，及时了解工程风险。

在工程的实施状况报告中应包括风险状况报告。鼓励人们预测、确定未来的风险。

（2）风险一经发生就应积极采取措施，执行风险应对计划，及时控制风险的影响，降低损失，防止风险的蔓延，保证工程的顺利实施。具体包括：

1）控制工程施工，保证完成预定目标，防止工程中断和成本超支。

2）迅速恢复生产，按原计划执行。

3）尽可能修改计划、修改设计，按照工程中出现的新状态进行调整。

4）争取获得风险赔偿，如向业主、保险单位、风险责任者提出索赔等。

由于风险是不确定的，预先分析、应对计划往往不适用，因此在工程中风险的应对措施常常主要靠管理者的应变能力、经验、所掌握工程和环境状况的信息量以及对专业问题的理解程度等进行随机处理。

（3）进一步加强风险管理。在工程中还会出现新的风险，如：

1）出现了风险分析表中未曾预料到的新的风险。

2）由于风险发生，实施某些应对措施时产生新的风险，如工程变更会引发新风险或导致已识别的风险发生变化。

3）已发生的风险的影响与预期不同，出现了比预期更为严重的后果。

4）在采取风险应对措施之后仍然存在风险或存在"后遗症"，需监视残余风险。

（4）对于大型复杂的工程项目，在风险监控过程中要经常对风险进行再评价。

这些问题的处理要求人们灵活机动、即兴发挥，及时并妥善处理风险事件，实施风险应对计划并持续评价其风险管理的有效性。

10.2 建筑装饰工程沟通管理

10.2.1 项目沟通管理概述

1. 协调

工程项目涉及环境、目标、工程技术、实施过程、组织等各个系统，而且在项目实施过程中会遇到各种各样的干扰因素，存在大量的系统性矛盾和冲突。要使项目高效顺利实施，必须使项目的各个系统之间，系统与环境之间协调一致。

协调是指使项目各个系统的界面畅通，消除它们之间的不一致和冲突，使系统结构均衡，这是工程项目顺利实施和成功的重要保证，是项目管理努力追求的一种状态。

项目中最重要的协调工作包括：

（1）项目目标因素之间的协调。

（2）各工程专业系统的协调。

（3）项目实施过程的协调。

（4）各种职能管理方法和过程，如成本管理、合同管理、工期管理和质量管理等的协调。

（5）项目实施过程与环境之间的协调。

（6）项目参与者之间，以及项目经理部内部的组织协调等。

在各种协调中，组织协调占据独特的地位，它是其他协调有效性的保证，只有通过积极的组织协调才能实现整个系统全面协调。

项目中参与单位非常之多，常常有几十个、几百个甚至几千个，形成了非常复杂的项目组织系统。项目的成功需要各方的支持、努力和合作。但由于各单位有不同的目标和利益，它们都企图指导、干预项目实施过程。项目中组织利益的冲突比企业中各部门的利益冲突更为激烈和难以调和，而项目管理者必须使参与各方协调一致、齐心协力地工作，进而实现项目目标。

2. 沟通

（1）沟通的定义

沟通是组织协调的手段，也是解决组织成员间问题的基本方法。组织协调的程度和效果常常依赖于各项目参与者之间沟通的程度。通过沟通不但可以解决各种协调的问题，如在目标、技术、过程、管理方法和程序之间的矛盾、困难和不一致，还可以解决各参与者心理和行为的障碍，减少争执。通过沟通可达到如下目的：

1）使总目标明确，项目参与者对项目的总目标达成共识。项目经理一方面要研究业主的总目标、战略、期望以及项目的成功准则，另一方面在进行系统分析、计划及控制前，把总目标通报给项目组织成员。通过这种沟通，使大家把总目标作为行动指南。沟通的目的是要化解组织之间的矛盾和争执，以使在行动上协调一致，共同完成项目的总目标。

2）鼓励人们积极地为项目工作。因为项目组织成员目标不同容易产生组织矛盾和障碍，通过沟通使各成员互相理解，建立和保持良好的团队精神。

3）提高组织成员之间的信任度和凝聚力，达到较高的组织效率。

4）增强项目的目标、结构、计划、设计和实施状况的透明度，特别是当项目出现困难时，通过沟通可增强大家的信心，积极准备，全力以赴。

5）沟通是决策、计划、组织、激励、领导和控制等管理职能的基础和有效性的保证，是建立和改善人际关系必不可少的条件和重要手段。项目管理工作中产生的误解、摩擦和低效率等问题在很大程度上源自于沟通的失败。

（2）项目沟通管理过程的特殊性

沟通管理是涉及工程项目全过程的综合性管理工作。沟通过程具有如下特殊性：

1）沟通过程是项目相关者和项目组织各方利益协调和平衡的过程。在工程项目中，大量的沟通障碍（争执）是由利益冲突引起的。

2）沟通过程又是一个信息流通和交换的过程，各种沟通方式最基本的功能就是信息交换，所以要确定项目组织各方面和其他项目相关者的信息需求、沟通过程和规则。

3）沟通又是工程项目的组织过程，工程项目的计划、控制以及实施工作流程和管理工作流程设置等都有解决组织间沟通问题的职能。

4）沟通过程又是人们组织行为和心理的协调过程，以解决人们之间由于利益冲突、信息孤岛、组织文化不一致导致的心理和行为障碍。

（3）项目沟通的困难

由于项目组织和项目组织行为的特殊性，使得在工程项目中沟通十分困难，尽管有现代化的通信工具和信息收集、储存和处理手段，减小了沟通技术上和时间上的障碍，使得信息沟通非常方便和快捷，但仍然不能解决人们心理上的许多障碍。项目组织沟通的困难具体体现在以下九个方面：

1）现代工程项目规模大，参与单位众多，且需要多企业合作，造成项目参与各方关系复杂、沟通面大、沟通渠道或沟通路径多、信息量大，为此需要建立复杂的沟通网络。

2）由于工程项目技术复杂，要求高度专业化和社会化的分工。专业化造成语义上的障碍、知识经验的限制和心理方面的影响，容易产生专业隔阂，对项目目标和任务可能产生不完整的、甚至错误的理解。而且，专业技能差异越大，沟通和协调越困难。项目管理的综合性特点和工程中专业化分工的矛盾加大了交流和沟通的难度，特别是项目经理和各职能部门之间常常难以做到很好的沟通协调。

3）项目组织具有整体统一的目标和利益，要取得项目的成功，各参与者必须精诚合作，发挥各自的能力优势、积极性和创造性。但是由于项目参与者（如业主、项目经理、设计人员、承包商）来自不同的企业，隶属于不同的部门，承担着不同的项目任务，有着各自不同的利益，对项目有不同的期望和要求，而且项目目标与他们的关联性各不相同，从而造成了项目组织成员之间动机的不一致和利益冲突，这就要求项目管理者在沟通过程中不仅应关注总目标，而且要顾及各方面的利益，推动不同主体之间的利益平衡，使项目相关各方均满意。

4）项目的一次性和临时性特征使得人们在工作中容易出现短期行为，即只考虑或首先考虑眼前的本单位（或本部门）的局部利益，而不顾整体的、长远的利益。同时，因为项目组织是常新的，人们不断遇到新的、陌生的、不同组织文化的合作者，所以与企业组织相比，项目组织摩擦更大，行为更为离散，协调和沟通更为困难。在项目开始后的很长时间，人们互相不适应，不熟悉项目管理系统的运作，容易产生沟通障碍。而项目结束前因组织即将解散，组织成员要寻求新的工作岗位或新项目，人心不稳，组织涣散。

5）在一次性、临时性的项目组织中，人们的归属感和安全感不强，团队的凝聚力较弱，项目组织的下级人员对项目组织的忠诚度不如职能组织的下级人员。同时由于参与者来自不同企业，组织文化不同，项目组织很难像企业组织一样形成自己的组织文化，即项目参与各方很难构成较为统一的行为方式、共同的信仰和价值观，从而增大了项目沟通难度。

6）反对变革的态度。项目组织是一个崭新的系统，它会对企业组织、外部周边组织，如政府机关、周边居民等和其他参与者组织产生影响，需要他们改变行为方式和习惯，适应并接受新的结构和过程。这必然会对他们的行为、心理产生影响，容易产生对抗。这种反对变革和对抗的态度常常会影响他们对项目的支持程度，甚至会造成对项目实施的干扰和障碍。

7）人们的社会心理、文化、习惯、专业、语言对沟通产生的影响，特别是在国际工程中，项目参与者来自不同国度，不同的社会制度、文化、法律背景和语言等均会产生沟通障碍。

8）在项目实施过程中，企业和项目的战略方针和政策应保持稳定性，否则会加大协调难度，造成人们行为的不一致，而这种稳定性是很难保证的。

9）合同作为项目组织的纽带，是各参与者的最高行为准则，业主与项目各方签订合同。在一个项目中相关的合同有几十份、几百份，而通常一份合同仅对两个签约者，如业主与某一承包商之间有约束力，因此项目组织缺少一个统一的、有约束力的行为准则。从而导致组织行为不一致、界面划分困难、管理效率低下。这是项目组织管理的基本问题之一。

由于合同在项目实施前签订，不可能将所有问题都考虑到，而实际情况又千变万化，合同中和合同之间常常存在矛盾和漏洞，而项目各方均站在自己的立场上分析和解释相关合同，决定自己的行为，因此，项目的组织争端通常都表现为合同争端，而合同常常又是解决组织争端的依据。

早期的项目管理侧重于项目管理工作手段和技术的研究、开发和论述。近几十年来，人们已逐渐认识到项目组织协调、沟通方式、组织争执和领导方式等问题的重要性。人们把研究的重点逐步放在组织结构、组织行为等方面。这些领域包括：①领导类型、人际关系技巧；②冲突管理；

③决策方式和建立项目组织的技巧；④组织设计和团队建设；⑤项目管理中的信息沟通；⑥项目组织与企业、顾客和其他外部组织的关系；⑦人们在工程项目组织中的行为，以及不同国度和文化背景的人的行为和合作问题。

人们曾总结项目成功的规则，其中涉及这方面的问题有"小组工作""各方良好的合作""沟通""争执的处理""公开的信息政策""激励"等。

10.2.2　项目沟通计划

项目沟通计划就是确定、记录并分析项目参与者所需要的信息和沟通需求，即谁需要信息、需要何种信息、何时需要以及如何有效传递信息。项目沟通计划作为规划未来项目进行沟通管理的动态文件，一般在项目初期阶段制订。项目沟通管理应该贯穿项目整个生命周期。但是，由于各阶段的主要项目参与者有所不同，主要沟通对象也会有所不同。因此，为了提高沟通的有效性，应该根据项目实施中的具体情况和沟通计划的适用性来进行定期检查和修改。

1. 编制项目沟通计划的必要性

项目实施过程中会遇到包括技术、成本和进度等诸多挑战，若处理不当可能会导致项目失败。一方面，大多数项目都需要与没有从事过类似项目工作的人合作，项目涉及的成员可能来自多个职能部门，项目团队成员之间可能过去没有在一起工作过，对于不熟悉的人，他们不可能了解彼此的沟通需求，如需要什么信息、喜欢什么沟通方式等；另一方面，项目管理有非常明确的目标，即通过许多人的合作，在规定的条件下完成项目任务。这两个方面决定了编制项目沟通管理计划的必要性。

沟通计划由项目经理和项目团队编制，不仅可以使项目管理人员了解谁在什么时候需要什么信息，而且也可以使其他重要项目参与者了解这些问题。在与公众有密切关系的项目上，沟通计划甚至可以通过电子或其他公告形式向社会公开。

项目需要收集和发送的信息多种多样，包括：项目计划及其更新（修改）；项目进展报告；项目例外情况报告；项目会议计划；项目风险情况；项目团队成员变更；项目团队成员的工作业绩评价等。

既需要向项目内部的参与者发布信息，也需要向项目外部参与者发布信息。事先弄清楚谁在什么时候需要什么信息，对项目经理处理好与各项目参与者之间的关系很有帮助，也有助于工作安排。

2. 沟通计划的内容

项目沟通计划的内容主要包括：有哪些参与者？项目为他们带来的利

益和影响有多大？各自需要什么信息？何时需要以及如何提供这些信息？虽然所有的项目都需要沟通项目信息，但信息需求和传播方式差别很大。确认参与者的信息需求和决定满足需求的适当方式是项目获得成功的重要因素。

编制沟通计划时，需要考虑的内容有很多。表 10-3 所示的是编制项目沟通计划时需要考虑的内容。

沟通计划的内容　　　　　　　　　　　表 10-3

沟通目标	沟通结构	沟通方式	沟通时间
1. 授权； 2. 方向设置； 3. 信息收集； 4. 情况报告： 进度成本人员、 风险问题、质量、 变更控制、 项目输入的批复、 向上级报告、 经验教训	1. 利用现有的结构形式； 2. 模板（调整）； 3. 独特（创建）	1. 推动方式： 即通信、电子邮件 语音信箱、 传真； 2. 拉动方式： 共享文档库、 企业内网、 博客（知识库）、 布告栏； 3. 互动方式： 电话会议、 维基百科、 视频会议、 群组软件	1. 项目生命周期： 章程、 项目规划、 里程碑、 输出兑现、 项目收尾； 2. 常规时间： 日志一成员、 周记一核心团队、 月历一发起人、 有需要时一其他人

（1）目标栏

表 10-3 中的第一列显示的是每次沟通的目标。如果沟通没有意义，那么就没有实施的必要。项目经理必须采取有效的沟通来发现并管理所有项目参与者的期望，同时确保项目工作按时完成。来自项目参与者的沟通在工作授权、明确要求、发现和解决问题以及对项目进展和结果进行反馈方面非常重要。不同的项目参与者对项目的期望通常存在冲突，有效的沟通有助于理解和解决这些差异。和项目参与者的沟通有助于他们作出好的决策，确保他们了解项目进程，作出全面承诺，并且做好接受项目交付成果的准备。沟通的另一个目标是促进项目经理及时决策，向高级管理层汇报自己无法解决的问题。聪明的项目经理会事先判断如何尽快向项目发起人以及其他决策者提出问题。沟通计划能够确保在项目结束时总结经验教训，形成文档，以供其他项目借鉴。

项目经理能够与其核心团队、其他项目参与者建立相互信任的关系，部分源于采用尽可能开放式的沟通。然而，其需要尊重所有隐私，判断哪些适合分享、哪些不适合分享。

（2）结构栏

表 10-3 中的第二列是沟通的结构形式，主要有三种可能：①已有的组织性沟通结构，如果有就直接采用，没有必要重新确立每个文档，以免浪费时间或者增加费用，组织中有许多参与者习惯于特定的沟通模式，并且运用这种模式会使他们更容易相互了解；②调整一些已有的沟通模板，当没有可以直接使用的模板时，可以调整一些已有的沟通模板；③创建全新的沟通结构。

使用以上三种方式中的任意一种，项目团队都需要对所有将要实施的沟通进行版本控制。因为参与者提供的大部分文档对实施沟通都有贡献，要注意版本控制，便于查找和归类。

（3）方式栏

表 10-3 中的第三列表示沟通方式，项目沟通方式主要有三种：①"推动"方式，主动的传递或推动沟通的进行；②"拉动"方式，是指沟通通过纸张或电子等文件形式被传递出去，有利益关系的参与者需要主动接受这种沟通；③"互动"方式，进行双向沟通。典型的项目沟通计划应运用多种沟通方式。

（4）时间栏

表 10-3 中的第四列起提示作用，它显示的是编制项目沟通计划时项目团队需要考虑的时间问题。对沟通进行交付时可以使用三种时间进度类型：①在项目生命周期过程中项目每个主要阶段结束时和每个项目交付完成时进行沟通；②时间进度类型遵循更加正式的组织结构，在定期的进度会议上报告项目进展，与组织中的高层会议相比，项目一线的会议更加频繁；③时间方案以需求为基础，许多时候参与者想要知道一个确切的事实，并且不能等到下一次会议和报告，因此项目团队需要不断更新项目进程，及时处理这些视需求而定的要求。

3. 沟通矩阵

项目团队常会创建项目沟通矩阵，矩阵包括以下信息：① Who，项目参与者，项目团队需要沟通的对象；② What，项目团队需要向某位项目参与者学习什么？③ Who，项目团队需要与谁分享信息？④ What，项目参与者需要了解什么？⑤ When，他们什么时候需要了解这些内容？⑥ What，为了使项目参与者满意，最有效的沟通方式是什么？⑦ Who，项目团队中谁负责这项沟通？

表 10-4 是项目沟通矩阵的模板，每个项目的沟通需求都是唯一的，因此在不同的项目中沟通责任的分配是不同的。

项目沟通矩阵					表 10-4
参与者	项目团队能从这位参与者身上得到什么？	项目团队能与这位参与者分享什么？	时间	有效的方式	负责人

项目经理必须使用有效的沟通方式为所有参与者建立和管理他们的期望，同时也要确保项目按时完成。必须与参与者进行主动沟通，通过暴露和解决问题以及接受项目过程和成果的反馈来获得客户需求信息。不同参与者的期望通常会发生冲突，可以利用有效的沟通了解和解决这些冲突。确保他们对项目有适当的了解并实施改进，也可以使其完全投入项目工作中去。保证"沟通计划"在项目结束时为未来的项目创造有意义的价值。

10.2.3 项目沟通方式

项目中的沟通方式精彩纷呈，可以从许多角度进行分类，包括：

（1）双向沟通（有反馈）和单向沟通（不需反馈）。

（2）垂直沟通，即按照组织层次上下之间的沟通；横向沟通，即同层次组织单元之间的沟通及网络状沟通。

（3）正式沟通和非正式沟通。

（4）语言沟通和非语言沟通。

（5）项目组织可以以面对面的方式进行沟通，还可以在虚拟环境下进行沟通。现代社会的沟通媒介很多，如电话、电子邮件、互联网、视频会议以及其他电子工具。

下面着重介绍正式沟通和非正式沟通。

1. 正式沟通

（1）正式沟通的定义

正式沟通是通过正式的组织过程来实现或形成的，有既定的目标和有计划的活动。它由项目组织结构图、项目工作流程、项目管理流程、项目信息流程和确定的运行规则构成。

（2）正式沟通的特点

1）有固定的沟通方式、方法和过程。正式沟通的方式和过程必须经过专门的设计，它一般在合同中或在项目手册中被规定，作为大家的行为准则。

2）大家一致认可、共同遵守、作为组织的规则，以保证行动一致。组织各成员必须遵守同一个运作模式，同时必须是透明的。

3）这种沟通结果常常具有法律效力，它不仅包括沟通的文件，而且包括沟通的过程。例如，会议纪要若超过答复期不作反驳，则形成一个合同文件，具有法律约束力；业主下达的指令，承包商必须执行，同时业主也要承担相应的责任。

（3）正式沟通的方式

1）项目手册

项目手册的内容极其丰富，它是项目和项目管理基本情况的集成，其基本作用就是便于项目参与者之间的沟通。一本好的项目手册会给项目各方带来诸多方便，具体包括以下内容：项目概况、工程规模、业主、项目目标、主要工程量；项目各参与者；项目结构；项目管理工作规则等。其中，应说明项目的沟通方法、管理程序，文档和信息应有统一的定义和说明、统一的 WBS 编码体系、统一的组织编码、统一的信息编码、统一的工程成本细目划分方法和编码、统一的报告系统。

项目手册是项目的工作指南。在项目初期，项目经理应将项目手册的内容和规定向各参与者作介绍，使大家了解项目目标、状况、参与者和沟通机制，让大家了解遇到什么事应该找谁，应按什么程序处理以及向谁提交什么文件等。

2）各种书面文件

其包括各种项目范围文件、计划、政策、过程、目标、任务、战略、组织结构图、组织责任矩阵、报告、请示、指令和协议等。

在项目实施过程中应注重界面上的交接工作，如各种交底工作，包括设计单位对施工单位的图纸交底、负责合同签订的部门对项目经理部的合同交底等。

3）协调会议

协调会议是正规的沟通方式，包括以下两种类型：第一种是常规的协调会议，一般在项目手册中规定每周、每半月或每月举行一次，在规定的时间和地点举行，由规定的人员参加；第二种是非常规的协调会议，即在特殊情况下根据项目需要举行的会议。例如，信息发布会、解决专门问题的会议（发生事故时召开会议紧急磋商）以及决策会议（业主或项目经理对一些问题进行决策、讨论或磋商）。

①协调会议的作用

项目经理对协调会议要足够重视，亲自组织、筹划，因为协调会议是一个沟通的极好机会，其作用如下：

a.可以获取大量信息，以便对现状进行了解和分析，它比报告文件能更好、更快、更直接地获得有价值的信息，特别是软信息，例如各方面的工作态度、积极性和工作秩序等。

b. 检查任务、澄清问题，了解各子系统的完成情况、存在问题及影响因素，评价项目进展情况，及时跟踪。

c. 布置下一阶段工作，调整计划，研究问题的解决措施，选择方案，分配资源，在这个过程中可以集思广益，听取各方意见，同时又可以贯彻自己的计划和思路。

d. 产生新的激励效益，动员并鼓励各参与者努力工作。

②协调会议的组织过程

会议也是一项项目管理活动，也应当进行计划、组织和控制。组织好一个协调会议，使它富有成果，达到预定的目标，需要有一定的管理知识、艺术性和权威。在项目中应确定会议规则和指南。

a. 事前筹划

在开会之前，项目经理必须做好准备，包括：

（a）分析召开会议的必要性，确定会议目的、会议类型、议事日程、与会人员、时间地点。

（b）信息准备，了解项目状况、困难及各方面的基本情况，收集数据。

（c）准备好讨论的议题，了解信息，期望会议的作用或效果，设计问题解决方案。

（d）考虑大家的反应，能否接受自己的意见，若有矛盾冲突，应有备选的方案或措施以达成共识。

（e）准备工作，如时间安排、会场布置、人员通知，有时需要准备直观教具、分发的材料、仪器或其他物品，准备必要的文件、资料，会议日程应提前分发给参加人。

对一些重大问题为了更好地达成共识，避免在会议上的冲突或僵局，或为了更快地达成一致，可以先将议程打印后发给各个参与者，并可以就议程与一些主要人员进行预先磋商，进行非正式沟通，听取修改意见。一些重大问题的处理和解决往往要经过许多回合、许多次协调会议，最后才能得出结论，这些都需要进行很好的筹划。

b. 会中控制

（a）会议应按时开始，指定记录员（录音或录像），简要介绍会议的目的和议程。

（b）驾驭整个过程，鼓励讨论，防止不正常的干扰，如跑题、讲一些题外话干扰主题；有些人提出非正式议题或挑起争吵，影响会议的正常秩序。项目经理必须不失时机地提醒切入主题或过渡到新的主题。

（c）善于发现和抓住有价值的问题，倾听他人观点、集思广益，补充、完善解决方案。

（d）创造和谐的会议气氛，鼓励参与者讲出自己的观点，反映实际情况、问题和困难，一起研究解决途径。

（e）通过沟通、协调，使大家意见统一，使会议富有成果。

（f）当出现不一致甚至冲突时，项目经理必须不断地解释项目的总体目标和整体利益，明确共同合作关系，相互认同。这样不仅能使大家协调一致，而且要争取各方面心悦诚服地接受协调，并以积极的态度完成工作。

（g）项目经理在必要时应适当动用权威。如果项目参与者各执己见、互不让步，在总目标的基点上不能协调或达成一致，项目经理就必须动用决定权，但这必须向业主作解释。

（h）记录会议过程和内容。

（i）在会议结束时总结会议成果，作出决议，确认后期应采取的行动和责任、具体实施人员及实施约束条件，并确保所有参与者对所有的决策和行动有一个清楚的认识。

c.会后处理

（a）回顾会议情形，评价会议进展情况和结论，努力完成会议安排的各项任务。

（b）会后应尽快整理并起草会议纪要或备忘录，作为决议。

（c）会议纪要或备忘录应在确定的时间内分发到有关各方进行核实并确认。一般各参与者在收到纪要后如有反对意见应在规定的时间内提出反驳意见，否则便视为同意会议纪要内容的情况来处理，这样该会议纪要才能成为有约束力的协议文件。对重大问题的决议或协议常常要在新的协调会议上签署。

4）工作检查

各种工作检查、质量检查和分项工程的验收等都是非常好的沟通方法。它们由项目过程或项目管理过程规定。通过这些工作不仅可以检查工作成果、了解实际情况，而且可以协调各方面、各层次的关系。因为检查过程常常是解决存在问题、使组织成员之间互相了解的过程，同时常常又是新的工作协调的起点，所以它不仅是技术性工作，而且是重要的管理工作。

其他沟通的方法还包括指挥系统、建议制度、申诉和请求程序、申诉制度、离职交谈等。有些沟通方式处于正式和非正式之间。

2.非正式沟通

（1）非正式组织的定义

非正式组织是指没有自觉的共同目标（即使也可能产生共同的成果）

的一些个人之间的活动，如业余爱好者相聚。在项目组织和企业组织中，正式组织和非正式组织是共存的。

（2）非正式沟通的形式

非正式沟通是通过项目中的非正式组织关系形成的，一个项目组织成员在正式的项目组织中承担着一个角色，另外他同时又处于复杂的人际关系网络中，如非正式团体、由爱好、兴趣组成的小组，人们之间的非职务性联系等。在这些组织中人们建立起各种关系来沟通信息、了解情况，并影响着对方的行为。其形式包括：

1）通过聊天、一起喝茶等传播小道消息，了解信息、沟通感情。

2）在正式沟通前后和过程中，在重大问题处理和解决过程中进行非正式磋商，其形式可以是多样的，如聊天、喝茶、吃饭、非正式交谈或召开小组会议。

3）通过到现场进行非正式巡视和观察，与各种人接触、座谈、旁听会议，直接了解情况，这样通常能直接获取项目中的软信息，并可了解项目团队成员的工作情况和态度。

4）通过大量的非正式横向交叉沟通，能加速信息的流动，促进成员间的相互理解。

（3）非正式沟通的作用

非正式沟通的作用有正面的，也有负面的。管理者可以利用非正式沟通方式达到更好的管理效果，推动组织目标的实现。其作用如下：

1）非正式沟通更能反映人们的态度。管理者可以利用非正式沟通了解参与者的真实思想、意图、看法及观察方式，了解事件内情，获得软信息。在非正式场合人们比较自由和放松，容易讲真话。

2）折射出项目的文化氛围。通过非正式沟通可以解决各种矛盾，协调好各方面的关系。例如，事前的磋商和协调可避免矛盾激化，解决心理障碍；通过小道消息透风可以使大家对项目的决策有思想准备。

3）产生激励效益。由于项目组织的暂时性和一次性，大家普遍没有归属感，缺乏组织安全感，会感到孤独，而通过非正式沟通，能够满足人们的感情和心理需要，使大家的关系更加和谐、融洽，也能使弱势人员获得自豪感和组织的温暖。人们能够打成一片，会使大家对项目组织产生认同感、满足感、安全感、归属感，对管理者有亲近感。

4）承认非正式组织的存在，有意识地利用非正式组织可缩短不同组织层次之间的距离，使大家亲近、增强合作精神、形成互帮互助的良好氛围，还能规范行为、提高凝聚力。

5）有助于更好地进行正式沟通。在作出重大决策前后采用非正式沟通方式，集思广益、通报情况、传递信息，以平缓矛盾，而且能及早发现问题，促使管理工作更加完美。

6）非正式沟通获得的信息具有参考价值，可以辅助决策，但这些信息没有法律效力，而且有时有人会利用它来误导他人，所以在决策时应正确对待、谨慎处置。

7）不少小道消息的传播会使人心惶惶，特别是当出现项目危机或项目要结束的时候，这样会加剧人心的不稳定、困难和危机。对此，可采用公开信息的办法，使项目过程、方针、政策透明，从而减弱小道消息的负面影响。

8）非正式组织常常要求组织平等，反对组织变更，使组织惰性增加。也束缚了成员的能力和积极性，冲淡了组织中的竞争气氛，进而对正式组织目标产生一定的损害。

10.2.4　项目沟通障碍与冲突管理

1. 常见的沟通问题

如果在项目管理组织内部和组织界面之间存在沟通障碍，常常会产生以下问题。

（1）项目组织或项目经理部中出现混乱，总体目标不明确，不同部门和单位兴趣与总目标不同，各人有各人的打算和做法，且尖锐对立，而项目经理无法调解争端。

（2）项目经理部经常讨论不重要的非事务性主题，协调会议经常被一些能说会道的职能部门人员打断，干扰或偏离了议题。

（3）信息未能在正确的时间内以正确的内容和详细程度传达到正确位置，人们抱怨信息不够，或信息量过大，或不及时，或不着要点，或无反馈。

（4）项目经理部中没有应有的争执，但却存在于潜意识中，人们不敢或不习惯将争执提出来公开讨论。

（5）项目经理部存在不安全、不稳定，甚至绝望的气氛，特别是在项目遇到危机，或上层组织准备对项目作重大变更，或指令项目不再进行，或对项目组织作调整，或项目即将结束时。

（6）实施中出现混乱，人们对合同、对指令、对责任书理解不一致或不能理解，特别是在国际工程以及国际合作项目中，由于不同语言的翻译造成理解的混乱。

（7）项目得不到企业职能部门的支持，无法获取资源和管理服务，项目经理花大量的时间和精力周旋于职能部门之间，与外界不能进行正常的信息沟通。

2.障碍的原因分析

上述问题普遍存在于诸多项目中，其原因如下：

（1）项目初期，项目决策人员或某些参与者刚介入项目组织，缺少对目标、责任、组织规则和过程等的统一认识和理解。在制订项目计划方案、作决策时未听取基层实施者和职能经理的意见，项目经理自恃经验丰富、武断决策，不了解实施者的具体能力和情况等，致使计划不符合实际。在制订计划后，项目经理未和相关职能部门协商，就指令其他人员执行。

项目经理与业主之间缺乏沟通，对目标和项目任务理解不透彻，甚至失误。另外，项目前期沟通太少，如在招标阶段给承包商做标书的时间太短。

（2）目标对立或表达上有矛盾，而各参与者又从自己的利益出发诠释目标，导致理解混乱，项目经理又未能及时作出解释，使目标透明。组织成员对项目目标的理解越不一致，冲突就越容易发生。

参与者来自不同的国度、专业领域和专业部门，习惯不同，概念理解也不同，甚至存在不同的法律参照系，而在项目初期却未作出统一的解释。

（3）缺乏对组织成员工作明确的结构划分和定义，人们不清楚自己的职责范围。项目经理部内工作模糊不清，职责冲突，缺乏授权。通常职责越不明确，冲突就越容易发生。

在企业中，同期的项目之间优先级不明确，导致项目之间资源争执，不同的职能部门对项目优先级的看法不同。有时项目有许多投资者，他们对项目进行非程序干预，形成实质上的多业主状态。

（4）管理信息系统设计功能不全，信息渠道不通畅，信息处理有故障，没有按层次分级、分专业进行信息优化和浓缩，当然也可能存在信息分析评价问题和不同的观察方式问题。

（5）项目经理的领导风格欠佳，项目组织的运行风气不正。在实际过程中，项目经理的不同来历（如军人、企业经营人员、技术人员等）及其专业特点、性格、动机、兴趣和心理因素等都会影响他的沟通方式。

（6）协调会议主题不明，项目经理权威性差，或不能正确引导，与会者不守纪律，或职能部门领导过于强势，或个性缺陷、组织观念不强，在协调会议上拒绝任何批评和干预，而项目经理无权干涉。

（7）下层单位滥用分权和计划的灵活性原则，随意扩大自由处置权，过于注重发挥自己的创造性，违背或不符合总体目标，并与其他同级部门造成摩擦，与上级领导产生权利纷争。

（8）企业或项目采用矩阵式组织，但组织运作规则设计不好或根本没有设计，人们尚未从直线职能式组织的运作方式上转变过来，项目经理与企业职能部门经理的权利和责任界限不清晰。项目组织运作还没有被企业、职能部门所认同。

(9) 项目经理缺乏管理技能、技术判断力,或缺少与项目相应的经验,没有威信。通常项目经理的决策权越小、威信越低,项目就越容易发生冲突。

(10) 高级管理层对项目的实施战略不明,不断改变项目的范围、目标、资源条件和项目的优先级。

(11) 项目出现重大变更、环境混乱、危机等,会激化矛盾,更强烈显现出沟通障碍。

3. 组织争执

(1) 项目中的争执

沟通障碍常常会导致组织争执。项目组织是多争执的组织,这是由项目、项目组织和项目组织行为的特殊性决定的。项目组织和实施过程一直处于冲突的环境中,项目经理是争执的解决者。争执在项目中普遍存在,常见的争执有:

1) 目标争执,即出现项目目标系统的矛盾,如同时过度要求压缩工期、降低成本、提高质量标准;项目成本、进度、质量目标之间的优先级不明确;项目组织成员各自有自己的目标和打算,对项目的总目标缺乏了解或共识。

2) 专业争执,如存在技术上的矛盾,各专业对工艺方案、设备方案和施工方案的设计和理解存在不一致。

3) 角色争执,如企业任命总工程师作为项目经理,他既有项目工作,又有原部门的工作,常常以总工程师的立场和观点看待项目、解决问题。

4) 过程争执,如决策、计划、控制之间的信息、实施方式存在矛盾性,管理程序发生冲突。

5) 项目组织争执,如组织结构问题、组织间利益纷争、行为不协调、合同中存在矛盾和漏洞。项目组织内以及项目组织与外界存在权利的争执和互相推诿责任,项目经理部与职能部门之间的界面争执,业主与承包商之间出现索赔与反索赔。

6) 由于资源匮乏导致的项目在计划制订和资源分配上的争执等。

(2) 正确对待争执

在项目实施全过程中,组织争执普遍存在、不可避免而且千差万别,项目经理需要花费大量的时间和精力处理和解决争执,这已成为项目经理的日常工作之一。

组织争执是一个复杂的现象,它会导致人际关系紧张和意见分歧。通常争吵是争执的表现形式。若产生激烈的争执或尖锐的对立,就会造成组织摩擦、能量的损耗和低效率。组织争执有积极性与消极性。处理得好不仅可以解决矛盾,还可以产生新的激励;处理得不好会激化矛盾,不仅本身矛盾没解决，还可能引发更多冲突。

在项目管理中，没有争执不代表没有矛盾。有时表面上没有争吵，但风险仍然存在，如果没有正确的引导就会导致更激烈的冲突。一个组织适度的争执是有利的，没有争执、过于融洽就没有生气和活力，可能导致竞争力丧失，不能优化。

正确的方法不是宣布禁止争执或让争执自己消亡，而是通过争执发现问题，让人们公开自己的观点，暴露矛盾和意见分歧，获取新的信息，并通过积极的引导和沟通达成共识。成功的冲突管理可以提高管理效率、改善工作关系、推动项目实施。

对争执的处理首先取决于项目经理的性格和对争执的认识程度。项目经理要有效地处理争执，必须有意识地做好引导工作，通过讨论、协商和沟通，以求顾及各方面的利益，达到项目目标的最优实现。

对争执有多种处理措施，具体如下：

1）回避、妥协、和解的方法。

2）以双方合作、利益共享的方法解决问题。

3）通过协商或调停的方式解决。

4）由企业或高层领导裁决。

5）采用对抗的方式解决，如进行仲裁或诉讼。

6）通过成熟的组织规则来减少冲突。

本章小结

本章通过对建筑装饰工程风险分析与沟通管理知识系统的介绍，使学生能够掌握建筑装饰工程项目管理岗位所要求的相关知识。本章主要内容包括：风险的定义、特征及分类，以及如何进行风险识别、评估，控制风险的策略有哪些；沟通的目的是什么，沟通的方式有哪些以及常见的沟通问题；沟通计划的组成内容以及解决争执的措施等内容。

习　题

1. 什么是风险？风险的特征是什么？

2. 按不同的分类标准，风险可以分成哪几类？每类都包括哪些风险？

3. 什么是建设项目风险管理？其具体过程包括哪些步骤？

4. 为什么说建设项目风险管理是重要的？

5. 建设项目风险管理和建设项目管理的关系？

27- 习题参考答案

6. 什么是建设项目风险识别？

7. 风险识别的作用包括哪些？

8. 风险识别的特点有哪些？

9. 进行风险识别的依据包括哪些？

10. 风险识别的步骤有哪些？

11. 风险识别的常用方法有哪些？

12. 风险识别的结果是什么？

13. 项目风险分析与评估的流程是什么？

14. 项目风险分析与评估的方法有哪些？

15. 常用的风险应对策略有几种？分别是什么？

16. 什么是风险减轻？风险减轻的途径有哪些？风险减轻的局限性是什么？

17. 风险预防有哪些手段？这些手段包括哪些具体措施？

18. 什么是风险转移？风险转移的途径及其局限性包括哪些内容？

19. 什么是风险回避？为什么说风险回避是最消极的策略？

20. 风险回避的适用范围包括哪些？

21. 什么是风险自留？风险自留的适用范围包括哪些？

22. 如何看待风险利用的可能性和必要性？

23. 发现风险发生的征兆和警示可以借助哪些方法？

24. 沟通的定义是什么？

25. 沟通计划主要包括哪些内容？

26. 编制项目沟通计划时需考虑的因素有哪些？

27. 项目沟通的方式有哪些？

28. 什么是正式沟通？正式沟通的方式是什么？

29. 非正式沟通的作用是什么？

30. 常见的沟通问题有哪些？

31. 常见的争执有哪些？

32. 解决争执的处理措施有哪些？

第 11 章

建筑装饰工程收尾管理

教学目标

通过本章内容的学习，了解竣工验收的概念、竣工验收的条件和标准、竣工验收的管理程序和准备；掌握工程项目竣工资料、工程项目竣工验收管理、工程竣工结算；熟悉工程项目产品回访与保修的意义、工程项目产品保修范围与保修期、保修期责任与做法、回访实务；学会工程项目管理全面分析、工程项目管理单项分析、工程项目管理考核与评价内容。

教学要求

能力目标	知识要点	权重	自测分数
了解工程项目竣工验收的条件和标准	竣工验收的概念，竣工验收的管理程序和准备	10%	
掌握工程项目竣工资料、管理、结算	工程项目竣工验收管理、工程竣工结算	25%	
掌握工程项目产品回访	工程项目产品回访与保修的意义	30%	
掌握保修管理的内容	工程项目产品保修范围与保修期、保修期责任与做法、回访实务	15%	
熟悉工程项目考核评价	工程项目管理全面分析、工程项目管理单项分析、工程项目管理考核与评价内容	20%	

11.1 建筑装饰工程竣工验收阶段管理

11.1.1 竣工验收的概念

竣工验收是工程项目施工全过程的最后一道程序，也是工程项目管理的最后一项工作。它是建设投资成果转入生产或使用的标志，也是全面考核投资效益、检验设计和施工质量的重要环节；是承包人按照工程项目合同的约定，完成设计文件、施工图纸规定的工程内容，经发包人组织竣工验收及工程移交的过程。

工程项目竣工验收的交工主体是承包人，验收主体是发包人、竣工验收的客体，二者均是竣工验收行为的实施者，相互依存。工程项目竣工验收的客体应是设计文件规定、施工合同约定的特定工程对象。

竣工验收是指建设工程项目竣工后，由建设单位会同设计、施工、设备供应单位及工程质量监督等部门，对该项目是否符合规划设计要求以及对建筑施工和设备安装质量进行全面检验后，取得竣工合格资料、数据和凭证的过程。

竣工验收是全面考核建设工作，检查是否符合设计要求和工程质量的重要环节，对促进建设项目（工程）及时投产、发挥投资效果、总结建设经验有重要作用。

竣工验收是建设、勘察、设计、施工、监理单位分别汇报工程合同履约情况和在工程建设各个环节执行法律、法规和工程建设强制性标准的情况。在工程勘察、设计、施工、设备安装质量和各管理环节等方面作出全面评价，形成经验收组人员签署的工程竣工验收意见。

验收小组依据设计要求和施工规范，组织工程竣工验收。

特别提示

竣工验收建立在分阶段验收的基础之上，前面已经完成验收的工程项目一般在房屋竣工验收时就不再重新验收。

11.1.2　竣工验收的条件和标准

1.竣工验收的条件

（1）完成工程设计和合同约定的各项内容。

（2）施工单位对竣工工程质量进行检查，确认工程质量符合有关法律、法规和工程建设强制性标准，符合设计文件及合同要求，并提出工程竣工报告。该报告应经总监理工程师（针对委托监理的项目）、项目经理和施工单位有关负责人审核签字。

（3）有完整的技术档案和施工管理资料。

（4）建设行政主管部门及委托的工程质量监督机构等有关部门责令整改的问题全部整改完毕。

（5）对于委托监理的工程项目，应具有完整的监理资料，由监理单位提出工程质量评估报告，该报告应经总监理工程师和监理单位有关负责人审核签字。未委托监理的工程项目，工程质量评估报告由建设单位完成。

（6）勘察、设计单位对勘察、设计文件及施工过程中由设计单位签署的设计变更通知书进行检查，并提出质量检查报告。该报告应经该项目勘察、设计负责人和各自单位有关负责人审核签字。

（7）有规划、消防、环保等部门出具的验收认可文件。

（8）有建设单位与施工单位签署的工程质量保修书。

🔑 **特别提示**

我国国家标准《建筑工程施工质量验收统一标准》GB 50300—2013 规定，竣工验收的条件每一项都不能少，缺一不可。

2. 竣工验收的标准

（1）达到合同约定的工程质量标准

合同约定的质量标准具有强制性，合同的约束作用规范了承发包双方的质量责任和义务，承包人必须确保工程质量达到双方约定的质量标准，不合格不得交付验收和使用。

（2）符合单位工程质量竣工验收的合格标准

我国国家标准《建筑工程施工质量验收统一标准》GB 50300—2013，对单位（子单位）工程质量验收合格有相应规定。

（3）单项工程达到使用条件或满足生产要求

组成单项工程的各单位工程都已竣工，单项工程按设计要求完成，民用建筑达到使用条件或工业建筑能满足生产要求，工程质量经检验合格，竣工资料整理符合规定。

（4）建设项目能满足建成投入使用或生产的各项要求

组成建设项目的全部单项工程均已完成，符合交工验收的要求，建设项目能满足使用或生产要求。

11.1.3　竣工验收的管理程序和准备

1. 竣工验收的管理程序

工程项目进入竣工验收阶段，项目管理各方需加强配合，按竣工验收的管理程序依次进行，认真做好竣工验收工作。项目管理机构应编制工程竣工验收计划，经批准后执行。工程竣工验收工作按计划完成后，承包人应自行检查，根据规定在监理机构组织下进行预验收。合格后向发包人提交竣工验收申请。工程竣工验收的条件、要求、组织、程序、标准、文档的整理和移交，必须符合国家有关标准和规定。发包人接到工程承包人提交的工程竣工验收申请后，组织工程竣工验收，验收合格后编写竣工验收报告书。工程竣工验收结束后，承包人应在合同约定的期限内进行工程移交。

（1）竣工验收准备

工程交付竣工验收前的各项准备工作由项目经理部具体操作实施，项目经理全面负责，建立竣工收尾小组，做好工程实体的自检，收集、汇总、整理完整的工程竣工资料，扎扎实实地做好工程竣工验收前的各项竣工收尾及管理基础工作。

（2）施工单位竣工预验

施工单位竣工预验是指工程项目完工后要求监理工程师验收前由施工单位自行组织的内部模拟验收，内部预验是顺利通过正式验收的可靠保证，为了不致使验收工作遇到麻烦，最好邀请监理工程师参加。

预验工作一般可视工程重要程度及工程情况分层次进行，通常有下述三个层次：

1）基层施工单位自验。基层施工单位由施工队长组织施工队有关职能人员，对拟报竣工工程的情况和条件，根据施工图要求、合同规定和验收标准进行检查验收。主要包括竣工项目是否符合有关规定，工程质量是否符合质量检验评定标准，工程资料是否齐全，工程完成情况是否符合施工图及使用要求等。若有不足之处，及时组织力量，限期修理完成。

2）项目经理组织自验。项目经理部根据施工队的报告，由项目经理组织生产、技术、质量、预算等部门进行自检，自检内容及要求参照前条。经严格检验并确认符合施工图设计要求、达到竣工标准后，可填报竣工验收通知单。

3）公司级预验。根据项目经理部的申请，竣工工程可视其重要程度和性质，由公司组织检查验收，也可分部门（生产、技术、质量）分别检查预验，并进行评价。对不符合要求的项目，提出修补措施，由施工队定期完成，再进行检查，以决定是否提请正式验收。

（3）施工单位提交验收申请报告

施工单位决定正式提请验收后应向监理单位送交验收申请报告，监理工程师收到验收申请报告后应参照工程合同的要求、验收标准等进行仔细的审查。

（4）根据申请报告进行现场初验

监理工程师审查完验收申请报告后，若认为可以进行验收，则应由监理人员组成验收班子对竣工的工程项目进行初验，在初验中发现的质量问题应及时以书面通知或以备忘录的形式告知施工单位，并令其按有关质量要求进行修理甚至返工。

（5）组织正式验收

在监理工程师初验合格的基础上，便可由监理工程师牵头，组织业主、设计单位、施工单位等参加，在规定时间内进行正式竣工验收。

（6）进行竣工结算

工程竣工结算要与竣工验收工作同步进行。工程竣工验收报告完成后，承包人应在规定时间内向发包人递交工程竣工结算报告及完整的结算资料。承发包双方依据工程合同和工程变更等资料，最终确定工程价款。

（7）移交竣工资料

整理和移交竣工资料是工程项目竣工验收阶段必不可少且非常细致的一项工作。承包人向发包人移交的工程竣工资料应齐全、完善、准确，要符合国家城市建设档案管理、基本建设项目（工程）档案资料管理和建设工程文件归档整理规范的有关规定。

（8）办理交工手续

工程已正式组织竣工验收，建设、设计、施工、监理和其他有关单位已在工程竣工验收报告上签字，工程竣工结算办完，承包人应与发包人办理工程移交手续，签署工程质量保修书，撤离施工现场，正式解除现场管理责任。

2. 竣工验收的准备

（1）建立竣工收尾小组

由项目经理牵头，技术负责人、生产负责人、质量负责人、材料负责人、班组负责人等多方面的人员组成竣工收尾班子，明确分工、责任到人，做到因事设岗、以岗定责、以责考核、限期完成工作任务，收尾项目完工要有验证手续，形成完善的收尾工作制度。

（2）制订落实项目竣工收尾计划

项目经理要根据工作特点、项目进展情况及施工现场的具体条件负责编制落实有针对性的竣工收尾计划，并纳入统一的施工生产计划进行管理，以正式计划下达并作为项目管理层和作业层岗位业绩考核的依据之一。竣工收尾计划的内容要准确而全面，应包括收尾项目的施工情况和竣工资料整理。要明确各项工作内容的起止时间、负责班组及人员。竣工收尾计划可参照表 11-1 的格式编制。

工程项目竣工收尾计划　　　　　　　　　　表 11-1

序号	收尾项目名称	工作内容	起止时间	作业班组	负责人	竣工资料	整理人	验证人

项目经理：　　　　　　　　技术负责人：　　　　　　　编制人：

（3）竣工收尾计划的检查

项目经理和技术负责人应定期和不定期地对竣工收尾计划的执行情况进行严格的检查，重要部位要做好详细的检查记录。发现偏差要及时纠正，发现问题要及时整改，竣工收尾项目按计划完成一项，按标准验证一项，消除一项，直至完成全部计划内容。

（4）竣工自检

项目经理部在完成施工项目竣工收尾计划，并确认已经达到竣工的条件后，即可向所在企业报告，由企业自行组织有关人员依据质量标准和设计图纸等进行自检，填写工程质量竣工验收记录表、质量控制资料核查记录表、工程质量观感记录表等资料，对检查结果进行评定，符合要求后向建设单位提交工程验收报告和完整的质量资料，请建设单位组织验收。

（5）竣工验收预约

承包人全面完成工程竣工验收前的各项准备工作，经监理机构审查验收合格后，承包人向发包人递交预约竣工验收的书面通知，说明竣工验收前的各项工作已准备就绪，满足竣工验收条件。

11.1.4 工程项目竣工资料

竣工资料是工程项目承包人按照工程档案管理及竣工条件的有关规定，在工程施工过程中按时收集、整理，竣工验收后移交发包人汇总归档的技术与管理文件，是记录和反映工程项目实施全过程中工程技术与管理活动的档案。

1. 工程竣工的内容

（1）施工、技术管理记录

施工、技术管理记录包括施工、技术管理资料、工程概况、工程项目施工管理人员名单、施工质量现场管理检查记录、施工组织和施工方案审批表、技术交底记录、开工报告、工程竣工报告、施工组织设计，表 11-2 为施工、技术管理记录目录。

施工、技术管理记录目录 表 11-2

序号	记录编号	记录名称	页码	备注
1	1.0	施工、技术管理资料		
2	1.1	工程概况		
3	1.2	工程项目施工管理人员名单		
4	1.3	施工质量现场管理检查记录		
5	1.4	施工组织、施工方案审批表		

序号	记录编号	记录名称	页码	备注
6	1.5	技术交底记录		
7	1.6	开工报告		
8	1.7	工程竣工报告		
9	1.8	施工组织设计		

（2）工程质量控制记录、工程安全和功能检验资料

工程质量控制资料、图纸会审、设计变更、洽商记录汇总表；图纸会审、设计变更、洽商记录、设计交底记录；工程定位测量、放线验收记录；材料和构配件设备报审表；原材料出厂合格证书及进场检（试）验报告；钢材合格证和复试报告汇总表；钢材合格证和复试报告；水泥出厂合格证和复试报告汇总表；水泥出厂合格证和复试报告；砖（砌块）出厂合格证或试验报告汇总表；砖（砌块）出厂合格证或试验报告；其他材料合格证、检验、复试报告汇总表；混凝土外加剂合格证、出厂检验、复试报告；砂、石料进场复试报告；防水和保温材料合格证和复试报告汇总表；各种防水和保温材料合格证、复试报告；其他建筑材料合格证和复试报告汇总表；饰面板（砖）产品合格证、复验报告；吊顶、隔墙龙骨产品合格证；隔墙墙板、吊顶、隔墙面板产品合格证；人造木板合格证；甲醛含量复验报告；玻璃产品合格证、性能检测报告；室内用花岗石放射性检测报告；墙地砖和其他无机非金属材料放射性复验报告；涂料产品合格证、性能检测报告；裱糊用壁纸、墙布产品合格证、性能检测报告；软包面料、内衬产品合格证、性能检测报告；地面材料产品合格证、性能检测报告；施工实验报告及见证检测报告；施工实验报告及见证检测报告；钢筋连接试验报告；焊条（剂）合格证；后置埋件现场拉拔试验报告；外墙饰面砖样板黏结强度检测报告；隐蔽工程验收记录；抹灰工程验收记录；门窗预埋件和锚固件的隐蔽工程验收记录；门窗隐蔽部位防腐、填嵌隐蔽工程验收记录；吊顶工程隐蔽验收记录；轻质隔墙工程隐蔽验收记录；护栏与预埋件的连接点、预埋件隐蔽验收记录；施工记录、施工日志；预制构件、预拌混凝土合格证汇总表；门窗产品合格证及复验报告；工程质量事故及事故调查处理资料、新材料、新工艺施工记录；工程安全和功能检验资料；有防水要求的地面蓄水试验记录；幕墙及外窗气密性、水密性、耐风压检测报告；节能、保温检测报告。

（3）工程质量验收记录

工程质量验收记录包括质量验收总表部分；单位（子单位）工程质量

竣工验收记录；单位（子单位）工程质量控制资料核查记录；单位（子单位）工程安全及功能检验资料核查记录；单位（子单位）工程安全及功能和主要功能抽查记录；单位（子单位）工程观感质量检查记录；子分部工程验收记录；分项工程质量验收记录；装饰分部工程质量验收记录；地面子分部工程质量验收记录；砖面层分项工程质量验收记录；砖面层分项工程检验批质量验收记录；大理石面层和花岗岩面层分项工程质量验收记录；大理石面层和花岗岩面层分项工程检验批质量验收记录；活动地板面层、地毯面层分项工程质量验收记录；活动地板面层、地毯面层分项工程检验批质量验收记录；实木地板面层、地毯面层分项工程质量验收记录；实木复合地板面层分项工程检验批质量验收记录；中密度（强化）木地板面层分项工程质量验收记录；中密度（强化）木地板面层分项工程检验批质量验收记录；门窗子分部工程质量验收记录；木门窗制作与安装分项工程质量验收记录；木门窗制作与安装工程检验批质量验收记录；木门窗安装分项工程检验批质量验收记录；金属门窗安装分项工程质量验收记录；塑料门窗安装分项工程质量验收记录；特种门安装分项工程质量验收记录；门窗玻璃安装分项工程质量验收记录；吊顶子分部工程质量验收记录；暗龙骨吊顶分项工程质量验收记录；明龙骨吊顶分项工程质量验收记录；轻质隔墙子分部工程质量验收记录；板材隔墙分项工程质量验收记录；骨架隔墙分项工程质量验收记录；活动隔墙分项工程质量验收记录；玻璃隔墙分项工程质量验收记录；饰面板（砖）子分部工程质量验收记录；饰面板安装分项工程质量验收记录；饰面砖粘贴分项工程质量验收记录；涂饰子分部工程质量验收记录；水性涂料涂饰分项工程质量验收记录；溶剂性涂料涂饰分项工程质量验收记录；美术涂饰分项工程质量验收记录；裱糊与软包子分部工程质量验收记录；裱糊分项工程质量验收记录；软包分项工程质量验收记录；细部子分部工程质量验收记录；橱柜制作与安装分项工程质量验收记录；窗帘盒窗台板散热器罩制作与安装分项工程质量验收记录；门窗套制作与安装分项工程质量验收记录；护栏与扶手制作与安装分项工程质量验收记录；花饰制作与安装分项工程质量验收记录。

　　（4）室内幕墙工程验收记录

　　设计交底、图纸会审记录；幕墙用钢材、五金合格证、性能检测报告；幕墙（玻璃、板材、石材）合格证、性能检测报告；花岗石放射性检测报告；后置埋件的现场拉拔试验检测报告；后置埋件隐蔽验收记录；构件节点隐蔽验收记录；幕墙子分部工程质量验收记录；金属幕墙分项工程质量验收记录；金属幕墙分项检验批工程质量验收记录；石材幕墙分项工程质量验收记录；石材幕墙分项检验批工程质量验收记录。

(5) 建筑电气工程验收记录

分部工程验收资料；建筑电气分部工程概况表；建筑电气工程施工现场质量管理记录；建筑电气分部工程质量验收表记录；建筑电气子分部工程质量验收表记录；分项工程质量验收记录；建筑电气工程质量控制资料核查记录；建筑电气工程安全和功能检验资料核查及主要功能抽查记录；建筑电气工程观感质量检查记录；质量控制资料；建筑电气工程材料、设备、器具出厂合证及进场检（试）验报告汇总表；材料、设备、成品、半成品、进场验收记录；线槽、电导管安装隐蔽工程验收记录；重复接地（防雷接地）工程隐蔽验收记录；防雷接地系统布置简图；配线敷设施工隐蔽验收记录；工序交接试验记录；电气设备交接试验记录；线路（设备）绝缘电阻测试记录；接地电阻测试记录；线路、插座、开关接地检验记录；建筑照明通电空载和负荷试运行记录；大型灯具牢固性试验记录；工程质量验收记录；架空线路及杆上电气设备安装分项工程检验批质量验收记录；变压器、箱式变电所安装分项工程检验批质量验收记录；成套配电柜、控制柜（屏台）和动力、照明配电箱盘及控制柜安装分项工程检验批质量验收记录；电线导管、电缆导管和线槽敷设分项工程检验批质量验收记录；电缆头制作、接线和线路绝缘测试分项工程检验批质量验收记录；建筑物景观照明灯、航空障碍标志灯和庭院灯安装分项工程检验批质量验收记录；建筑照明通电试运行分项工程检验批质量验收记录；接地装置安装分项工程检验批质量验收记录；裸母线、封闭母线路、插接式母线安装分项工程检验批质量验收记录；电缆沟内和电缆竖井内电缆敷设分项工程检验批质量验收记录；避雷引下线和变配电室接地干线敷设分项工程检验批质量验收记录；电缆桥架安装和桥架内电缆敷设分项工程检验批质量验收记录；电线、电缆穿管和线槽敷线分项工程质量验收记录；低压电动机、电加热器及执行机构检查接线分项工程检验批质量验收记录；低压电气动力设备试验和试运行分项工程检验批质量验收记录；开关/插座/风扇安装分项工程检验批质量验收记录；槽板配线分项工程检验批质量验收记录；钢索配线分项工程检验批质量验收记录；普通灯具安装分项工程检验批质量验收记录；专用灯具安装分项工程检验批质量验收记录；柴油发电机组安装分项工程检验批质量验收记录；不间断电源安装分项工程检验批质量验收记录；避雷引下线和配电室接地干线敷设分项工程检验批质量验收记录；建筑物等电位连接子分部（分项）工程检验批质量验收记录；接闪器分项工程检验批质量验收记录。

(6) 建筑给水排水工程验收记录

1）工程验收资料

建筑给水排水及采暖工程概况表；建筑给水排水及采暖施工现场质

量管理记录；建筑给水排水及采暖分部工程质量验收记录；建筑给水排水及采暖子分部工程质量验收记录；建筑给水排水及采暖质量控制资料核查表；建筑给水排水及采暖安全和功能检验资料核查及主要功能抽查记录；建筑给水排水及采暖观感质量检查记录。

2）质量控制资料

建筑给水排水及采暖工程材料、设备、器具合格证、质量保证书及进场检（试）验报告汇总表；设备、材料进场验收检查记录；管道隐蔽记录；管道支、吊架安装记录；楼板（屋面）立管洞盛水试验记录；塑料排水管伸缩器预留伸缩量记录；管道保温验收记录；承压管道系统（设备）强度和严密性水压试验记录；非承压管道灌水试验记录；给水、热水、采暖管道系统冲洗记录；卫生器具满水试验记录；地漏排水试验记录；排水管道通球试验记录；排水系统及卫生器具通水试验记录。

3）工程质量验收记录

室内给水系统子分部工程质量验收记录；给水管道及配件安装分项工程质量验收记录；给水管道及配件安装分项工程检验批质量验收记录；给水设备安装分项工程质量验收记录；给水设备安装分项工程检验批质量验收记录；室内排水系统安装子分部工程质量验收记录；室内排水管道及配件安装分项工程质量验收记录；室内排水管道及配件安装分项工程检验批质量验收记录；室内雨水管道及配件安装分项工程质量验收记录；室内热水供应系统安装子分部工程质量验收记录；室内热水管道及配件安装分项工程质量验收记录；室内热水管道及配件安装分项工程检验批质量验收记录；室内热水辅助设备安装分项工程质量验收记录；卫生器具安装子分部工程质量验收记录；卫生器具安装分项工程质量验收记录；卫生器具给水配件安装分项工程质量验收记录；卫生器具排水管道安装分项工程质量验收记录；室内采暖系统子分部工程质量验收记录；室内采暖系统管道及配件安装分项工程质量验收记录；室内采暖系统管道及配件安装分项工程检验批质量验收记录；系统水压试验及调试分项工程质量验收记录；室外给水管网子分部工程质量验收记录；给水管道安装分项工程质量验收记录；建筑中水系统及游泳池水系统安装子分部工程质量验收记录；建筑中水系统管道及辅助设备安装分项工程质量验收记录；游泳池水系统安装分项工程质量验收记录。

（7）工序质量报验单（监理资料）

工序质量报验单。

（8）竣工图像资料

工程照片、底片或光盘工程简介（设计风格、功能、亮点介绍）；建设单位推荐申报工程奖项意见书（一式六份）；工程竣工图及竣工图光盘。

（9）施工许可和质量评估及备案资料

工程项目施工管理人员名单；各岗位人员资格证书复印件；项目经理变更文件（若变更）；开工报告；竣工报告；中标通知书；施工合同；工程结算审计书（实际造价与合同造价超过30%）；施工许可证（装饰未单独申报的，复印总包的文件）；工程安全无事故证明（招标工程应到安监站备案，安监站出具）；单位（子单位）工程质量竣工验收记录（一式四份）或装饰分部质量验收记录（一式四份）；室内环境检测报告；工程质量评估报告（监理出具，应向业主索取复印件并由甲方盖章，一式六份）；工程质量监督报告（质量监督站，应向业主索取复印件并由甲方盖章，一式六份）；工程验收备案书（向业主索取复印件并由甲方盖章，一式六份）；消防验收文件（向业主索取复印件，一式六份）。

2. 工程竣工资料移交

城建档案馆资料移交→建设单位资料移交→建筑工程装饰装修有限公司资料移交→过程控制单位资料移交→项目部决算办理留底。

具体包括表11-3单位工程竣工技术文件材料目录、表11-4工程开工报告、表11-5单位（子单位）工程竣工报告（竣工申请书）、表11-6工程竣工验收通知书、表11-7建设工程竣工验收意见书（一）、表11-8建设工程竣工验收意见书（二）、表11-9单位（子单位）工程质量竣工验收记录、表11-10单位（子单位）工程质量控制资料核查记录等资料。

单位工程竣工技术文件材料目录　　　　　　表11-3

工程名称				
序号	资料名称	页数	份数	备注
1	合同			
2	补充协议			
3	单位工程开工报告			
4	单位工程竣工报告			
5	工程竣工验收通知书			
6	建设工程竣工验收意见书			
7	单位工程质量竣工验收记录			
8	单位工程质量控制核查表			
9	分项工程质量验收记录			
10	工程检验批质量验收记录			
11	装饰分部质量验收记录			

续表

序号	资料名称	页数	份数	备注
12	隐蔽验收记录			
13	分项工程质量验收记录			
14	给水排水分部质量验收记录			
15	分项工程质量验收记录			
16	工程检验批质量验收记录			
17	建筑电气分部质量验收记录			
18	隐蔽验收记录			
19	分项工程质量验收记录			
20	工程检验批质量验收记录			
21	安全和功能检验资料核查表			
22	安全和功能检验资料			
23				
24				
25				
26				
27				
28				
29				
30				

施工单位（公章） 项目经理：	监理单位（公章）： 总监理工程师：	建设单位： 项目负责人：
年　　月　　日	年　　月　　日	年　　月　　日

工程开工报告　　　　　　　　　　　表 11-4

工程名称		工程地址		
监理单位		施工单位		
预算造价 （万元）		计划总投资		
建筑面积（m²）		开工日期		合同工期	
资料与文件		准备（落实）情况		
设计文件及施工图				
投标（议标）中标文件				

续表

施工许可证	
施工合同协议书	
资金落实情况的文件资料	
施工方案及现场平面布置图	
主要材料、设备落实情况	

申请开工意见：

施工单位（公章）：
项目经理：
　　　　年　月　日

监理单位审批意见：

监理单位（公章）：
总监理工程师：
　　　　年　月　日

建设单位审批意见：

建设单位（公章）：
项目负责人：
　　　　年　月　日

单位（子单位）工程竣工报告（竣工申请书）　　　　表 11-5

工程名称		工程地址	
合同开工日期		合同竣工日期	
实际开工日期		实际竣工日期	
工程内容及简况			
提前延迟说明			

续表

报告要求	本工程合同所含工程范围的项目已于　　　年　　月　　日施工完毕，经自查，工程质量达到有关规定要求，现向建设单位申请于　　　年　　月　　日组织竣工验收。

施工单位（公章）： 项目经理： 单位负责人：（公章） 　　　　　　　　年　月　日	监理单位（公章）： 总监理工程师： （公章） 　　　　　　　　年　月　日

工程竣工验收通知书　　　　　　　　　　表 11—6

受通知单位					
验收工程名称			工程地址		
验收时间			验收地点		

验收组人员名单	组长	建设单位		姓名	职务、职称
			单位名称		
	组长	建设单位			
	副组长	监理单位			
		设计单位			
		勘察单位			
		施工单位			
	成员				
		注：请在人名后注明所属单位及在项目中的职务或负责的专业			

验收方案简述	

验收组织单位（建设单位）	单位负责人： 　　　　　　　　　　（公章） 　　　　　　　　　　年　月　日

建设工程竣工验收意见书（一） 表 11-7

工程名称				工程地址		
工程范围						
结算总造价		建筑面积			层数／总高度	
结构类型		设防烈度			最大跨度	
地基持力层		基础型式			设计合理使用年限	
规划许可证号				施工许可证号		
实际开工日期		实际竣工日期			验收日期	

		单位名称	资质等级	证书号	法定代表人	项目负责人
参建单位	建设单位					
	勘察单位					
	设计单位					
	监理单位					
	施工单位（含主要分包单位）					
隐蔽验收情况						
安全、功能检验（检测）情况						
工程竣工技术资料核查情况						
工程监理资料情况						

建设工程竣工验收意见书（二） 表 11-8

工程名称	
主要使用功能检查结果	
监督机构责令整改问题整改情况	
完成工程设计与合同约定内容情况	
保修书签署情况	
规划、消防、环保、档案验收情况	

续表

工程款按合同支付情况	
民用建筑节能设计及执行情况	

验收意见	
备注	

验收组成员	建设单位 （公章） 负责人： 年　月　日	监理单位 （公章） 负责人： 年　月　日	施工单位 （公章） 负责人： 年　月　日	设计单位 （公章） 负责人： 年　月　日	勘察单位 （公章） 负责人： 年　月　日

单位（子单位）工程质量竣工验收记录　　表 11-9

工程名称		结构类型		建筑面积	
层数		高度		最大跨度	
施工单位		技术负责人		开工日期	
项目经理		项目技术负责人		竣工日期	

序号	项目	验收记录	验收结论
1	分部工程	共　分部，经查　分部 符合标准及设计要求　分部	
2	质量控制资料检查	共　项，经审查符合要求　项 经核定符合规范要求　项	
3	安全和主要使用功能核查及抽查结果	共核查　项，符合要求　项 共抽查　项，符合要求　项 经返工处理符合要求　项	
4	观感质量验收	共抽查　项，符合要求　项 不符合要求　项	
5	质量验收结论		

续表

参加验收单位	建设单位	监理单位	施工单位	设计单位
	（公章）：	（公章）：	（公章）：	（公章）：
	单位(项目)负责人：	总监理工程师：	单位负责人：	单位(项目)负责人：
	年　月　日	年　月　日	年　月　日	年　月　日

单位（子单位）工程质量控制资料核查记录　　　　表 11—10

工程名称			施工单位			
序号	项目	资料名称		份数	核查意见	核查人
1	建筑与结构	图纸会审、设计变更、洽商记录				
2		工程定位测量、放线记录				
3		原材料出厂合格证书及进场检（试）验报告				
4		施工试验报告及见证检测报告				
5		隐蔽工程验收记录				
6		施工记录				
7		预制构件、预拌混凝土合格证				
8		地基基础、主体结构验收及抽样检测资料				
9		分项、分部工程质量验收记录				
10		工程质量事故及事故调查处理资料				
11		新材料、新工艺施工记录				
1	给水排水与采暖	图纸会审、设计变更、洽商记录				
2		材料、配件出厂合格证书及进场检（试）验报告				
3		管道、设备强度试验、严密性试验记录				
4		隐蔽工程验收记录				
5		系统清洗、灌水、通水、通球试验和消火栓试射记录				
6		施工记录				
7		分项、分部工程质量验收记录				
1	建筑电气	图纸会审、设计变更、洽商记录				
2		材料、设备出厂合格证书及进场检（试）验报告				
3		设备调试记录				
4		接地、绝缘电阻测试记录，系统运行记录				
5		隐蔽工程验收记录				
6		施工记录				
7		分项、分部工程质量验收记录				

续表

1	通风与空调	图纸会审、设计变更、洽商记录			
2		材料、设备出厂合格证书及进场检（试）验报告			
3		制冷、空调、水管道强度试验、严密性试验记录			
4		隐蔽工程验收记录			
5		制冷设备运行调试记录			
6		通风、空调系统调试记录			
7		施工记录			
8		分项、分部工程质量验收记录			
1	电梯	土建布置图纸会审、设计变更、洽商记录			
2		设备出厂合格证书及开箱检验记录			
3		隐蔽工程验收记录			
4		施工记录			
5		接地、绝缘电阻测试记录			
6		负荷试验、安全装置检查记录			
7		分项、分部工程质量验收记录			
1	建筑智能化	图纸会审、设计变更、洽商记录、竣工图及设计说明			
2		材料、设备出厂合格证书及技术文件及进场检（试）验报告			
3		隐蔽工程验收记录			
4		系统功能测定及设备调试记录			
5		系统技术、操作和维护手册			
6		系统管理、操作人员培训记录			
7		系统检测报告			
8		分项、分部工程质量验收报告			

结论：				
施工单位	项目经理： 　　　　　　　　年　月　日	监理 （建设） 单位	总监理工程师 （建设单位代表）： 　　　　　　　年　月　日	

11.1.5　工程项目竣工验收管理

1. 竣工验收的方式

工程交付竣工验收可以按以下三种方式分别进行。

（1）单位工程（或专业工程）竣工验收

单位工程竣工验收又称中间验收，是指承包人以单位工程或某专业工程内容为对象，独立签订建设工程施工合同，达到竣工条件后，承包人可单独进行交工，发包人根据竣工验收的依据和标准，按施工合同约定的工程内容组织竣工验收。

(2) 单项工程竣工验收

单项工程竣工验收又称交工验收，即在一个总体建设项目中，一个单项工程已按设计图纸规定的工程内容完成，能满足生产要求或具备使用条件，承包人向监理人提交工程竣工报告和工程竣工报验单，经签认后应向发包人发出交付竣工验收通知书，说明工程完工情况、竣工验收准备情况、设备无负荷单机试车情况，具体约定交付竣工验收的有关事宜。发包人按照约定的程序，依照国家颁布的有关技术标准和施工承包合同，组织有关单位和部门对工程进行竣工验收，验收合格的单项工程在全部工程验收时，原则上不再办理验收手续。

(3) 全部工程竣工验收

全部工程竣工验收又称动用验收，是指建设项目已按设计规定全部建成、达到竣工验收条件，由发包人组织设计、施工、监理等单位和档案部门进行全部工程的竣工验收。对一个建设项目的全部工程竣工验收而言，大量的竣工验收基础工作已在单位工程和单项工程竣工验收中进行。对已经交付竣工验收的单位工程（中间交工）或单项工程并已办理了移交手续的，原则上不再重复办理验收手续，但应将单位工程或单项工程竣工验收报告作为全部工程竣工验收的附件加以说明。

2. 竣工验收的依据

(1) 上级主管部门批准的各种文件、施工图纸及说明书。

(2) 施工合同。

(3) 设备技术说明书。

(4) 设计变更通知书。

(5) 国家颁布的各种标准和规范。

(6) 外资工程应依据我国有关规定提交竣工验收文件。

3. 工程竣工验收报检

承包人完成工程设计和施工合同以及其他文件约定的各项内容，工程质量经自检合格，各项竣工资料准备齐全，确认具备工程竣工报验的条件，承包人即可填写并递交工程竣工报告和工程竣工报验单，自检意见应表述清楚，项目经理、企业技术负责人、企业法定代表人应签字，并加该企业公章。报验单的附件应齐全，足以证明工程已符合竣工验收要求。监理人收到承包人递交的工程竣工报验单及有关资料后，总监理工程师即可组织专业监理工程师对承包人报送的竣工资料进行审查，并对工程质量进行验收。验收合格后，总监理工程师应签署工程竣工报验单，提出工程质量评估报告。承包人依据工程监理机构签署认可的工程竣工报验单和质量评估结论，向发包人递交竣工验收的通知，具体约定工程交付验收的时间、会议地点和有关安排。

11.1.6　工程竣工结算

建筑装饰工程结算是指在装饰工程项目建设过程中，承发包双方依据国家有关法律、法规和标准规定，按照合同约定确定最终工程造价。

工程竣工结算是指承包单位按照合同约定全部完成所承包的工程内容，并经质量验收合格，符合合同约定要求，由承包方将完整的结算资料，包括施工图及在施工过程中的变更记录、监理验收签单及工程变更签证、必要的分包合同及采购凭证、工程结算书等交由发包单位，进行审核后工程最终工程款的结算。工程完工后，承发包双方应在合同约定时间内办理工程竣工结算。

1. 工程竣工结算的意义

（1）反映工程进度的主要指标。承包人完成的工作量越多，所得结算的工程价款越多，根据累计已结算的工程价款占合同总价款的比例，能够反映出工程的进度情况。

（2）加速资金周转。对于承包人来讲，只有工程价款结算完毕，才意味着获得工程成本和相应的利润。

2. 工程竣工结算的依据

（1）工程合同的有关条款。

（2）工程竣工报告及工程竣工验收单。

（3）经审查的施工图预算或中标价格。

（4）全套施工图纸及相关资料。

（5）设计变更通知单、施工技术问题核定单。

（6）材料代购核定单、材料价格变更文件。

（7）现行预算定额、取费定额及调价规定。

（8）有关施工技术资料。

（9）工程质量保修书。

（10）投标文件、招标文件及其他依据。

3. 工程结算方式

（1）按月结算。实行旬末或月中预交、月中结算、竣工后清算的办法。

（2）施工后一次性结算。工程在 9 个月内完工或工程承包价格在 100 万元以内的，可实行每月月中预支、竣工后一次性结算。

（3）分段结算。分段结算是指对于当年开工、当年不能竣工的单项工程或单位工程，按照工程形象进度划分不同的阶段进行结算，分段结算可以按月预支工程款。

（4）承发包双方约定的其他结算方式。

4. 工程价款的结算原则

（1）符合国家有关法律、法规和规章制度。

（2）符合国务院建设行政主管部门、省、自治区、直辖市或有关部门发布的工程造价清单计价规范、标准、计价办法等有关规定。

（3）符合建设项目的合同、补充协议、变更签证和现场签证，以及经承发包人认可的有效文件。

（4）具备其他可依据的材料。

11.2　建筑装饰工程产品回访与保修

项目回访和质量保修应纳入项目经理管理体系。要建立质量回访制度，回访计划要形成文件，每次回访要有记录，回访记录应含有使用者反馈意见。建筑装饰工程项目在办理竣工验收手续后，在规定的保修时限内造成的质量缺陷应由施工单位负责维修、返工或更换，由责任单位赔偿损失。

11.2.1　工程项目产品回访与保修的意义

工程项目产品回访与保修有利于承包单位重视管理，保证工程质量，不留隐患，提供优质工程；有利于及时发现问题，听取用户意见，找到工程质量的薄弱环节和工程质量的通病，不断改进，总结经验，提高施工技术和质量管理水平，保证建筑装饰工程使用功能的正常发挥；加强了承包单位同建设单位和用户的联系和沟通，增强了建设单位和用户对施工单位的信任感，提高了施工单位的社会信誉。

11.2.2　工程项目产品保修范围与保修期

1. 工程项目产品保修范围

建筑装饰工程的各个部位都应实行保修，分单项工程竣工验收的工程，按单项工程分别计算质量保修期。

2. 保修期

保修期的长短直接关系到承包人、发包人及使用人的经济责任大小。根据《建设工程项目管理规范》GB/T 50326—2017 规定，建筑工程保修期为自竣工验收合格之日起计算，在正常使用条件下的最低保修期限。

《建设工程质量管理条例》（国务院令第 279 号）规定，在正常使用条件下建设工程的最低保修期限为：

（1）基础设施工程、房屋建筑的地基基础工程和主体结构工程，为设计文件规定的该工程的合理使用年限。

（2）屋面防水工程，有防水要求的卫生间、房间和外墙面的防渗漏，为 5 年。

（3）供热与供冷系统，为 2 个采暖期、供冷期。

（4）电气管线、给水排水管道、设备安装和装修工程，为 2 年。

（5）其他项目的保修期限由发包方与承包方在"工程质量保修书"中具体约定。

11.2.3　保修期责任与做法

属于保修范围、保修内容的项目，承包人应当在接到保修通知之日起 7 天内派人保修。承包人没在约定期限内派人保修的，发包人可以委托他人修理。发生紧急抢修事故的，承包人在接到事故通知后，应立即到达施工现场抢修。对于涉及质量问题的，应当立即向当地建设行政主管部门报告，采取安全防范措施，由原设计单位或具有相应资质等级的设计单位提出保修方案，承包人实施保修。

保修做法包括以下几个步骤：

（1）发送保证书或房屋保修卡

在工程竣工验收的同时（最迟不应超过 3~7 天），由施工单位向建设单位发送房屋建筑工程质量保修书。保修书的主要内容包括：工程质量保修范围和内容、质量保修期限、质量保修责任、保修费用以及双方约定的其他事项。此外，保修书还应附有保修单位的名称、详细地址、电话联系接待部门和联系人，以便于建设单位联系。

（2）要求检查和修理

在保修期内，建设单位或用户发现房屋的使用功能不良，或是由于施工质量而影响使用的，可以用口头或书面方式通知施工单位的有关保修部门，说明情况，要求派人前往检查修理。施工单位必须尽快派人前往检查，并会同建设单位共同做出鉴定，提出修理方案，并尽快组织人力物力进行修理。

（3）验收

在发生问题的部位或项目修理完毕以后，要在保修书的"保修记录"栏内做好记录，并经建设单位验收签认，以表示修理工作完结。涉及结构安全的，应当报当地建设行政主管部门备案。

11.2.4 回访实务

1.回访计划与记录

回访应纳入承包人的工作计划、服务控制程序和质量体系文件中。回访工作计划包括以下内容：主管回访保修业务的部门；回访保修的执行单位；回访的对象及其工程名称；回访时间安排和主要内容；回访工程的保修期限；每次回访结束，执行单位应填写回访记录；全部回访结束后，要编写回访服务报告。主管部门应依据回访记录对回访的实施效果进行验证。

表11-11回访工作计划及表11-12回访工作记录如下。

回访工作计划　　　　　　　　　　表11-11

序号	建设单位	工程名称	保修期限	回访时间	参加回访部门	执行单位

回访工作记录　　　　　　　　　　表11-12

回访工作记录			
建设单位		使用单位	
工程名称		建筑面积	
施工单位		保修期限	
项目组织		回访日期	

回访情况：

回访负责人		回访记录人	

2.回访的方式

回访工程的方式一般有四种：一是季节性回访，大多数是雨季回访屋面、墙面的防水情况，排水工程和通风工程情况；冬期回访锅炉房及采暖系统的情况。发现问题立即采取有效措施，及时加以解决。二是技术性回访，主要了解在工程施工过程中所采用的新材料、新技术、新工艺、新设备等的技术性能和使用后的效果以及技术状态，发现问题及时加以补救和解决。这种回访既可以定期进行，也可以不定期进行。三是保修期满前的回访，这种回访一般是在保修期即将届满之前进行回访，既可以解决出现的问题，又标志着保修期即将结束，使建设单位注意建筑物的维护和使用。四是对特殊工程进行专访。

3. 回访的方法

（1）电话回访

根据各分部分项工程的不同特点按以下情况进行电话回访，并在回访服务后做好服务记录和登记工作。

1）墙、地面石材安装工程：在竣工交付使用后 60 天进行电话回访，了解墙地石材、地砖表面是否有回潮、泛碱、起白砂等现象；了解砖面是否有开裂现象、地面翘曲问题，以便出现问题及时修复，并且指导用户进行必要的表面清理保养。

2）木制品工程：在一年内季节交替期间进行电话回访，了解木制品表面是否有霉烂、变色、开裂、翘曲等问题，如出现问题及时修复。

（2）上门回访

在工程竣工交付使用后 6 个月，派专业维护人员进行上门回访。

1）了解用户使用情况及需解决的问题。

2）对石材、玻璃、木制品等工程设置的监测点进行检查，及时检查装修或建筑结构变形等情况。

3）对于发现的问题及时制订处理方案，最大限度地减少用户的损失。

4）在回访服务后做好服务记录和登记工作，需要进行再次回访服务的，与用户预约好下次回访时间和内容。

（3）上门维修

1）如接到用户的保修要求，公司应在 2 天内派专业维修人员上门服务。

2）维修服务不中断进行，直到完全修复。

3）实行先检查维修服务，后论责任的原则。

4）在回访服务后做好服务记录和登记工作。

11.3　建筑装饰工程考核评价

11.3.1　工程项目管理全面分析

工程项目管理的全面分析需要通过定量和定性的方法分析工程项目在一定时期或整个周期内经营效果和管理者做出的成绩。

1. 企业各项制度的执行情况

通过对项目经理部贯彻落实企业政策、制度、规定等方面的情况进行调查，评价项目经理部是否能够严格、准确、及时、持续地执行企业各项制度，积极配合程度如何、成效如何等。

2. 思想工作方法

项目经理部是建筑企业最基层的一级组织，是临时性机构。工程项目在建设过程中涉及的人员非常多、事务非常杂。在项目经理部开展思想政治工作，既有很大难度又显得非常重要。此项指标主要考察思想政治工作成效如何，对于企业领导体制建设的促进程度如何，职工素质提高情况如何。

3. 项目管理资料的收集、整理情况

项目管理资料是反映项目管理实施过程的基础性文件，通过考核项目管理资料的收集、整理情况，可以直观地看出工程项目管理日常工作的规范程度和完善程度。

4. 在项目管理中应用新技术、新设备、新材料、新工艺的情况

在项目管理活动中积极主动地应用新技术、新设备、新材料、新工艺是推动建筑业发展的基础，是每一个项目管理者的基本职责。

5. 在项目管理中采用的现代化管理方法与手段

新的管理方法与手段的应用可以极大地提高管理的效率，是否采用现代化管理方法和手段是检验管理水平高低的尺度。随着科技的进步，管理的方法和手段也日新月异，如果不能在项目管理中紧跟科技发展的步伐，将会成为科技社会的淘汰者。

6. 发包人及用户的评价

让用户满意是市场经济体制下企业经营的基本宗旨，也是企业在市场竞争中取胜的力量源泉。最终评定项目管理实施效果的是发包人和用户，发包人及用户的评价是最有说服力的。发包人及用户对产品满意才说明项目管理做到位了。

7. 环保

在工程项目实施过程中要消耗一定的资源，同时会产生许多建筑垃圾，产生扰人的建筑噪声。项目管理人员应提高环保意识，制定并落实有效的环保措施，减少甚至杜绝环境破坏和环境污染的发生，提高环境保护的效果。

11.3.2　工程项目管理单项分析

1. 工程质量

按《建筑工程施工质量验收统一标准》GB 50300—2013 的具体要求和规定进行项目的检查验收，根据验收情况评定分数。

2. 工程成本

通常用成本降低额和成本降低率来表示。成本降低额是指工程实际成本比工程预算成本降低的绝对数额，是一个绝对评价指标；成本降低率是指工程成本降低额与工程预算成本的相对比率，是一个相对评价指标。这里的预算成本是指项目经理与承包人签订的责任成本。用成本降低率能够

直观地反映成本降低的幅度，准确反映项目管理的实际效果。

3. 工期

通常用实际工期与提前工期率表示。实际工期是指工程项目从开工至竣工验收交付使用所经历的日历天数；工期提前量是指实际工期比合同工期提前的绝对天数，工期提前率是工期提前量与合同工期的比率。

4. 安全

工程项目实施过程中的第一要务是工程项目的安全问题，在许多承包单位对工程项目效果的考核要求中都有安全一票否决的内容。住房和城乡建设部颁发的《建筑施工安全检查标准》JGJ 59—2011 将工程安全标准分为优良、合格、不合格三个等级。具体等级由评分计算的方式确定，评分涉及安全管理、文明工地、脚手架、基坑支护与模板工程、"三宝""四口"防护、施工用电、物料提升机与外用电梯、塔吊、起重机吊装、施工机具等项目，具体可按《建筑施工安全检查标准》执行。

11.3.3　工程项目管理考核与评价

项目考核评价的主体应是派出项目经理的单位。项目考核评价的对象是项目经理部，其中重点对项目经理的管理工作进行考核评价。

1. 项目管理考核评价的依据

项目管理考核评价的依据应是项目经理与承包人签订的项目管理目标责任书，内容应包括完成工程施工合同、回收工程款、经济效益、各种资料归档、执行承包人各项管理制度等情况，以及项目管理目标责任书中其他要求内容的完成情况。

2. 项目管理考核评价的方式

工期超过 2 年以上的大型项目，可以实行年度考核；为了加强过程控制，避免考核期过长，应当在年度考核之中加入阶段考核，阶段的划分可以按网络计划表示的工程进度计划的关键节点进行，也可以同时按自然时间划分阶段进行季度、年度考核；工程竣工验收后应预留一段时间来完成资料整理、人员疏散、机械退还、场地清理、账目结清等工作，然后再对项目管理进行全面的终结性考核。

项目终结性考核的内容应包括：确认阶段性考核的结果；确认项目管理的最终结果；确认该项目经理部是否具备"解体"的条件等工作。

本章小结

建筑装饰装修工程项目收尾管理包括竣工验收阶段管理、考核评价和产品回访与保修。竣工验收是承包人向发包人交付项目产品的过程，考核评价是对工程项目管理绩效的分析和评定，产品回访与保修是我国法律规定的基本制度。

 推荐阅读资料

1. 危道军 . 建筑装饰施工组织与管理 [M]. 北京：化学工业出版社，2016.

2. 韩红 . 建筑装饰工程项目管理 [M]. 北京：中国建筑工业出版社，2005.

3. 范菊雨，杨淑华 . 建筑装饰工程预算（第二版）[M]. 北京：北京大学出版社，2015.

习　题

1. 竣工验收必须满足什么条件？
2. 竣工验收的准备工作有哪些？
3. 竣工资料主要有哪些内容？

28- 习题参考答案

参考文献

[1] 田振郁. 工程项目管理实用手册 [M]. 北京：中国建筑工业出版社，2010.

[2] 丛培经. 实用工程项目管理手册 [M]. 北京：中国建筑工业出版社，1999.

[3] 中华人民共和国住房和城乡建设部，国家质量监督检验检疫总局. 建设工程项目管理规范 GB/T 50326—2017[S]. 北京：中国建筑工业出版社，2017.

[4] 蒲建明. 建筑工程施工项目管理总论 [M]. 北京：机械工业出版社，2013.

[5] 项建国. 建筑工程施工项目管理 [M]. 北京：中国建筑工业出版社，2015.

[6] 缪长江. 建设工程项目管理 [M]. 北京：中国建筑工业出版社，2017.

[7] 肖凯成，杨波主. 建筑施工组织与进度管理 [M]. 北京：化学工业出版社，2016.

[8] 中国建设监理协会. 建设工程进度控制 [M]. 北京：中国建筑工业出版社，2015.

[9] 张廷瑞. 建筑施工组织与进度控制 [M]. 北京：中国计划工业出版社，2017.

[10] 陈燕顺. 建筑工程项目施工组织与进度控制 [M]. 北京：机械工业出版社，2007.

[11] BIM 技术人才培养项目辅导教材编委会. BIM 装饰专业基础知识 [M]. 北京：中国建筑工业出版社，2018.

[12] 杨韬，姜丽艳. BIM 建筑与装饰工程计量实训教程 [M]. 北京：中国建材工业出版社，2018.5.

[13] 危道军. 建筑装饰施工组织与管理 [M]. 北京：化学工业出版社，2016.

[14] 韩红. 建筑装饰工程项目管理 [M]. 北京：中国建筑工业出版社，2005.

[15] 范菊雨，杨淑华. 建筑装饰工程预算（第二版）[M]. 北京：北京大学出版社，2015.

[16] 安德锋，王晶. 建设工程信息管理 [M]. 北京：北京理工大出版社，2014.

[17] 孔晓泊. 建筑装饰工程施工技术 [M]. 北京：中国建筑工业出版社，2011.

[18] 丛培经. 实用工程项目管理手册 [M]. 北京：中国建筑工业出版社，1999.

图书在版编目（CIP）数据

建筑装饰工程项目管理/张春霞，王松主编．—北京：中国建筑工业出版社，2021.11（2024.6重印）

住房和城乡建设部"十四五"规划教材　全国住房和城乡建设职业教育教学指导委员会建筑与规划类专业指导委员会规划推荐教材　高等职业教育建筑与规划类"十四五"数字化新形态教材

ISBN 978-7-112-26651-7

Ⅰ．①建…　Ⅱ．①张…②王…　Ⅲ．①建筑装饰—建筑工程—工程项目管理—高等职业教育—教材　Ⅳ．①TU712

中国版本图书馆 CIP 数据核字（2021）第 193440 号

本书根据最新建筑装饰工程项目管理标准规范，结合大量工程实例，系统阐述了建筑装饰工程项目管理的主要目标和内容，包括项目管理的基本概念、解析、进度管理、成本管理、质量管理、安全与职业健康管理等不同目标工作程序以及相关文件的编制、BIM 管理等基础知识和能力应用。本书采用全新体例编写，附有大量工程案例、知识链接、特别提示及推荐阅读等模块。每章附有习题、案例分析等多种题型。通过学习，读者可以掌握不同建筑装饰目标中基本理论和操作技能，具备项目一线各类目标管理能力。本书可作为高职院校建筑装饰工程技术专业教材，也可作为建筑施工、工程管理类专业职业资格考试培训教材和参考用书。

为更好地支持本课程的教学，我们向使用本书的教师免费提供教学课件，有需要者请与出版社联系，邮箱：jckj@cabp.com.cn，电话：（010）58337285，建工书院 http://edu.cabplink.com。

责任编辑：杨　虹　周　觅
文字编辑：冯之倩
责任校对：姜小莲

住房和城乡建设部"十四五"规划教材
全国住房和城乡建设职业教育教学指导委员会建筑与规划类专业指导委员会规划推荐教材
高等职业教育建筑与规划类"十四五"数字化新形态教材

建筑装饰工程项目管理
主编　张春霞　王　松
主审　刘海波
*
中国建筑工业出版社出版、发行（北京海淀三里河路 9 号）

各地新华书店、建筑书店经销
北京雅盈中佳图文设计公司制版
北京盛通印刷股份有限公司印刷
*
开本：787 毫米 × 1092 毫米　1/16　印张：21　字数：376 千字
2021 年 11 月第一版　2024 年 6 月第三次印刷
定价：**49.00** 元（赠教师课件）

ISBN 978-7-112-26651-7
　　　（38166）